中等职业学校教学用书（计算机应用专业）

# 计算机网络基础

## （第6版）

◎主　编　段　标　陈　华

◎副主编　胡刚强

電子工業出版社

Publishing House of Electronics Industry

北京・BEIJING

## 内 容 简 介

本书在《计算机网络基础》（第 5 版）的基础上进行修订。全书共分 7 章，分别介绍计算机网络概论、网络体系结构与协议、网络设备、局域网技术、网络应用技术、网络安全及网络布线系统的相关知识。全书主要围绕计算机网络的基础知识、基本理论、常用设备和基本应用展开介绍，并在每一章后附有小结及练习，可供学生课后巩固所学内容使用。

本书主要围绕职教高考计算机网络技术部分的考试要求编写，但在编写过程中考虑到教材的适用性，对大纲的要求有所扩充并增加了一定量的操作实践内容，可满足计算机网络技术专业学生的学习之用。



**图书在版编目（CIP）数据**

计算机网络基础 / 段标，陈华主编. —6 版. —北京：电子工业出版社，2021.11
中等职业学校教学用书. 计算机应用专业

ISBN 978-7-121-12650-5

Ⅰ. ①计… Ⅱ. ①段… ②陈… Ⅲ. ①计算机网络—中等专业学校—教材 Ⅳ. ①TP393

中国版本图书馆 CIP 数据核字（2018）第 294080 号

责任编辑：杨　波
印　　刷：三河市龙林印务有限公司
装　　订：三河市龙林印务有限公司
出版发行：电子工业出版社
　　　　　北京市海淀区万寿路 173 信箱　邮编　100036
开　　本：880×1 230　1/16　印张：16　字数：368.64 千字
版　　次：1994 年 10 月第 1 版
　　　　　2021 年 11 月第 6 版
印　　次：2024 年 6 月第12次印刷
定　　价：42.00 元

凡所购买电子工业出版社图书有缺损问题，请向购买书店调换。若书店售缺，请与本社发行部联系，联系及邮购电话：（010）88254888，88258888。

质量投诉请发邮件至 zlts@phei.com.cn，盗版侵权举报请发邮件至 dbqq@phei.com.cn。

本书咨询联系方式：（010）88254589，guanyl@phei.com.cn。

# 前　言

计算机网络是计算机技术与通信技术结合的产物，是目前计算机技术中最活跃的分支。计算机网络方面的新技术、新产品不断地涌现，极大地推动了社会信息化的发展进程。了解计算机网络知识、掌握计算机网络技术已成为人们网络化生存的基本条件。

本书是一本面向中等职业学校计算机网络技术专业的教材，将计算机网络的基本理论与实用的网络知识进行了有机整合，较详细地介绍了计算机网络理论知识，加强了实用知识的教学。本书在内容的选择上力求做到：理论知识以必需、够用为度，注重实用技术的介绍，注重培养学生基本职业技能。本书具有实用、适用、先进、精练的特点。全书共分 7 章，第 1 章介绍了计算机网络的基础知识，使学生掌握计算机网络的基本概念与基本常识，理解网络拓扑结构及网络系统的组成；第 2 章介绍了网络体系结构与协议，详细介绍了网络的分层体系、开放系统互连参考模型、TCP/IP 模型及 IP 地址的相关知识；第 3 章介绍了常用网络设备的知识，主要介绍了网络传输介质、物理层设备、数据链路层设备和网络及以上层设备在网络中的作用及工作原理等内容，帮助学生结合实际理解网络的分层体系；第 4 章介绍了局域网技术，帮助学生正确认识日常工作学习中使用最多的局域网的相关技术；第 5 章介绍了网络应用技术，主要介绍了域名系统、电子邮件、WWW 服务、因特网接入技术等，将目前因特网主要应用技术的应用原理与应用实际有机地结合起来，帮助学生真正做到理论联系实际；第 6 章主要介绍了基本的网络安全理论与技术，使学生了解基本的网络安全防范技术；第 7 章介绍了网络布线的知识。

本书由段标和陈华担任主编并编写第 1 章、第 2 章和第 6 章，胡刚强担任副主编并编写第 3 章和第 7 章，范加泽、顾云共同编写第 4 章和第 5 章。全书在编写过程中，借鉴了很多国内计算机网络教材编写的成功经验，同时也参考了大量的计算机网络方面的书籍，在此对帮助本书编写的老师及文献的作者表示衷心的感谢。

限于编者的网络知识水平，书中疏漏之处在所难免，恳请各位专家、老师和同学提出宝贵意见，以便我们在修订时加以改正，联系邮箱 duanbiao67@163.com。

编　者

# 目　录

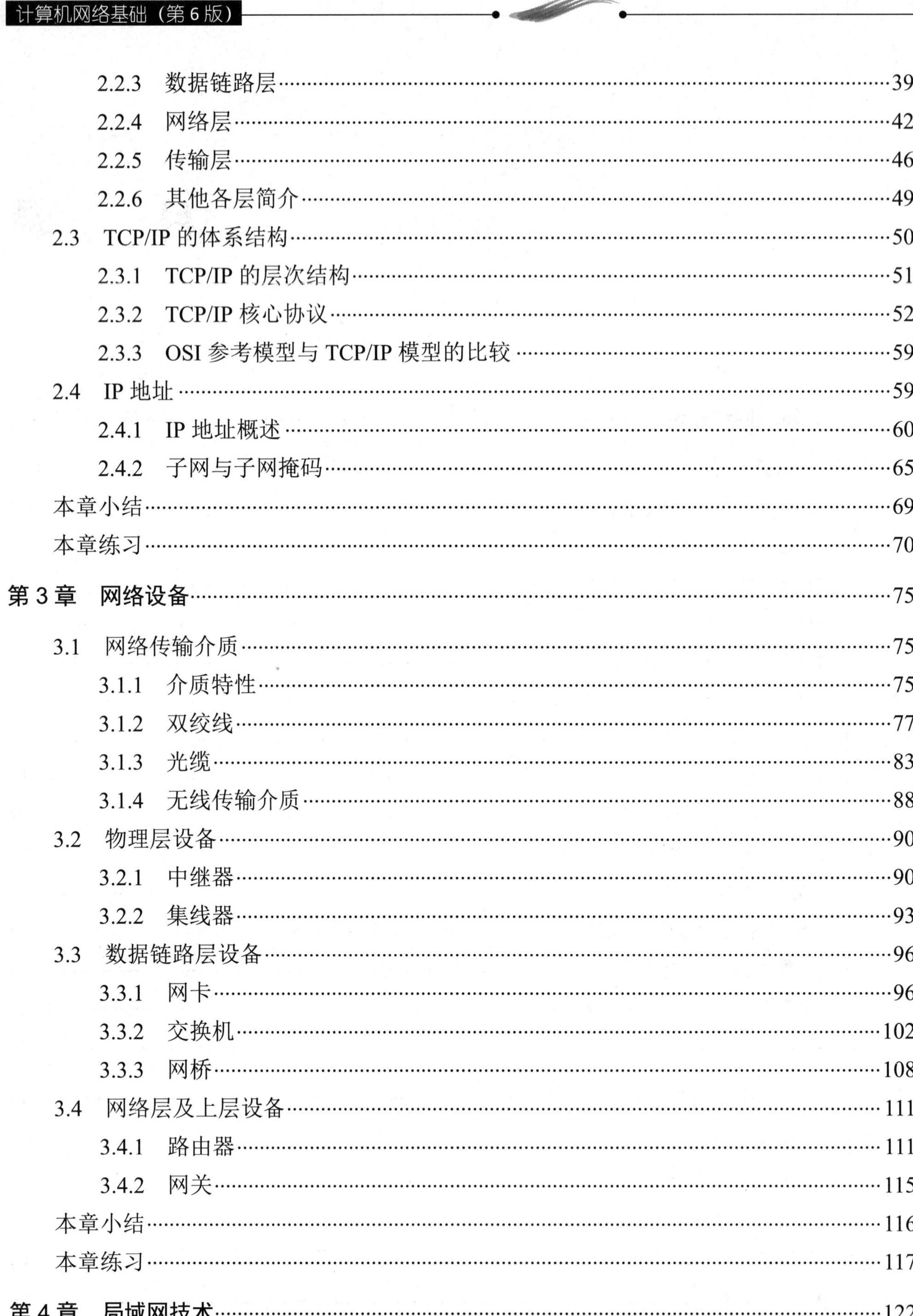

CHAPTER1 第 1 章

# 计算机网络概论

随着计算机技术的迅猛发展，计算机的应用逐渐渗透到通信技术领域和社会生活的各个方面。社会的信息化发展趋势、数据的分布处理，以及计算机资源的共享需求，推动计算机技术向群体化的方向发展，促使计算机技术与通信技术紧密结合，计算机网络由此而生，它代表了当前高新技术发展的一个重要方向。20 世纪 90 年代以来，信息化和网络化的发展使得“网络就是计算机”的观点渐渐深入人心，有了网络才能发挥计算机的巨大优势，计算机网络已经成为人们生活的一部分。

## 1.1 什么是网络

计算机的诞生给社会带来了巨大变化，而计算机网络的出现更是颠覆了人们传统的生活方式。因特网的广泛应用，使地球真正成为一个传统意义的“村庄”。

### 1.1.1 网络世界很精彩

计算机网络发展至今，只有短短的数十年时间，但网络技术、服务对象、普及程度发生了翻天覆地的变化。随着因特网的普及，网络延伸到世界的每一个角落，在人们的身边提供服务。下面的几种情况，你是不是有一种似曾相识的感觉。

#### 1．网络游戏

网络游戏又称“在线游戏”，简称“网游”。它是以互联网为传输媒介，以游戏运营商的服务器和用户计算机为硬件设备，以游戏客户端软件为信息交互窗口，旨在实现娱乐、休闲、交流和取得虚拟成就的，具有相当可持续性的个体性多人在线游戏。它能够吸引大量的年青人参与其中，现在已经形成为一个产业，如图 1-1 所示为网络游戏的场景图。

图 1-1　网络游戏的场景图

## 2．网上冲浪

网络媒体是一种新型的媒体形式，以其快速、迅捷及传递多感官的信息等特点成为“第四媒体”。通过因特网，网络媒体可以将信息 24 小时不间断地传播到世界的每一个角落。只要具备上网条件，任何人在任何地点都可以网上冲浪。特别是 5G 技术的广泛使用，热点事件可以在最短的时间内通过网络传送给用户。用户可以访问因特网上的网站，根据个人的兴趣在网上畅游。较之传统的电视、广播和报纸，网络媒体具有高效、快速、方便等优点。

## 3．电子商务

电子商务是以信息、网络技术为手段，以商品交换为中心的商务活动。网络上的购物平台通常是指由网络服务商建立的虚拟的数字化空间，它借助因特网来展示商品，并利用多媒体特性来增强商品的可视性、选择性。用户可以通过网络预订机票、预订旅馆、购买物品等，网络为人们的出行和购物带来了极大的便利。如图 1-2 所示为网上预订机票的界面图。

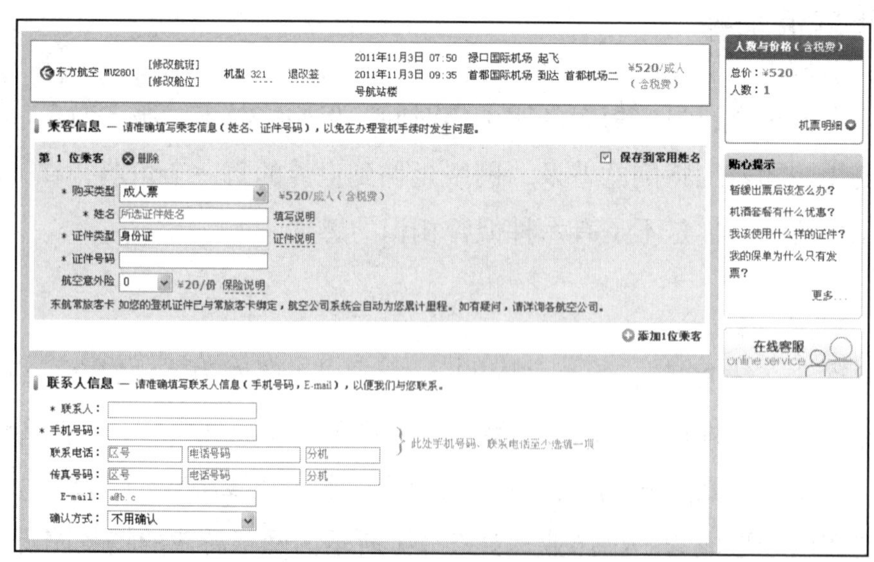


图 1-2　网上预订机票的界面图

**4．网上炒股**

网上炒股是指把传统的股票交易大厅搬到自家的计算机中，通过网络连接到证券网站进行在线股票交易。在提供网上证券交易的网站中，有大量的资讯信息提供给股民。与大盘同步的行情通报，已是证券网站的基本配置，网站还提供大量的财经新闻、上市公司的资料等信息。一些网站还提供股市分析的工具软件，可以协助股民进行各种投资分析，并定制自己的投资组合；一些网站还有一些专门的股评师、市场专家在线进行各种分析和指导。如图 1-3 所示为网上股票交易系统的界面图。

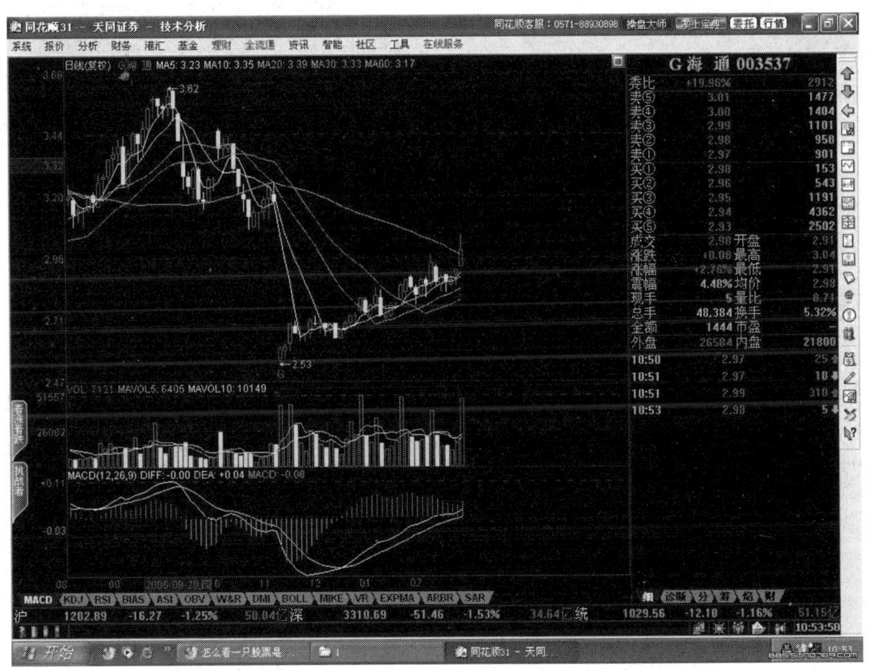


图 1-3　网上股票交易系统的界面图

网络在我们身边的应用远不止上述所列的内容，网络给人们带来的便利在无形中影响着人们的生活方式，网络正在以自己的方式改变着整个世界。

## 1.1.2　生活中的计算机网络

“网络就是计算机”，这种说法稍显片面，但也表明现在的计算机若离开了网络，使用起来就会让用户感觉非常不方便。图 1-4 所示为连入因特网的计算机的示意图。

图 1-4　连入因特网的计算机的示意图

在各种类型的办公空间中我们会看到如图 1-5 所示的网络化办公的工作场景，办公室里

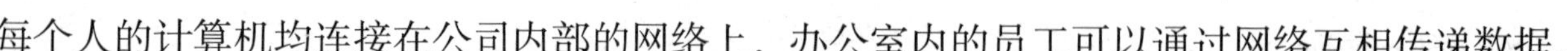

每个人的计算机均连接在公司内部的网络上，办公室内的员工可以通过网络互相传递数据。

如图 1-6 所示的网吧的场景是大家都很熟悉的，现在各大、中、小型城市中各种规模的网吧比比皆是。每一个网吧就是一个网络，这个网络再通过一个代理连接到因特网中，让使用者可以体验网络上的各种不同的服务。

图 1-5　网络化办公的工作场景

图 1-6　网吧的场景

### 1.1.3　什么是计算机网络

我们在日常生活中可以看到：网络好像就是计算机的后面连接了一根网线，在计算机上进行简单的设置，似乎就可以上网了。如果你有机会，你可能还会看到如图 1-7 所示的场景，这个场景是比较大的网络使用的网络配线柜。那么网络到底是什么呢？

图 1-7　网络配线柜

一般的计算机网络包含以下各项元素：

- 一定数量的计算机（这些计算机能独立工作）；
- 电缆线和集线设备；
- 软件（包括操作系统及各种应用软件）。

有了以上这几个要素，再从我们的实际应用出发，来考虑什么是计算机网络。

（1）一定数量的能独立工作的计算机。

计算机网络离开计算机是不能称为计算机网络的，这些计算机本身需要能独立工作，是一个独立的系统。一台计算机是不能成为计算机网络的，成为计算机网络必须有相当数量的计算机。所以计算机网络的第一个要素是：一定数量的能独立工作的计算机。

（2）通过通信介质将计算机连接起来。

这些地理位置分散的计算机如果不能相连（无论使用什么方式，有线或无线），计算机网络还是不能构建起来，要想使这些独立的计算机能够协同工作，就需要将它们连接在一起。所以计算机网络的第二个要素是：通过通信介质将计算机连接起来。

（3）共同遵守的规则或协议。

将一组计算机使用传输介质连接在一起，它们就可以共同工作了吗？当然不能。打个比方：一个俄罗斯人，一个中国人，一个意大利人，每个人只会自己国家的语言，他们能交流吗？如果他们都会说中文呢？计算机网络也是这样，每台计算机只要都遵守一个相同的规则，那么相互通信就没有问题了。所以计算机网络的第三个要素是：共同遵守的规则或协议。

（4）组建计算机网络的目的。

做任何事情都要有一定的目的，人们花费那么多的资源去构建计算机网络必定是因为有构建的必要。将计算机连接起来后，我们可以相互交换数据、相互联系、通过网络使用别人计算机上的资源。所以计算机网络的第四个要素是：以资源共享和数据通信为目的。

计算机网络可以这样来描述：将地理位置不同的具有独立功能的多台计算机系统及其外部设备，通过通信设备和通信线路连接起来，在功能完善的网络软件（网络协议、网络操作系统、网络应用软件等）的管理和协调下实现资源共享和数据通信的计算机系统。

## 1.2 网络的历史

随着通信技术的发展，计算机的应用已逐渐渗透到社会发展的各个领域，各种计算机资源的不断增加，推动着计算机技术向网络化的方向发展，计算机网络已成为人们学习、工作、生活中不可缺少的工具。

### 1.2.1 计算机网络的形成与发展

#### 1. 计算机与通信技术的结合

1951 年，麻省理工学院林肯实验室开始为美国空军设计半自动化地面防空系统（Semi Automatic Ground Environment，SAGE），并于 1963 年建成。它制订了 1600bps 的数据通信规程，提供了高可靠性的多种路径选择算法，是计算机技术和通信技术相结合的先驱。20 世纪 60 年代初期，航空公司建成了订票系统 SABRE-1。该系统以一台大型计算机作为中心计算机，连接了遍布美国的 200 多台终端。1968 年投入运行的通用电气公司的信息服务系统（GE Information Service）是当时世界上最大的商用数据处理系统，其地理范围从美国本土延伸到欧洲、澳洲和日本。

以上研究实现了将地理位置分散的多个终端通过通信线路连接到一台中央处理机，组成以单台计算机为中心的联机系统。多个用户在自己的办公室里使用终端输入程序，通过通信线路将信息传送到中心计算机，分时访问并使用中心计算机的资源进行信息处理，处理结果再通过通信线路回送到用户终端用于显示或打印。这类系统实际上是一种分时多用户（终端）系统，它采用集中控制方式，中心计算机是整个系统的控制及处理中心。通常把这类系统称为以单台计算机为中心的联机（网络）系统，或称为面向终端的联机（网络）系统，是计算机网络的雏形，是具有通信功能的单机系统，如图 1-8 所示。

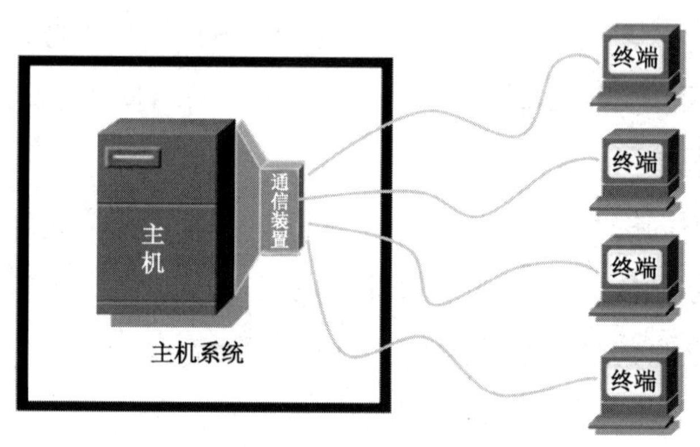


图 1-8　具有通信功能的单机系统

在早期的计算机通信网络中，为了提高通信线路的利用率并减轻主机的负担，已经使用了多点通信线路、终端集中器及前端处理器。这些技术对计算机网络的发展有深远的影响。所谓多点通信线路就是在一条通信线路上串接多个终端，这样多个终端可以共享同一条通信线路与主机进行通信。终端集中器和前端处理器的作用是类似的，但后者的功能更强一些。终端集中器由一台小型计算机充当，通过低速线路与各终端连接，通过高速线路与主机连接。它分担主机的通信任务，让主机资源集中于计算工作；它负责从终端到主机的数据集中和从主机到终端的数据分发；其硬件配置相对简单。前端处理器除具有终端集中器的功能外，还可以互相连接，并连接多个主机，具有路由选择功能，它能根据数据包的地址把数据发送到适当的主机，这就是具有通信功能的多机系统，如图 1-9 所示。

图 1-9　具有通信功能的多机系统

注：FEP 为前端处理器 Front-End Processor 的缩写，Modem 为调制解调器。

### 2. ARPANET 与分组交换技术

20 世纪 60 年代中期出现了大型计算机，因而人们提出了对大型计算机资源远程共享的需求，以程控交换为特征的电信技术的发展，为其提供了实现的手段。1969 年底，美国国防部高级计划研究局（DARPA）建成了 ARPANET 实验室，这标志着现代意义上的计算机网络的诞生。建网之初，ARPANET 只有 4 个节点。两年后，建成 15 个节点。此后，ARPANET 的规模不断扩大。20 世纪 70 年代后期，它的网络节点超过 60 个，包含 100 多台主机，地理范围跨越美洲大陆，连通了美国东部和西部的许多大学和科研机构，又通过卫星与夏威夷和欧洲等地区的计算机网络相互连接。

计算机网络技术的发展与计算机操作系统的发展有密切的关系。1969 年，AT&T 公司成功开发了多任务分时操作系统 UNIX，而最初的 ARPANET 的所有 4 个节点处理机（Interface Message Processor，IMP）就是采用装有 UNIX 操作系统的 PDP-11 小型机。基于 UNIX 系统的开放性及 ARPANET 的出现所带来的曙光，许多学术机构和科研部门纷纷加入该网络，使得 ARPANET 在短时期里得到了较大的发展。

ARPANET 网的特点，通常认为是现代计算机网络的主要特征，其要点有以下几个方面。

（1）实现了计算机之间的相互通信，人们称这样的系统为计算机互联网络。

（2）将网络系统分为通信子网与资源子网两部分，网络以通信子网为中心。通信子网处在网络内层，子网中的计算机只负责全网的通信控制，称为通信控制处理机。资源子网处在网络外围，由主计算机、终端组成，负责信息处理，向网络提供可以共享的资源。ARPANET 网的结构示意图如图 1-10 所示。

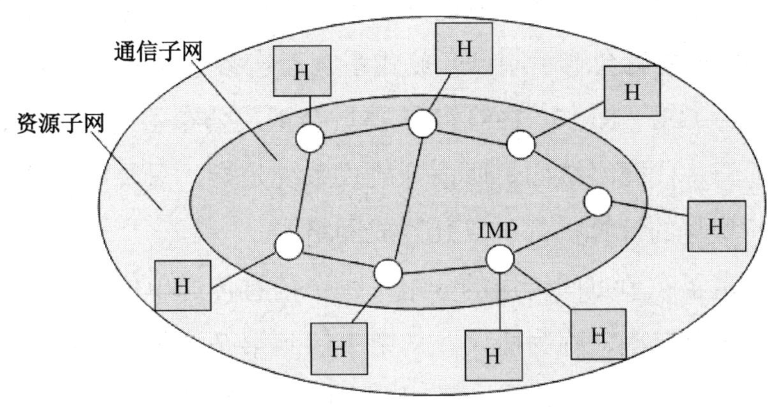


图 1-10　ARPANET 网的结构示意图

（3）使用主机的用户，通过通信子网共享资源子网的资源。从现代计算机网络这个概念上讲，使用网络通信只是手段，实现资源共享才是其主要目的。

（4）采用分组交换技术。发送节点将要传递的数据分成若干小块，分别打包，称为数据

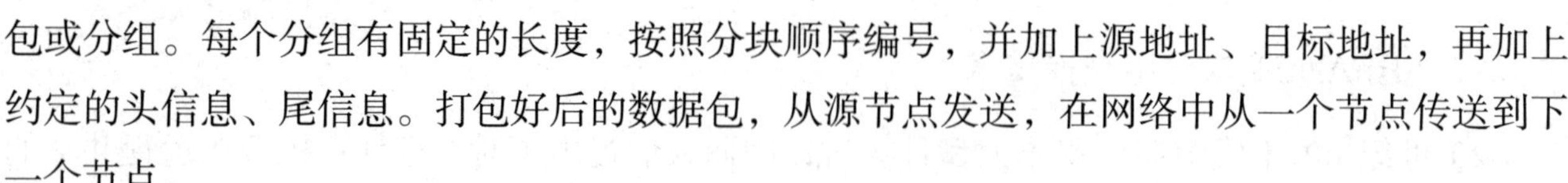

包或分组。每个分组有固定的长度，按照分块顺序编号，并加上源地址、目标地址，再加上约定的头信息、尾信息。打包好后的数据包，从源节点发送，在网络中从一个节点传送到下一个节点。

（5）使用分层的网络协议。非严格地讲，分层网络协议就是将与数据通信、网络应用有关的程序（协议软件），按其功能分为若干层次，低层次的协议软件运行在通信子网的通信控制处理机中，而全部层次的协议软件则运行于资源子网的主机中。

20 世纪 70 年代中后期是广域网的大发展时期，各发达国家的政府部门、研究机构和电报电话公司都在发展各自的分组交换网络。这些网络都以实现远距离的计算机之间的数据传输和信息共享为主要目的，通信线路大多采用租用电话线路的方式，少数铺设专用线路，数据传输速率约为 50Kbps。这一时期的网络称为第二代计算机网络，以远程大规模互连为其主要特点。

### 3．OSI 参考模型的诞生

经过 20 世纪 60 年代和 70 年代前期的发展，人们对组网技术、组网方法和组网理论的研究日趋成熟。为了促进网络产品的开发，各大计算机公司纷纷制订了自己的网络技术标准。1974 年，IBM 公司首先提出了系统网络体系结构（System Network Architecture，SNA）标准。1975 年，DEC 公司也公布了数字网络体系结构（Digital Network Architecture，DNA）标准。这些标准只在某个公司的产品范围内有效；当时，遵从一个标准、能够互连的网络通信产品，只能是同一公司生产的同类型产品。网络市场的这种状况使得用户在投资方向上无所适从，也不利于厂商之间的公平竞争。人们迫切要求制订一套统一的标准，各厂商都遵从这个标准生产网络产品，使各种不同型号的计算机能方便地互连成网络。为此，1977 年国际标准化组织（ISO）的 SCl6 分技术委员会着手制订开放式系统互连参考模型（Reference Model of Open System Interconnection，OSI / RM）。1981 年该委员会正式公布了这个模型，并得到国际上的承认，被认为确立了新一代网络结构。所谓开放式系统是指，只要网络产品（软件、硬件）符合 OSI 标准，任何型号的计算机都可以互连成网络。

OSI 参考模型规定了在节点间传送的分组（一个信息传送单位）格式。它将网络应用软件的共同部分划分为 7 个层次，称为协议。从第 1 层到第 7 层依次是物理层、链路层、网络层、传输层、会话层、表示层、应用层。每一层利用下一层的功能实现一些本层次的新功能，并为上一层提供增值服务。因此，任意一层的功能都包含了它下面所有层次的功能。层与层之间留有若干接口，称为服务访问点（Service Access Point，SAP）。任意一层就可通过这些服务访问点来调用相邻的下一层的功能，以实现本层的新功能。该模型同时规定，任意一层都只能调用它相邻的下一层的功能。

OSI 模型是由国际标准化组织 ISO 制订的参考模型，它并非实体产品。OSI 参考模型适用于将不同型号的计算机互连成一个网络。它极大地推动了网络标准化的进程，而这个进程又反过来促进了计算机网络的迅速发展。这一阶段是计算机网络的标准化时期。

### 4．局域网的兴起

计算机局域网（Local Area Network，LAN）是局部范围的计算机网络，是专为一个公司、一家工厂、一所学校或一个部门服务的，因此它常常是为某一单位或机构所独有。OSI 标准的制订和局域网的兴起可以看作计算机网络发展的第三个阶段。

20 世纪 80 年代被称为局域网时代，局域网技术出现了突破性的进展，由实验研究开始向产品化、标准化方向发展。1980 年，美国三大公司 Xerox、DEC 和 Intel 联合公布了局域网的 DIX 标准（以太网标准），这个标准很快得到了近 200 家公司的支持，这使局域网的典型代表由实验研究进入规范阶段。1980 年 2 月美国电气与电子工程师协会（IEEE）的计算机学会成立了 802 局域网标准委员会，并相继提出了 IEEE 802 系列的局域网标准草案，其中大部分内容已被 ISO 正式认可。20 世纪 90 年代，局域网技术在传输介质、局域网操作系统与客户机 / 服务器计算模式等方面取得了重要的进展。由此可知，局域网的发展道路不同于广域网，局域网厂商从一开始就按照标准化、互相兼容的方式展开竞争。到了 20 世纪 80 年代后期，局域网厂商大都进入了专业化的成熟时期，用户在建设自己的局域网时选择面更宽，设备更新更快。在同一个局域网中，工作站可能是 IBM 公司的，服务器可能是 HP 公司的，网卡可能是 D-Link 公司的，交换机可能是华为公司的，而网络上运行的软件则是 Novell 公司的 NetWare 或 Microsoft 公司的 Windows 系列。

### 5．TCP/IP 的成功

1974 年，卡恩和瑟夫共同设计、成功开发了著名的 TCP/IP。需要注意的是，TCP/IP 是一族协议中的两个主要协议。其中，TCP（Transmission Control Protocol）的中文意思为传输控制协议，而 IP（Internet Protocol）的中文意思为互联网协议。TCP/IP 很快被插入 UNIX 系统内核中，从而为各种不同类型的计算机通信子网的相互连接提供了标准和接口。由于 ARPANET 与 UNIX 系统的迅速发展，TCP/IP 逐渐得到了工业界、学术界及政府机构的认可，从而获得进一步的发展。另一方面，TCP/IP 本身具有简单、实用的优良特性，从而使之焕发出无限活力，形成了今天席卷全球的因特网。

TCP/IP 模型由 4 个层次组成，主要是针对互联网的。它也规定了在因特网中传送的 IP 分组格式。其中，IP 运行于连接两个或多个网络的路由器中，并叠加于原网络协议的数据链路层（或网络层）协议之上，而全部 TCP/IP 则运行于连接在因特网上的主机中，并叠加于原网络协议的数据链路层（或网络层）协议之上。

TCP/IP 模型从第 1 层到第 4 层依次是网络接口层、互联网层、传输层和应用层。严格说

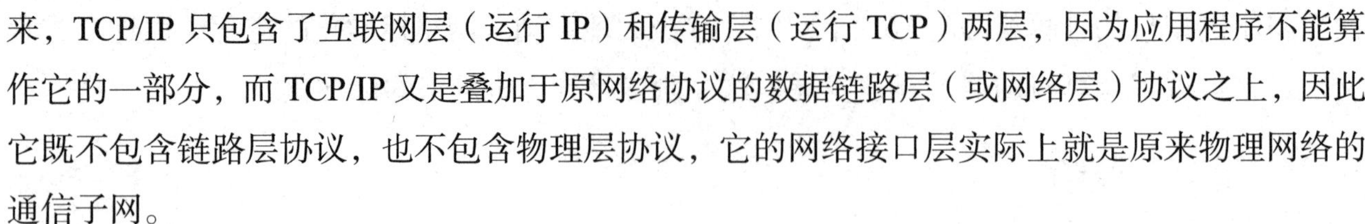

来，TCP/IP 只包含了互联网层（运行 IP）和传输层（运行 TCP）两层，因为应用程序不能算作它的一部分，而 TCP/IP 又是叠加于原网络协议的数据链路层（或网络层）协议之上，因此它既不包含链路层协议，也不包含物理层协议，它的网络接口层实际上就是原来物理网络的通信子网。

TCP/IP 来自实践，是一个实际产品，它将使用不同网络技术的若干网络连接成一个可以相互通信、相互操作的整体。在用户看来，这个整体就是一个网络，它屏蔽了隐藏于整体之下的不同物理网络的细节。除网络互连功能外，TCP/IP 必须实现的另一个主要目标是网络不受子网硬件故障的影响，已经建立的会话不会被取消。也就是说，只要源端和目的端的机器都在工作，即使某些中间设备或传输线路突然失去控制，也能保持网络连接。

### 6. 因特网（Internet）的成长

1986 年，ARPANET 网络正式分成两大部分：美国国家基金会资助的 NSFNET 网络和美国军方独立的国防数据网。由于美国国家基金会的支持，许多地区和院校的网络开始使用 TCP/IP 和 NSFNET 网络连接，因特网（Internet）作为使用 TCP/IP 连接的各个网络的总称被正式采用。

1989 年，日内瓦欧洲物理实验室开发成功了万维网（World Wide Web，WWW），为在因特网存储、发布和交换超文本的图文信息提供了强有力的工具。这一时期，因特网处于推广阶段。

从 1990 年开始，电子邮件（E-mail）、文件传输（FTP）、网络新闻组（Usenet）等重要工具的应用，使因特网越来越受到人们的欢迎。1993 年，美国伊利诺依大学国家超级计算中心成功开发网上浏览工具 Mosaic，进而发展成 Netscape，于是，人们便可以使用 Mosaic 或 Netscape 自由地在因特网上浏览，或者下载 WWW 服务器上发布和存储的各种软件和文件。WWW 与 Netscape 的结合引发了因特网的第二次发展高潮。各种商业机构、企业、机关、团体、军事、政府部门和个人，开始大量涌入因特网，建立网站、发布网页、开展网上商业活动，一个网络上的虚拟世界正在逐渐形成。

从 1993 年开始，因特网进入了大发展阶段。学术界、工业界、政府部门和广大用户，都清楚地看到了因特网的重要作用和巨大潜力，纷纷支持和使用因特网。在此形势下，美国于 1993 年宣布正式实施国家信息基础设施计划（信息高速公路），从而拉开了世界范围内争夺信息化社会领导权与制高点的序幕，计算机科学技术也由此进入了以网络计算为中心的历史性阶段。因特网的应用与高速网络技术的发展被称为计算机网络发展的第四阶段，目前我们正处在这个阶段。

## 1.2.2　计算机网络在中国

我国的计算机网络发展起步较晚，但经过几十年的发展，依托我国国民经济和政府体制改革的成果，计算机网络的发展已经显露出巨大的发展潜力。中国已经成为国际网络的一部分，并且已经拥有世界上最大的网络用户群体。

最早着手建设计算机广域网的是中国铁路总公司（原中华人民共和国铁道部）。原铁道部在 1980 年就开始进行计算机联网实验，当时的节点是北京、天津、上海等铁路局及其所属的分局，其网络体系结构为 Digital 公司的 DNA。

1989 年 2 月我国的第一个公用分组交换网 ChinaPAC 通过试运行和验收，达到了开通业务的条件，ChinaPAC 分组交换网由 3 个分组节点交换机、8 个集中器和 1 个双机组成的网络管理中心所组成。同时，公安部和军队相继建立了各自的专用计算机广域网。除广域网外，从 20 世纪 80 年代起，国内的许多单位都陆续安装了局域网，使更多的人能够了解计算机网络的特点和用途。

从 1993 年开始，几个全国范围的计算机骨干网络工程相继启动，从而使网络在我国出现了迅猛发展的势头。我国已建成的四大互联网络差不多都是在那时候开始建设的。

### 1．中国公用计算机互联网

中国公用计算机互联网于 1994 年 2 月，由原中国邮电部与美国 Sprint 公司签约，为全社会提供因特网的各种服务。1994 年 9 月，中国电信与美国原商务部签订中美双方关于国际互联网的协议，协议中规定中国电信将通过美国 Sprint 公司开通两条 64KB 专线（一条在北京，另一条在上海）。由此，中国公用计算机互联网（China Net）的建设开始启动。1995 年初与因特网连通，同年 5 月正式对外服务。目前，全国大多数用户都是通过该网进入因特网的，China Net 的特点是接入网络方便。

### 2．中科院科技网

中科院科技网也称中关村地区教育与科研示范网络（National Computing & Networking Facility of China，NCFC）。该项目由中国科学院主持，联合北京大学、清华大学共同实施。

1989 年 NCFC 立项，1994 年 4 月正式启动。1992 年，NCFC 工程的院校网，即中科院院网、北京大学校园网和清华大学校园网全部完成建设。1993 年 12 月，NCFC 主干网工程完工。该网络采用高速光缆和路由器将三个院校网互连。到 1994 年 4 月 20 日，NCFC 工程连入因特网的 64KB 国际专线开通，实现了与因特网的全功能连接，整个网络正式运营。从此我国被国际上正式承认为拥有因特网的国家，此事被我国新闻界评为 1994 年中国十大科技新闻之一，被国家统计公报列为中国年度重大科技成就之一。

### 3．中国教育和科研计算机网

中国教育和科研计算机网是为了配合我国各院校更好地进行教育与科研工作，由原国家教委主持兴建的一个全国范围的教育科研互联网（CERNET）。该网络于 1994 年开始兴建，同年 10 月，CERNET 开始启动。该项目的目标是建设一个全国性的教育科研基础设施，利用先进实用的计算机技术和网络通信技术，把全国大部分高等学校和中学连接起来，推动这些学校校园网的建设和信息资源的交流共享。该网络并非商业网、以公益性运营为主，采用免费服务或低收费方式运营。

### 4．中国金桥信息网

中国金桥信息网（ChinaGBN）（以下简称“金桥网”）是由原电子部志通通信有限公司承建的互联网。1993 年 8 月 27 日，启动金桥网前期工程建设。1994 年 6 月 8 日，金桥网前期工程建设全面展开。1994 年底，“金桥网”全面开通。“金桥网”是国家授权的四个互联网络之一，也是在全国范围内进行 Internet 商业服务的两大互联网络之一（另一个为 China Net）。1996 年 8 月，国家计委正式批准“金桥网”一期工程立项，并将“金桥网”一期工程列为“九五”期间国家重大续建工程项目。1996 年 9 月 6 日，“金桥网”连入美国的 256KB 专线正式开通，“金桥网”宣布开始提供 Internet 服务。

伴随着我国计算机网络的主干网的构建完成，Internet 在我国飞速发展。1987 年 9 月 20 日北京计算机技术研究所的钱天白教授发出第一封 E-mail，标志着 Internet 已经成为中国人生活的一部分，揭开了 Internet 在我国发展的序幕。1997 年 11 月中国互联网络信息中心第一次发布《中国互联网络发展状况统计报告》，互联网已经开始从少数科学家手中的科研工具，走向广大群众。从此，中国互联网信息中心定期发布我国互联网的发展情况，广大网民可以通过管理中心网站获取我国互联网最新的发展报告。人们通过各种媒体开始了解到互联网的神奇之处：通过廉价的方式方便地获取自己所需要的信息。

1990 年 10 月，钱天白教授代表中国正式在国际互联网络信息中心的前身 DDNNIC 注册登记了我国的同等顶级域名 cn,并且从此开通了使用中国顶级域名 cn 的国际电子邮件通信服务。但是，中国的 cn 顶级域名服务器一直放在国外的状况直到 1994 年 5 月 21 日才完全改变，钱天白教授在中国科学院计算机网络信息中心完成了国家顶级域名服务器的设置。从这一天起，我们可以自豪地向世界宣布：没有中国的参与，Internet 是残缺、不完整的。

现在我国正在进行三网合一的试点运行工作。所谓“三网合一”，就是指电信网、广播电视网和计算机通信网的相互渗透、互相兼容，并逐步整合成为统一的信息通信网络。“三网合一”是为了实现网络资源的共享，避免低水平的重复建设，形成适应性广、容易维护、费用低的高速宽带的多媒体基础平台。

三网合一并不意味着电信网、计算机网和有线电视网三大网络的物理合一，主要是指高层业务应用的融合。其表现为技术上趋向一致，网络层上可以实现互联互通，形成无缝覆盖，业务层上互相渗透和交叉，应用层上趋向使用统一的 IP 地址，在经营上互相竞争、互相合作，朝着向人类提供多样化、多媒体化、个性化服务的同一目标逐渐交汇在一起，行业管制和政策方面也逐渐趋向统一。

## 1.3 计算机网络的功能

随着计算机网络技术的飞速发展，其应用领域越来越广泛，计算机网络的功能也不断地得到拓展，不再仅局限于资源共享和数据通信，而是逐渐地渗入社会的各个领域，对社会经济、科技、文化、生活都产生重要的影响。通过网络系统，人们可以坐在家中预订去各地的飞机票、火车票，预订客房；通过远程通信可以了解世界各地的证券、股市行情；通过网络信息系统可以对企业生产、销售、财务、固定资产等各方面进行管理等。

计算机网络的应用领域十分广泛，主要有以下几种用途。

### 1．数据通信

数据通信功能实现了服务器与工作站、工作站与工作站之间的数据传输，是计算机网络的基本功能。

计算机网络，尤其是广域网，使地理位置相隔遥远的计算机用户可以进行数据通信。典型的例子就是通过因特网（Internet）可以收发电子邮件，很方便地进行异地交流，这种通信手段是电话、信件和传真等通信方式的补充。

利用计算机网络不仅可以收发电子邮件，还可以通过网络中的文件服务器，交换信息，协同工作。随着因特网在世界各地的流行和发展，电子邮件、FTP 已为世人广泛接受，网络电话、视频会议等各种通信方式正在迅速发展。

### 2．资源共享

所谓的资源是指为用户服务的硬件设备、软件、数据等。如应用程序和文件、常用计算机外设等都能够成为网络中的每一台授权计算机可使用的资源。

资源共享是计算机网络应用的核心，建立计算机网络的主要目的在于实现“资源共享”，资源共享主要包括程序共享、数据共享、文件共享、设备共享、处理器共享、进程共享等，用户可以部分或全部使用网络中的资源。

利用计算机网络，可以共享大型主机设备，也可以共享其他的硬件设备，可以避免重复购置，提高硬件设备的利用率；共享软件资源，可避免软件的重复开发与大型软件的重复购置，进而实现分布处理的目标；共享数据等资源信息，可避免大型数据库的重复配置，最大限度地降低成本，提高效益。

计算机网络可以将分散在各地的计算机中的数据信息收集起来，进行综合分析处理，并将处理结果反馈给相关的计算机，使数据信息得到充分的共享，提高网络中计算机的利用率。

资源共享可以最大限度地利用计算机网络上的各种资源，提高资源的利用率，并可以对各种资源的忙与闲进行合理调节。当然计算机网络上的资源共享必须经过授权才能进行。

### 3．分布式处理

分布式处理是计算机网络提供的基本功能之一，由于有了计算机网络，许多大型信息处理问题可以由分散在网络中的多台计算机协同完成，解决单机无法完成的信息处理任务。分布式处理包括分布式输入、分布式计算和分布式输出三个方面。

（1）分布式输入。

将大量的数据分散在多台计算机上进行输入，以解决数据输入的“瓶颈”问题。

（2）分布式计算。

对于一些大型的综合性问题，通过一些算法分别交给不同的计算机进行处理，用户可根据需要，合理地选择网络中的资源，快速地进行运算。

（3）分布式输出。

将需要输出的大型任务，选择网络中的空闲输出设备进行输出，可提高设备的利用率。

### 4．均衡负载互相协作

计算机网络中的计算机可以互为后备，在工作过程中，一台计算机出现故障，可以启用计算机网络中的另一台计算机继续工作。当计算机网络中某些计算机负荷过重时，计算机网络可以多分配任务给较空闲的计算机去完成。计算机网络中一条通信线路出了故障，可以取道另一条通信线路，从而提高计算机网络的可靠性。

### 5．综合信息服务

当今社会是信息化社会，无论个人、单位，每时每刻都在产生并处理大量的信息，这些信息可能是文字、数字、图像、音频或视频，计算机网络能够收集、传送这些信息并进行处理，综合信息服务是计算机网络的重要服务功能。

在日常生活中，计算机网络的具体应用主要有以下几个方面：

（1）电子邮件。

计算机网络作为通信媒介，用户可以在自己的计算机上把电子邮件发送到世界各地，这些邮件中可以包括文字、图像、音频或视频等信息。

（2）电子数据交换。

电子数据交换是计算机网络在商业领域的一种重要的应用形式，它以共同认可的数据格式，在贸易伙伴的计算机之间传输数据，从而节省大量的人力、物力和财力。

（3）联机会议。

利用计算机网络，人们可以通过个人计算机参加会议讨论。

（4）网络游戏。

通过计算机网络游戏进行娱乐是新的娱乐方式，也是现阶段计算机网络的重要应用之一，它是一种交流的方式，也是一种放松的方式。网络游戏拓展了计算机网络的功能，扩大了网络用户群。

（5）网络教育。

通过计算机网络进行教育正成为现在与将来人们接受教育的重要途径，通过网络进行培训和教学已成为计算机网络的典型应用之一，通过计算机网络进行学习正逐渐成为人们获取知识的重要途径。

计算机网络的应用范围非常广泛，已渗透到国民经济以及人们日常生活的各个方面，并在人们的日常生活中发挥着越来越重要的作用。

## 1.4 计算机网络的分类

为了更好地组建、管理计算机网络，我们常常将其划分为不同的类型来讨论，根据不同的分类标准，计算机网络可以有多种分类方式。

### 1. 根据网络的作用范围进行分类

根据网络的作用范围和计算机之间互连的距离划分，可以将网络划分为局域网、城域网和广域网三种类型。

（1）局域网。

局域网（Local Area Network，LAN）是限定在一定范围内的计算机网络。一般限定在1～20km 的范围内，由互连的计算机、打印机、网络连接设备和其他共享硬件、软件资源组成。局域网通常是一幢建筑物内、相邻的几幢建筑物之间或一个园区的网络，如图 1-11

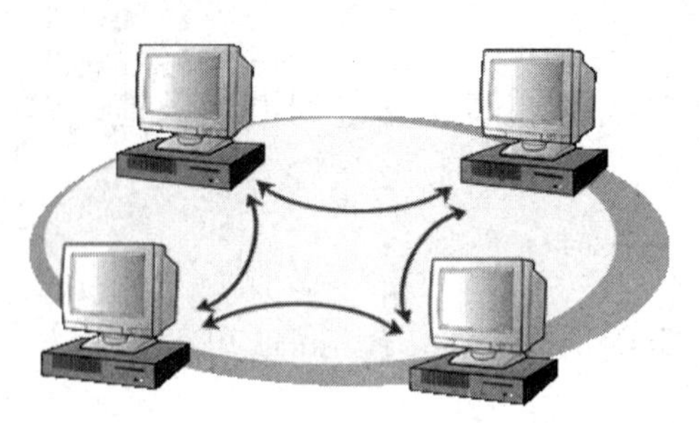

图 1-11　局域网

所示。

通常，在学校机房、家庭、办公室、网吧中布设使用的网络都属于局域网。

（2）城域网。

城域网（Metropolitan Area Network，MAN）与 LAN 相比扩展的距离更长，基本上是一种大型的 LAN，通常使用与 LAN 相似的技术。城域网使用分布式队列双总线（Distributed Queue Dual Bus，简写 DQDB）协议，即 IEEE 802.6 标准，连接着多个 LAN。MAN 的范围扩大到大约 50km。它可以覆盖一组邻近的公司办公室和一个城市。MAN 可以支持数据和音频，并可能涉及当地的有线电视网（CATV）。

为我们提供网络接入服务的网络服务提供商（ISP）所管理的位于一个地区的网络都属于这种类型。

（3）广域网。

广域网（Wide Area Network，WAN）也叫远程网（Remote Computer Network，RCN），覆盖范围通常为数百千米到数千千米，甚至数万千米，可以是一个地区或一个国家，甚至世界几大洲或整个地球，如图 1-12 所示。一个国家或国际间建立的网络都是广域网。在广域网内，用于通信的传输装置与传输介质一般由电信部门或网络服务供应商提供。

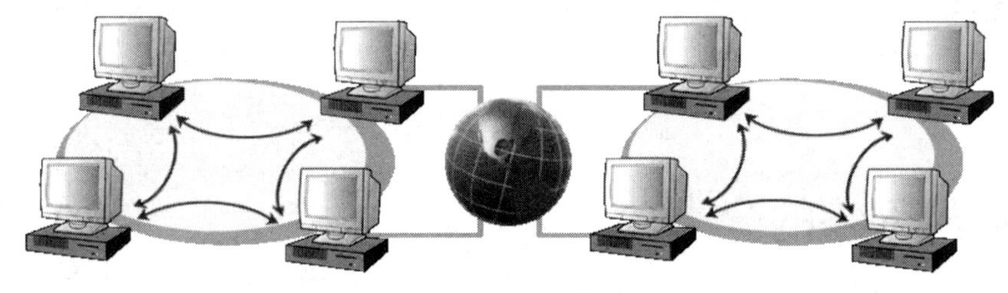

图 1-12　广域网

从图 1-12 可以看出，广域网也是由多个局域网、城域网通过网络连接在一起形成的。最常见的广域网就是我们使用的因特网。因特网是当前世界上规模最大的广域网。此外，很多大企业、院校、研究机构和军事机构也建立了为各自特殊需求服务的广域网络。

### 2．按网络的使用范围进行分类

按网络的使用范围进行划分，又可分为公共网和专用网两种类型。

（1）公共网。

公共网一般由政府电信部门管理和控制，网络中的传输和交换装置可提供（或租用）给任何部门和单位使用。

（2）专用网。

专用网是由某个部门或公司组建的，不允许其他部门或单位使用。专用网也可以租用电信部门的传输线路。例如，军队、铁路、电力、银行等系统均有各自的专用网络。

### 3. 按照网络的管理方式分类

按网络的管理方式不同，可以将计算机网络分为对等网和客户机／服务器网络。

（1）对等网。

对等（Peer to Peer，P2P）网通常是由几台计算机组成的工作组。对等网采用分散管理的方式，网络中的每台计算机既作为客户机又可作为服务器来工作，每个用户都管理自己计算机上的资源，所有的计算机在网络上处于一种对等的地位。对等网的优点是管理简单，缺点是可管理性差。早期的很多计算机网络采用对等网方式联网，采用对等网方式可以大大节省管理开销，但随着网络规模的扩大，网络应用的不断发展，对等网已逐步为客户机／服务器网络所替代。

（2）客户机／服务器网络。

客户机／服务器（Client/Server，C/S）网络，常称为 C/S 网络，它的管理工作集中在运行特殊网络操作系统与服务器软件的计算机上进行，这台计算机被称为服务器。服务器可以验证用户名和密码的信息，处理客户机的请求，为客户机执行数据处理任务和信息服务。网络中其余的计算机则不需要进行管理，将请求发送给服务器即可。客户机／服务器网络大大提高了网络的可管理性，为网络提供了更有效的管理和更丰富的应用途经。但由于服务器需要更高性能的硬件、专用的软件、专业的配置和维护人员，因此增加了管理上的成本。

我们现在使用的网络服务，大都基于 C/S 模式，如我们常常使用的 WWW 服务、电子邮件服务、文件服务、流媒体服务、打印服务等。

随着网络应用的不断普及，对服务器的需求变得越来越高，服务器的网络带宽、CPU、内存、磁盘等要比普通计算机以更快的速度升级，即使这样，也常常无法满足海量的服务请求。服务器的性能常常成为我们访问网络资源的瓶颈。

### 4. 按照数据传输方式分类

按网络数据传输方式的不同，可以将计算机网络分为点对点网络和广播式网络。

（1）点对点网络。

点对点网络中的计算机或设备通过单独的线路进行数据传输，并且两个节点间可能会存在多条单独的链路，如图 1-13 所示。点对点网络是我们连接计算机网络最自然的方法，任何两个通信节点都有一条或者多条链路相连。这样的网络，任意节点间通信时，都能找到一条甚至多条物理线路，并且能独占通信线路。因此采用点对点的方式，能够获得高速率、高可

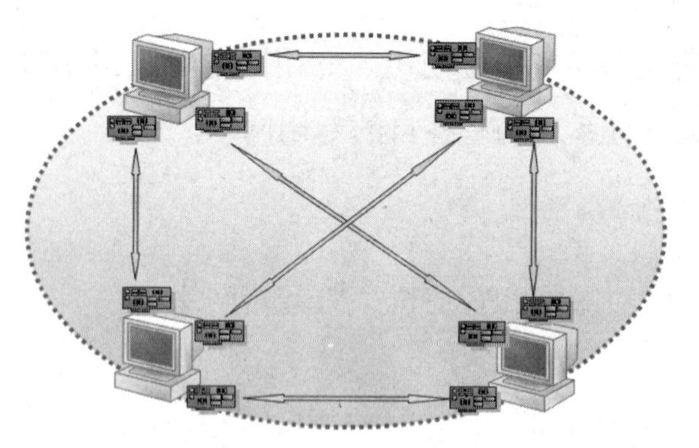

图 1-13　点对点网络

靠性和稳定的延迟。

但是，点对点方式的缺陷也非常明显，在点对点网络中，如果节点数目较多，要实现它们之间的互通，必须建立很多条物理连接，4个节点的网络需要6条连接线缆，每个节点也需要3个网卡才能实现。有 $n$ 个节点的网络，需要 $n\times(n-1)/2$ 条线缆，这在节点较多的局域网络中是不可想象的。大家可以假设一下，机房有50台主机，即使不管每台主机是否能拥有49个网络接口，总计1225条网络电缆就足以把机房的地面铺满。

由于点对点网络的特点，这种传播方式主要被应用于对传输速度、延迟要求很高的广域网中。

（2）广播式网络。

广播式网络中的计算机或设备通过一条共享的通信介质进行数据传播，所有节点都会收到其他节点发出的数据信息。这种计算机网络传输方式主要应用在局域网中，广播式网络中有三种常见传输类型：单播、广播与组播。

采用广播的主要目的是为了公用传输介质。好比很多人在一个房间中，你能同其他所有人交谈，房间中的空气是声音的传输介质，所有的人都共用这个介质而不需要在任意两个人之间单独建立一个声音的传输通道，房间的墙壁阻隔了声音的传送，使得外界无法听见房间中的谈话。这种类似于大声说话的传输方式，称为广播。广播所能覆盖的范围，我们可以认为就是上述的房间，我们称为广播区域，简称广播域。

单播（Unicast），是指有一个确定接收目的端的广播，只有被指定的接收端会对单播做出响应，其他主机会忽略这个单播。类似于你在房间里叫了一声："小刘，你好！"，你指定了这句话唯一的接收对象为小刘，房间里的其他人也能听到你所说的，但由于不是小刘，因此不会理会。在我们进行网络通信时，大部分通信都有确定的接收对象，因此，我们发送的大部分为单播数据包。需要注意的是，在广播网络中，单播实际上被发送到网络的所有节点，只是网络接口设备（如网卡）会进行判断，指定的接收人是否是自己；如果不是，这个包将被丢弃。单播方式造成了一个隐患，如果通过某种技术手段，能使网卡接收并不发送是给自己的单播，就能轻易窃听到网络中其他主机通过网络发送的信息，这种情况我们称为网络侦听。单播传输类型的示意图如图1-14所示。

广播（Broadcast），是指发送目标为所有主机的广播，网络中的所有主机都是接收对象，在广播域中的所有主机都会接收广播。广播好比我们在房间里发布一个通知："大家注意，有

一个情况……”，房间里所有人都会仔细听通知的内容。广播在网络中常常起着特殊的作用，如最常见的广播 ARP，用来获取目标主机 MAC 地址，是我们进行后续通信的基础。广播传输类型的示意图如图 1-15 所示。

组播（Multicast），也称为多播，是比较特殊的一类广播，它指定的接收端既不是一个特定的主机，也不是所有主机，而是一组主机。属于组播指定组的主机会接收组播，其他主机接收到组播包后会将其丢弃。组播更类似于我们在房间里说：“XX 部门的各位，请注意……”，房间里属于 XX 部门的会仔细听，其他人则不用理会。组播被广泛应用于视频点播等服务。组播传输类型的示意图如图 1-16 所示。

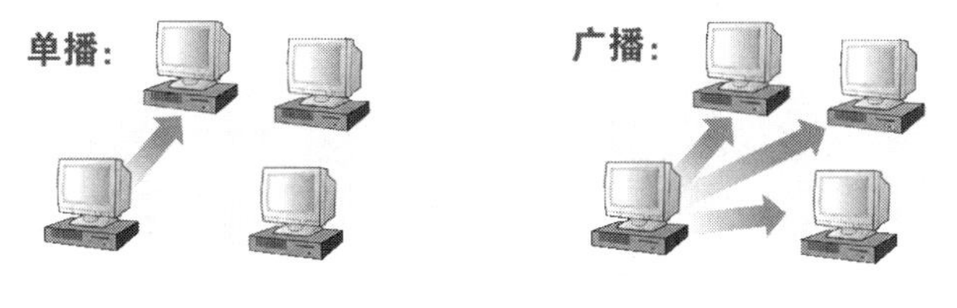


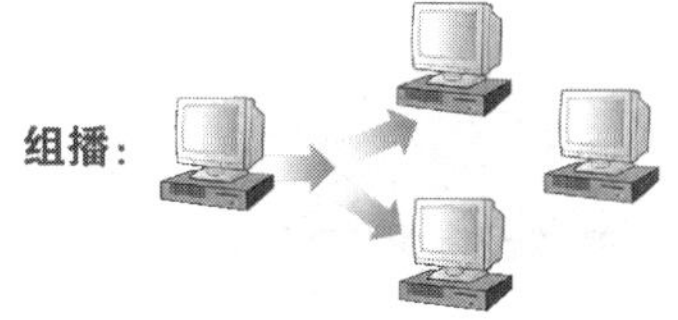

图 1-14　单播　　图 1-15　广播　　图 1-16　组播

广播技术很好地解决了传输介质的共享问题，大大降低了组网的难度和成本，广泛地应用于局域网技术中，我们使用的以太网技术就是基于广播的技术。

在一个正常运作的局域网中，单播和广播是同时存在的，但广播的数量过多，会对计算机网络的性能和正常工作造成很大的影响。广播过多的原因有很多，如一个广播域中的节点太多，或者可以说广播域太大，由于广播域中的任何主机发送的广播会扩散到整个区域，节点数太多会引起广播域中的广播泛滥，影响正常网络通信，这也是我们常常需要分割子网的主要原因。除了这个原因以外，网络的不正常配置，如交换环路、不合理的基于广播的服务配置、病毒或木马感染等都会产生大量的广播。若广播的数量超过计算机网络允许的正常范围，我们形象地称为“广播风暴”。

## 1.5 网络的拓扑结构

18 世纪时，欧洲的哥尼斯堡（今俄罗斯加里宁格勒）是东普鲁士的首都，普莱格尔河横贯其中。在这条河上建有七座桥，将河中间的两个岛和河岸联结起来，如图 1-17 所示。人们闲暇时经常在这上边散步，一天有人提出：能不能每座桥都只走一遍，最后又回到原来的位置。这个看起来很简单又很有趣的问题吸引了大家，很多人在尝试各种各样的走法，但谁也没有做到。看来要得到一个明确、理想的答案不是那么容易。

1736 年，有人带着这个问题找到了数学家欧拉，欧拉经过一番思考，很快就用一种独特的方法给出了解答。欧拉把这个问题先简化，他把两座小岛和河的两岸分别看作四个点，而把七座桥看作这四个点之间的连线，如图 1-17 所示。那么这个问题就简化成，能不能用一笔就把这个图形画出来。经过进一步的分析，欧拉得出结论——不可能每座桥都走一遍最后回到原来的位置，并且给出了所有能够一笔画出来的图形所应具有的条件。这是拓扑学的“先声”。

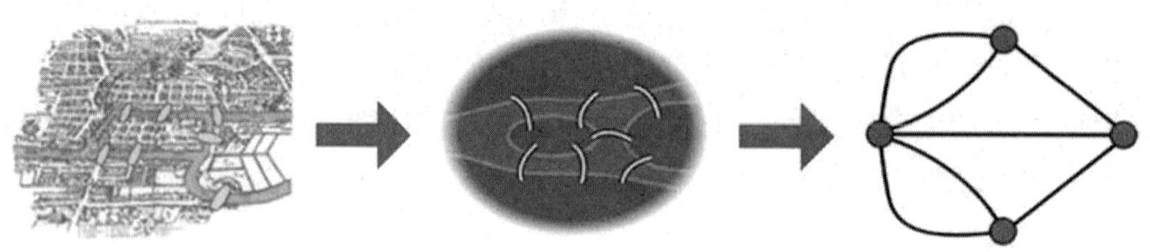

图 1-17　七桥问题

## 1.5.1　网络的物理拓扑

在研究计算机网络组成结构的时候，我们可以采用拓扑学中一种研究与大小形状无关的点、线特性的方法，即抛开网络中的具体设备，把工作站、服务器等网络设备抽象为“节点”，把网络中的线缆等通信介质抽象为“线”。这样，从拓扑学的观点看计算机网络就变成了点和线组成的几何图形，我们称它为网络的拓扑结构。

网络中的节点有两类：一类是只转接和交换信息的转接节点，它包括节点交换机、集线器和终端控制器等；另一类是访问节点，它包括主计算机和终端等，它们是信息交换的源节点和目标节点。

网络的拓扑结构类型较多，基本的拓扑结构类型有以下三种：总线型、星形、环形，如图 1-18 所示。

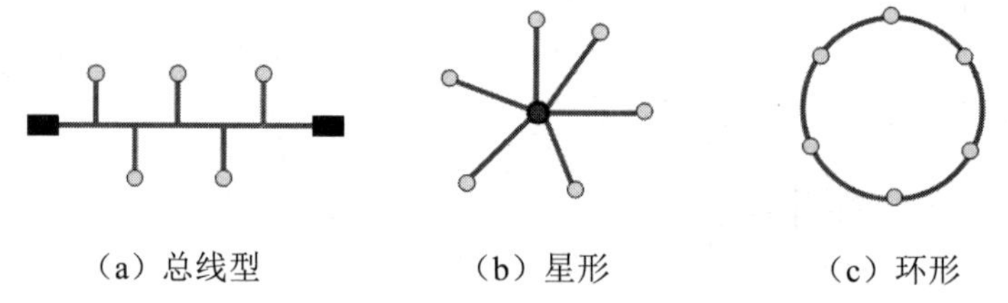


图 1-18　网络的基本拓扑结构

### 1．总线型结构

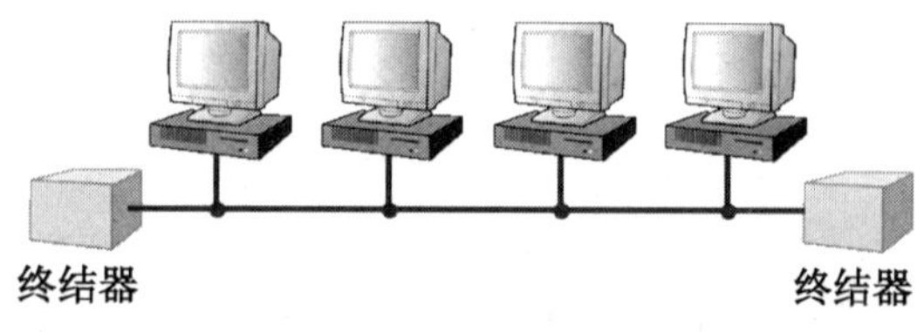


图 1-19　总线型网络

如图 1-19 所示，总线型结构的网络将各个节点用一根总线相连。总线型网络上的数据以电子信号的形式发送给网络上的所有的计算机，但只有计算机地址与信号中的目的地址相匹配的计算机才能接收到。由于所有站点共享一条传输线路，在任何时刻，网络中只有一台计算机可以发送信息，其他需要发送信息的计算机只有等待，直到网络空闲时才能发送信息。这就需要有一种访问控制策略，来决定下一次哪个站点可以发送，在总线型网络中，通常采取分布式访问控制策略。

数据发送时，发送站将报文分成若干组，然后一个一个地依次发送这些分组，网络较忙时，还要与其他站来的分组交替地在介质上传输。当分组经过各个站点时，目的站点将识别分组地址，然后复制这些分组的内容。在这种结构中，总线仅仅是一个传输介质，通信处理分布在各个站点内进行。

总线型网络的主要优点是其结构简单灵活，对节点设备的装、卸方便，可扩充性好；连接网络所需的线缆长度短；另外，这种结构的网络节点响应速度快，共享资源能力强，设备投入量少，安装使用方便。因此，总线型网络结构是最传统的，也是目前广泛使用的一种网络拓扑结构。

总线型网络的主要缺点是对通信线路（总线）的故障敏感，任何通信线路的故障都会使得整个网络不能正常运行；另外，由于共用一个总线，站点间为了协调通信，需要复杂的介质访问控制机制。

为了消除信号反射，在传输介质的两端需要安装终结器，用于吸收传送到线缆端点的信号。在总线型网络中，传输介质的每一个端点都必须连接到某个器件上，任何开放的缆线端口都必须接入终结器以阻止信号的反射。如果网络中的线缆被分成两部分或者线缆的一端没有连接终结器，网络会由于断开部分或没有终结器，发生信号反射，处于失效的状态，数据通信会终止。但此时网络中各个站点的计算机仍可作为独立计算机进行工作。

### 2. 星形结构

星形结构的网络由中央节点和与中央节点直接通过各自独立的线缆连接起来的站点组成，中央节点（交换机或集线器）位于网络的中心，其他站点通过中央节点进行数据通信。星形结构网络的示意图如图1-20所示。

星形结构网络采用集中式通信控制策略，所有的通信均由中央节点控制。一个站点需要传送数据时首先向中央节点发出请求，要求与目的站点建立连接；连接建立完成后，该站点才向目的站点发送数据。由于网络上需要进行数据交换的节点比较多，中央节点必须建立和维持许多并行数据通路，这种集中式传输控制使得网络的协调与管理更容易，但也成为影响网络速度的瓶颈。

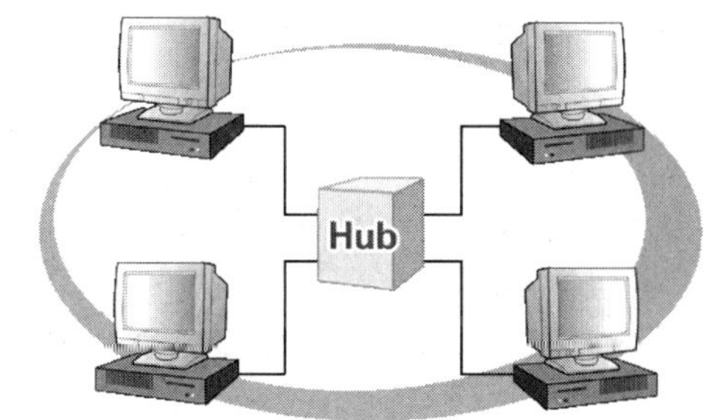


图1-20 星形结构网络

星形结构网络采用的数据交换方式主要有线路交换和报文交换两种，线路交换更为普遍。现有的数据处理和声音通信的信息网大都采用这种拓扑结构。一旦建立了通道连接，可以没

有延迟地在连通的两个站点之间进行数据交换。

星形结构网络主要具有以下优点：

（1）易于故障的诊断与隔离。集线器或交换机位于网络的中央，与各节点通过连接线连接，每条连接线都有相应的指示，故障容易检测和隔离，也可以很方便地将有故障的节点从系统中删除。

（2）易于网络的扩展。无论是添加一个节点还是删除一个节点，在星形网络中都是一个非常简单的事情，即从中央节点上拔下一个线缆插头或插入一个线缆插头。当网络拓展较大时，可以采用增加中央节点的方法，将中央节点进行级联，来拓展计算机网络的节点数量，延伸网络的距离。

（3）具有较高的可靠性。只要中央节点不发生故障，整个计算机网络就能正常运行，其他节点的故障不会影响到整个网络。

但其缺点也很明显，主要有：

（1）过分依赖中央节点。整个网络能否正常运行，在很大程度上取决于中央节点能否正常工作，中央节点的负担很重。

（2）组网费用高。由于网络中的每个节点都需要有自己的线缆连接到中央节点，所以星形网络所使用的线缆很多，中央节点也是一个额外的负担。

（3）布线比较困难。由于每一个节点都有一条专用的线缆，当计算机数量比较多、分布的位置比较分散时，如何进行网络布线是一个令人头痛的问题。

星形结构网络是在现实生活中应用最广的网络拓扑结构，一般的学校、单位都采用这种网络拓扑组建单位的计算机网络。局域网拓扑常采用星形结构或星形结构与其他类型相结合的结构。

### 3. 环形结构

如图1-21所示，环形结构网络中的各节点是连接在一条首尾相连的闭合环形线路中的。环形结构网络中的信息传送是单向的，即沿一个方向从一个节点传到另一个节点。由于信息按固定方向单向流动，两个节点之间仅有一条通路，系统中无信道选择的问题。在环形结构网络中，当信息流中的目的地址与环上的某个节点的地址相符时，信息被该节点接收。然后，根据不同的控制方法决定信息不再继续往下传送或信息继续流向下一个节点，一直流回到发送该信息的节点为止。因此，任何节点的故障均能导致环形结构网络不能正常工作。目前已有许多解决这些矛盾的办法，如建立双环结构等。

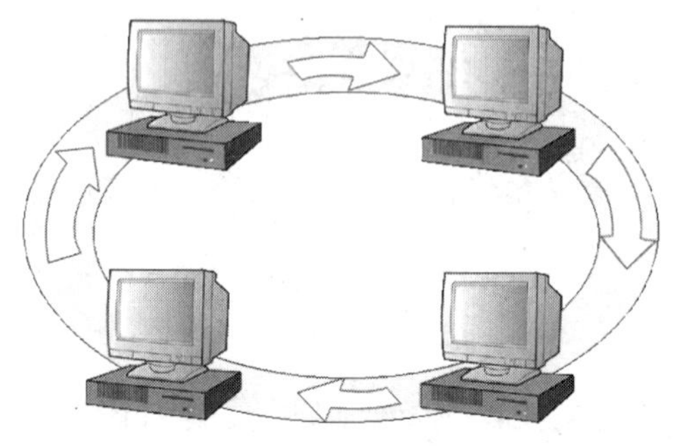

图1-21　环形结构网络

环形结构网络主要具有以下优点：

（1）数据传输质量高。由于网络中的中继设备对信号的再生放大，信号衰减得极慢，适合远距离传送数据。

（2）可以使用各种介质。环形结构网络是点到点、一个结点一个结点的连接，可以使用各种网络传输介质，包括光纤。

（3）网络实时性好。每两台计算机之间只有一条通道，数据流向上路径选择简化，运行速度高，可以避免数据冲突。

但其缺点也很明显，主要有：

（1）网络扩展困难。由于环形结构网络是一个封闭的环，需要扩展网络时，站点的配置比较困难，同样要删除环形结构网络中的站点也不容易。

（2）环形结构网络的可靠性不高。单个节点的故障会引起整个环形结构网络瘫痪。

（3）故障诊断困难。由于单个节点故障会引起整个环形结构网络故障，出现故障时需要对每个节点进行检测，以确定故障所在，难度较大。

环形结构网络平时用的比较少，主要用于跨越较大地理范围的网络，环形拓扑结构更适合于网间网等超大规模的网络。最常见的采用环形拓扑的网络主要有令牌环网、FDDI（光纤分布式数据接口）网络和 CDDI（铜线电缆分布式数据接口）网络。

通常情况下，局域网常采用星形、星形/环形、星形/总线型拓扑结构，而网际互联的拓扑常采用网状结构、环形或总线型的主干网、分层的星形拓扑结构。

此外，计算机网络还有两种拓扑结构：树状拓扑结构和网状拓扑结构。

树状拓扑可以看成是星形拓扑的扩展，如图 1-22 所示，在树状拓扑结构中，节点按层次进行连接，信息交换主要在上下节点之间进行，相邻及同层节点之间一般不进行数据交换或数据交换量小。树状拓扑网络适用于汇集信息的应用要求。

在网状拓扑结构型中，节点之间的连接是任意的，无规律可言，如图 1-23 所示。

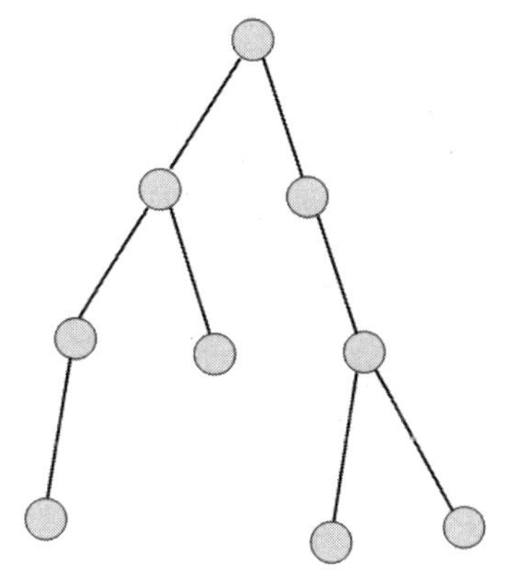
图 1-22　树状拓扑结构

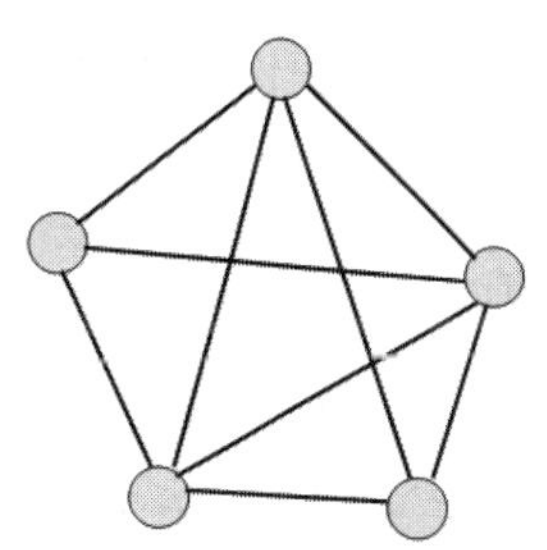
图 1-23　网状拓扑结构

网状拓扑的主要优点是系统可靠性高，缺点是结构复杂，必须采用路由算法与流量控制算法。

### 1.5.2　网络的逻辑拓扑

网络的逻辑拓扑结构指信号在网络中的实际传输路径，它所描述的是信号在网络中的流动。当任何一台设备向网上发出信号后，信号在网上有两种传输方式：广播方式与只把信号发送给指定的下一站的设备。前一种方式的逻辑拓扑是逻辑总线，后一种方式的逻辑拓扑是逻辑环。

对逻辑总线结构来说，当一台设备向网络上发出信号后，信号像洪水一样“漫延”到网上各处，网上的设备都会收到这个信号。若不考虑信号传输延迟的话，可以认为所有设备都同时收到该信号。

对逻辑环结构来说，当一台设备向网上发出信号时是发送给指定的一台设备，然后按照一定的顺序一站一站地传下去，最后回到发送站，形成一个封闭环。显然，网络中每台设备都只接受指定发给它的信号，它也只把信号发送给指定的下一站的设备。

### 1.5.3　校园网的网络拓扑

在众多的网络形式中，校园网络是一种比较复杂的网络形式。正常情况下，校园网络是由多个局域网络组成，并通过有线或无线方式连接起来，其拓扑结构相对比较复杂。

#### 1．单核心网络

单核心网络通常是用于对数据交换要求不是很高的网络架构中，如校园网、非营利的企业网。网络中数据点通常比较少，内部的数据流量较小，一旦网络出现故障，对使用者造成的后果并不严重，其网络在构建时可采用三层或二层架构，其网络拓扑结构如图 1-24 所示。

#### 2．双核心网络

双核心网络通常应用于对网络连通性要求较高的网络架构中，基本上可以做到整个网络不会因为核心故障而出现停网现象，网络可以保持 7×24 小时的连通性。此种网络结构通常应用于学校校园网、科研院所网络、营利性的企业网络。适用于网络对数据交换、网络连通等要求较高，避免出现核心故障，企业或单位损失比较大的情况。双核心网络构建比较复杂，网络构建成本比较高。如图 1-25 所示为双核心多出口三层交换网络的拓扑结构。

图中可以看出核心交换机之间使用两根线缆相连，这两根线缆主要作用有两个：

- 单纯地做冗余，也就是说当一条线缆断了后，可走另一条线缆。
- 做端口聚合：假如一条线的带宽是 1000M，那么两条线的带宽就是 2000M。

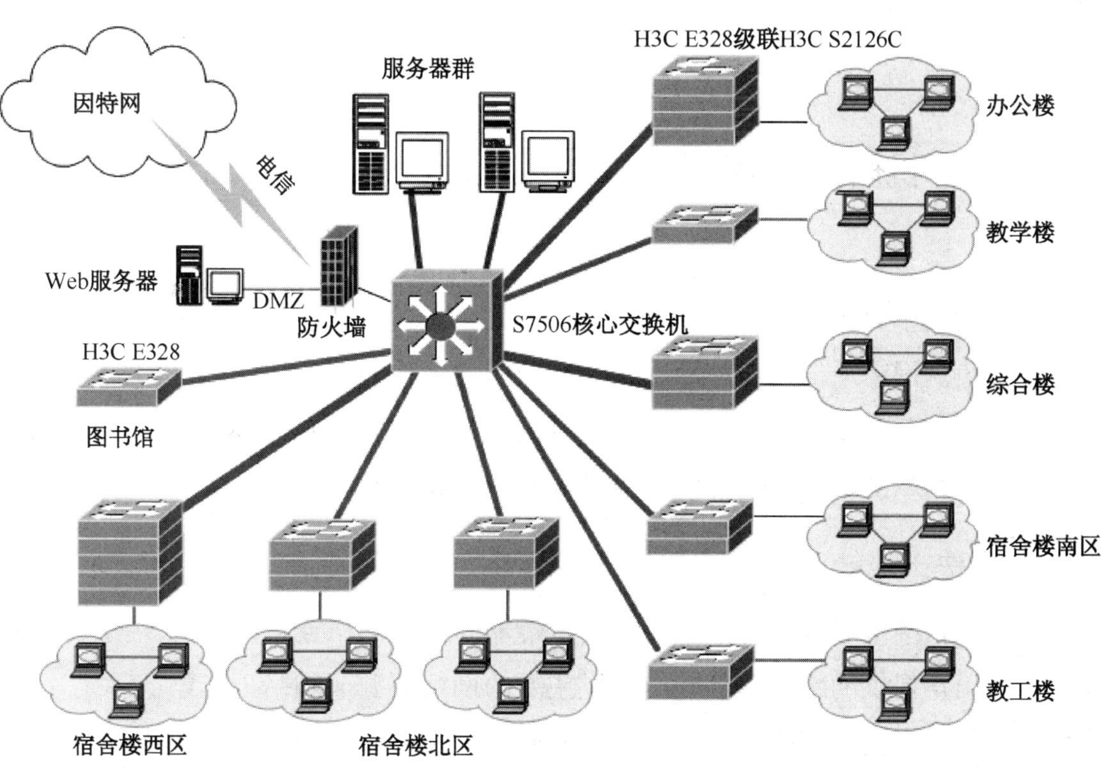


图 1-24　单核心三层网络拓扑结构

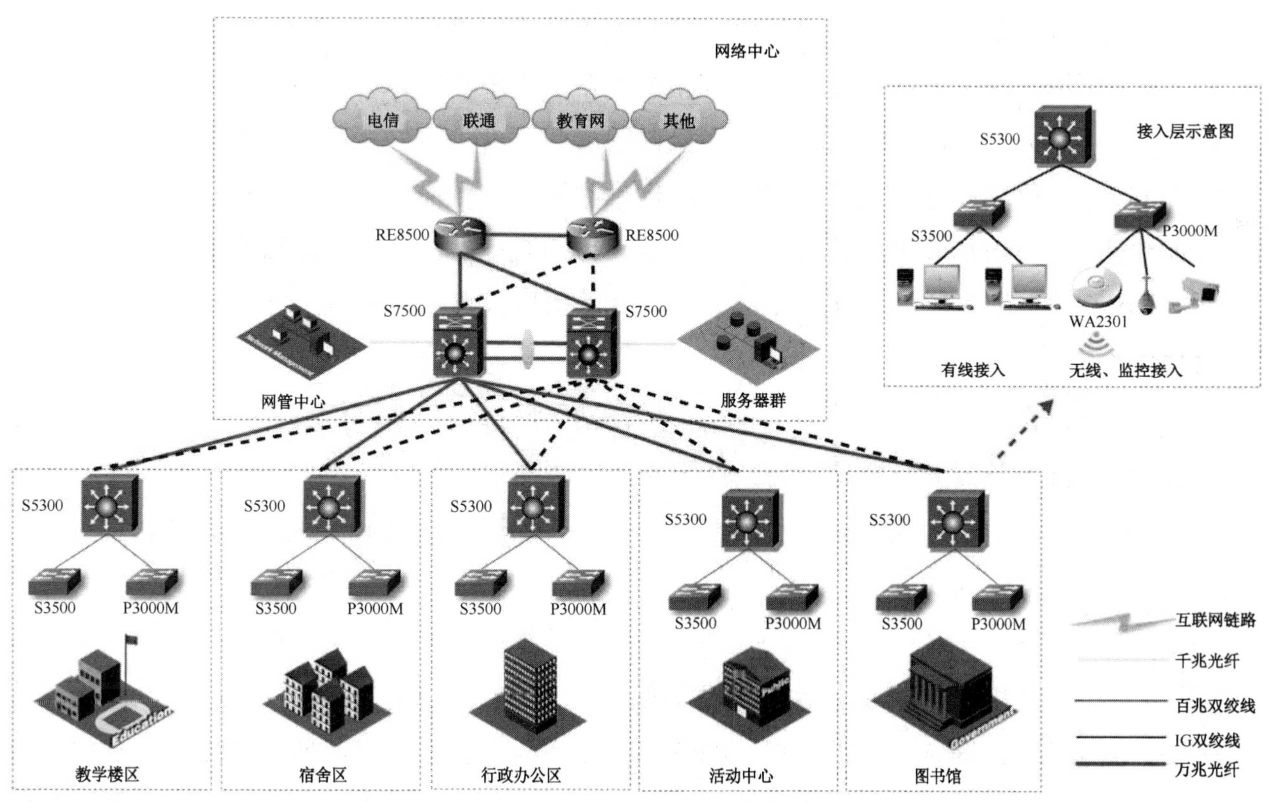


图 1-25　双核心多出口三层交换网络的拓扑结构

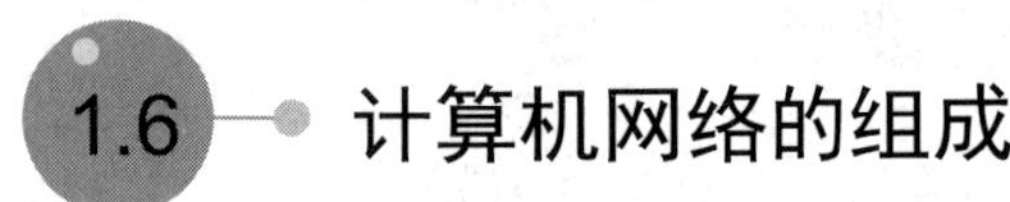

## 1.6 计算机网络的组成

从计算机网络中部分实现的功能来看，计算机网络可以分为通信子网和资源子网两部分，通信子网主要负责网络通信，它是网络中实现网络通信功能的设备和软件的集合；资源子网主要负责网络的资源共享，它是网络中实现资源共享的设备和软件的集合。从计算机网络的实际构成来看，网络主要由网络硬件和网络软件两部分组成。

### 1．网络硬件

网络硬件包括网络服务器、网络工作站、传输介质及网络连接设备等。网络服务器是网络的核心，为用户提供网络服务，同时提供主要的网络资源。网络工作站实际是一台连入网络的计算机，是用户使用网络的窗口。传输介质是网络通信所用的传输线缆。网络连接设备是构成网络的一些部件，应用的网络连接设备有交换机、路由器等。

（1）服务器。

在网络中提供服务资源并起服务作用的计算机称为服务器。根据服务器所提供的服务的不同，可以把服务器分为文件服务器、打印服务器、应用系统服务器等。文件服务器用来管理用户的文件资源，它能同时处理多个客户机的访问请求，文件服务器对网络的性能起着非常重要的作用；打印服务器负责处理网络用户打印请求，普通打印机和运行打印服务程序的计算机相连，共享该打印机后这台计算机就成为打印服务器；应用系统服务器运行客户机／服务器应用程序的服务器端软件、保存大量信息供用户查询的服务器。

（2）工作站。

连接到网络中的计算机就称为工作站。工作站是网络用户最终的操作平台。用户在工作站上通过向文件服务器注册登录，向文件服务器申请网络服务。

工作站一般不用来管理共享资源，但必要时也可以将工作站的外设设置为网络共享设备，从而具有某些服务器的功能。

（3）集线设备。

集线设备可使用集线器或交换机，现在使用的比较多的是交换机。交换机在网络中起到数据交换的作用，其拥有一条带宽很高的背部总线和内部交换矩阵，所有的端口都挂接在这条背部总线上。控制电路接收到数据包后，处理端口会查找内存中的地址对照表以确定目的地址挂接在哪个端口上，通过内部交换矩阵迅速地将数据包传送到目的端口，如果目的地址在地址表中不存在，才将数据包发往所有的端口，接收端口回应后，交换机将把它的地址添加到内部地址表中。

（4）通信介质。

通信介质是用来连接计算机与计算机、计算机与集线器等设备的媒介。它可以是同轴电缆、双绞线、光缆，也可以是无线介质。使用什么通信介质一般取决于网络资源类型和网络体系结构，如同轴电缆常用于总线结构的网络、光缆常用于光纤环网等。

### 2. 网络软件

网络软件包括网络操作系统、通信软件和通信协议等。计算机只有在操作系统的支持下才能正常运行。操作系统用于管理、调度和控制计算机的各种资源，并为用户提供友好的操作界面。同样，计算机网络也需要一个相应的网络操作系统来支持其运行。网络操作系统也是唯一能跨微型机、小型机和大型机的操作系统。

（1）网络操作系统。

网络操作系统（NOS）运行在服务器上，负责处理工作站的请求，控制网络用户可用的服务程序和设备，维持网络的正常运行。现在计算机网络操作系统主要有三大系列：UNIX、Linux 和 Windows。

（2）工作站软件。

工作站软件运行在工作站上，处理工作站与网络间的通信，与本地操作系统一起工作，一些任务分配给本地操作系统完成，一些任务交给网络操作系统完成。

（3）网络应用软件。

网络应用软件是专门为在网络环境中运行而设计的，网络版应用程序允许多个用户在同一时刻访问、操作、使用，它是网络文件资源共享的基础。

（4）网络管理软件。

网络管理软件一部分包含在网络操作系统中，但大部分独立于操作系统，需要单独购买。它能监测网络上的活动并收集网络性能数据，并能根据数据提供的信息来微调和改善网络性能。

## 本章小结

本章主要介绍了计算机网络的基础知识，主要包括计算机网络的概念、计算机网络的发展及我国计算机网络的发展情况、计算机网络的功能与分类、计算机网络的拓扑结构及计算机网络的组成。

计算机网络是将地理位置不同但具有独立功能的多台计算机系统，通过通信设备和通信

线路连接起来，在功能完善的网络软件（网络协议、网络操作系统、网络应用软件等）的协调下实现网络资源共享的计算机系统的集合。简单地说就是：以资源共享为目的自主互联的计算机系统的集合。

计算机网络的发展经历了四个阶段：第一阶段是20世纪50年代，以单台计算机为中心的远程联机系统，构成面向终端的计算机通信网。第二阶段是20世纪60年代末，多个自主功能的主机通过通信线路互联，形成资源共享的计算机网络。第三阶段是20世纪70年代末，形成具有统一的网络体系结构、遵循国际标准化协议的计算机网络。第四阶段是始于20世纪80年代末，向互连、高速、智能化方向发展的计算机网络。

人们构建计算机网络的初期是实现资源共享和数据通信的功能，这两个功能是计算机网络最基本的功能。随着计算机网络的发展，计算机网络的分布式处理、负载均衡相互协作及综合信息服务等功能得到体现。

计算机网络的分类方式有很多种，最常见的分类方式是以网络覆盖的地理范围为分类标准，将计算机网络分为局域网、城域网和广域网三类。此外，计算机网络还可以分为专用网和公用网，对等网和客户机/服务器网络，点对点网络和广播网络等。

计算机网络家族并不以一种方式出现，从它的结构上可将其主要分为：星形结构网、总线型结构网、环形结构网三种基本拓扑类型。在这三种基本拓扑类型之外，计算机网络还有树状网络、网状网络和杂合型网络等。

计算机网络系统也与计算机系统相同，由硬件系统和软件系统两大部分组成。硬件系统主要由服务器、客户机、集线设备及通信介质组成，而软件系统则由网络操作系统、网络管理软件、网络应用软件和工作站软件组成。

## 本章练习

### 一、选择题

1. 计算机网络是（　　）技术和通信技术相结合的产物。

   A. 集成电路　　B. 计算机　　C. 人工智能　　D. 无线通信

2. 20世纪50年代后期，出现了具有远程通信功能的（　　）。

   A. 单机系统　　B. 多机系统　　C. 无盘站系统　　D. 微机系统

3. 计算机网络最突出的优点是（　　）。

   A. 精度高　　B. 内存容量大　　C. 运算速度快　　D. 共享资源

4. 计算机网络最基本的功能为（　　）。

A. 信息流通　B. 数据传送　C. 数据共享　D. 降低费用

5. 计算机网络中，共享的资源主要是指（　　）。

A. 主机、程序、通信信道和数据　B. 主机、外设、通信信道和数据

C. 软件、外设和数据　D. 软件、硬件、数据和通信信道

6. 用于将有限范围内的各种计算机、终端与外部设备互连起来的网络是（　　）。

A. 广域网　B. 局域网　C. 城域网　D. 公共网

7. 一旦中心节点出现故障则整个网络就会瘫痪的局域网拓扑结构是（　　）。

A. 星形结构　B. 树状结构　C. 总线型结构　D. 环形结构

8. 范围从几十千米到几千千米，覆盖一个国家、地区或横跨几个洲的网络是（　　）。

A. 广域网　B. 局域网　C. 城域网　D. 公共网

9. 在一所大学中，每个系都有自己的局域网，则连接各个系的校园网是（　　）。

A. 广域网　B. 局域网

C. 城域网　D. 这些局域网不能互连

10. 按覆盖的地理范围进行分类，计算机网络可以分为3类，即（　　）。

A. 局域网、广域网与X.25网　B. 局域网、广域网与宽带网

C. 局域网、广域网与ATM网　D. 局域网、广域网与城域网

11. 下列有关网络拓扑结构的叙述中，正确的是（　　）。

A. 星形结构的缺点是，当需要增加新的结点时成本比较高

B. 树状结构的线路复杂，网络管理也较困难

C. 网络的拓扑结构是指网络中结点的物理分布方式

D. 网络的拓扑结构是指网络结点间的布线方式

12. 按照计算机网络的（　　）划分，可以将网络划分为总线型、环形和星形网络。

A. 地域面积　B. 通信性能　C. 拓扑结构　D. 使用范围

13. 在星形结构中，常见的中央节点为（　　）。

A. 路由器　B. 集线器　C. 网络适配器　D. 调制解调器

14. 下列拓扑结构中，需要终结设备的拓扑结构是（　　）。

A. 总线型　B. 环形　C. 星形　D. 树状

15. 只允许数据在传输介质中单向流动的拓扑结构是（　　）。

A. 总线型　B. 环形　C. 星形　D. 树状

16. 把计算机网络划分为局域网和广域网的分类依据是（　　）。

A. 网络的地理覆盖范围　B. 网络的传输介质

C. 网络的拓扑结构　D. 网络的构建成本

17．计算机网络术语中，WAN 的含义是（　　）。

A．以太网　　B．广域网　　C．互联网　　D．局域网

18．网络中所连接的计算机在 10 台左右时，多采用（　　）。

A．对等网　　B．基于服务器网络

C．点对点网络　　D．小型 LAN

19．局域网中的网络硬件主要包括网络服务器、工作站、（　　）和通信介质。

A．计算机　　B．网卡　　C．网络集线设备　　D．网络协议

20．客户机 / 服务器模式的英文写法为（　　）。

A．Slave/Master　　B．Guest/Server

C．Guest/Administrator　　D．Client/Server

21．Internet 是目前世界上第一大互联网，它起源于美国，其雏形是（　　）。

A．ARPANET 网　　B．NCFC 网　　C．GBNET 网　　D．CERNET 网

22．下列关于计算机网络系统组成的描述中，错误的是（　　）。

A．计算机网络是由网络硬件系统和网络软件系统组成的

B．计算机网络是由计算机系统和用户系统组成的

C．计算机网络是由用户资源网和通信子网组成的

D．计算机网络是由网络结点和连接结点用的通信链路组成的

23．下列不属于网络硬件资源的是（　　）。

A．数据库　　B．磁盘　　C．打印机　　D．光盘

24．计算机网络是一门综合技术，其主要技术是（　　）。

A．计算机技术与多媒体技术　　B．计算机技术与通信技术

C．电子技术与通信技术　　D．数字技术与模拟技术

25．计算机网络中节点与通信线路之间的几何关系称为（　　）。

A．网络体系结构　　B．协议关系　　C．网络层次　　D．网络拓扑结构

26．计算机网络中的通信子网主要完成数据的传输、交换及通信控制，通信子网的组成部分是（　　）。

A．主机系统和终端控制器　　B．网络结点和通信链路

C．网络通信协议和网络安全软件　　D．计算机和通信线路

27．各种计算机网络都具有一些共同的特点，其中不包括（　　）。

A．计算机之间可进行数据交换　　B．各计算机保持相对独立性

C．具有共同的系统连接结构　　D．易于分布处理

28．计算机网络中，所有的计算机都连接到一个中心节点上，一个网络节点需要传输数据，首先传输到中心节点上，然后由中心节点转发到目的节点，这种连接结构被称为（　　）。

A．总线型　　B．星形　　C．环形　　D．网状型

29．可称为局域网的计算机网络一般是在（　　）。

A．一个楼宇范围内　　B．一个城市范围内

C．一个国家范围内　　D．全世界范围内

30．世界上第一个计算机网络是（　　）。

A．ARPANET　　B．ChinaNet　　C．Internet　　D．CERNET

## 二、填空题

1．一般的计算机网络包含________、________、________和________四个元素。

2．将地理位置不同但具有________多台计算机系统，通过________和________连接起来，在功能完善的________的协调下实现________的计算机系统的集合，称为计算机网络。

3．在20世纪50年代初期，计算机网络是____________单机系统。

4．1969年12月，Internet的前身——美国的________的网投入运行，它标志着现代计算机网络的兴起，这台计算机互连的网络系统是一种____________网。

5．从计算机网络的主要功能来看，计算机网络主要完成了__________和__________两种功能，把计算机网络中实现网络通信功能的软件的集合称为__________，而把网络中实现资源共享的设备和软件集合称为______________。

6．1989年2月我国的第一个公用分组交换网_____________通过试运行和验收。

7．我国已经建成的四大互联网络分别是________、________、________、________。

8．1987年9月20日北京计算机技术研究所的_______发出我国第一封E-mail，标志着Internet已经成为中国人生活的一部分，揭开了Internet在我国发展的序幕。

9．把一项大型任务划分成若干部分，分散到网络中的不同计算机上进行处理，这在计算机网络功能中被称为______________。

10．计算机网络最基本的功能有______________和______________。

11．分布式处理包括__________、__________和____________。

12．计算机网络从不同的角度可以有多种分类方式，按计算机网络覆盖范围分类，可以将网络分为__________、__________和__________三种类型；按照计算机网络的拓扑结构可以将网络分为____________、__________和__________三种类型。

13．广播网络中有三种常见传输类型：__________、____________与__________。

14．总线型拓扑结构网络通常采用______________方法扩展网络，采用__________访问控制策略。

15．星形拓扑结构的网络通常采用______________控制策略，所有的通信均通过中央节点控制，数据交换方式主要有______________和__________________两种。

16．局域网的主要特点有_____________、地理范围有限、_____________、易维护等。

17．在网络中提供_____________并起________________的计算机，称为网络服务器。

18．介于局域网和广域网之间的网络是_________，覆盖范围为几十千米到几百千米。

19．从拓扑结构来看，计算机网络是由___________和____________构成的几何图形。

20．计算机网络系统的硬件系统主要由____________、____________、____________和_________组成。

## 三、判断题

1．第一代计算机网络是以单机为中心的远程联机系统，最基本的联网设备是前端处理机和终端控制器。（　　）

2．计算机网络中的共享资源指的是硬件资源。（　　）

3．单独一台计算机不能构成计算机网络，构成计算机网络至少需要两台计算机。（　　）

4．局域网的覆盖范围较小，一般从几米到几十米。（　　）

5．局域网的传输速率一般比广域网高，但误码率也较高。（　　）

6．同一办公室中的计算机互连不能称为计算机网络。（　　）

7．UNIX 和 Linux 都是网络操作系统。（　　）

8．在局域网中，网络软件和网络应用服务程序主要安装在工作站上。（　　）

9．对等网通常适用于计算机数量较少时组建的网络，所以 220 台计算机不能组建成对等网。（　　）

10．Windows XP 操作系统不能和 Windows Server 2003 操作系统组建成对等网。（　　）

## 四、问答题

1．什么是计算机网络？

2．计算机网络的发展经历了哪几个阶段？

3．简述计算机网络的主要功能。

4．按地理位置来划分，计算机网络可以分为哪几类？

5．计算机网络的主要拓扑结构有哪些？

6．简述星形拓扑结构的特点。

7．什么是对等网？什么是 C/S 网？

8．组成局域网的基本硬件有哪些？

9．局域网主要分为哪几类？

10．组成局域网的软件系统有哪些？

CHAPTER2 第 2 章

# 网络体系结构与协议

计算机网络是计算机技术与通信技术结合的产物，目前计算机网络最大的特点就是网络通信。理解与掌握网络原理首先要掌握网络之间规定通信设备的物理、电气和规程特性，这些标准和通信规则形成了网络通信的层次标准和协议规定，这些网络层次标准及其协议的集合称为计算机网络体系结构。

## 2.1 网络体系结构概述

在计算机网络中要做到有条不紊地交换数据，各计算机之间就必须遵守一些事先约定好的规则。网络体系结构就是为了完成计算机间的通信合作，把计算机互联的功能划分成有明确定义的层次，规定了同层次实体通信的协议及相邻层之间的接口服务。将这些同层次实体通信协议及相邻层接口统称为网络体系结构。将为进行网络中的数据交换而建立的规则、标准、约定称为网络协议。

### 2.1.1 网络协议

协议是用来描述进程之间信息交换过程的一组术语。在计算机网络中包含多种计算机系统，它们的硬件系统和软件系统有着很大的差异，要使它们之间能够相互通信，进行数据交换，就必须有一套通信管理机制使通信双方能正确地接收信息，并能理解对方的信息含义，它们必须事先约定一个规则，这种规则就称为协议。

网络协议主要由 3 个要素组成：语法、语义和交换规则。语法是以二进制形式表示的命令和相应的结构，确定协议元素的格式（规定数据与控制信息的结构和格式）；语义是由发出的请求、完成的动作和返回的响应组成的集合，确定协议元素的类型，即规定通信双方要发出何种控制信息、完成何种动作及做出何种应答；交换规则规定事件实现顺序的详细说明，

即确定通信状态的变化和过程，如通信双方的应答关系。

下面以日常生活中甲给乙打电话为例来说明协议的概念。

甲有事情需要与乙联系，就给乙打电话，甲首先拿起电话拨通乙的电话号码，乙的电话振铃，乙拿起电话，此时通话开始。通话完毕后，双方挂断电话，完成通信联系。在这个过程中，甲方与乙方都遵守了打电话的协议。其中，电话号码就是“语法”的一个例子，一般，电话号码由若干位阿拉伯数字组成；甲拨通乙的电话后，乙的电话就会振铃，振铃是一个信号，表示有电话打进，乙选择接电话，这一系列的动作包括了控制信号、响应动作等，就是“语义”；甲拨了电话，乙的电话才会响，乙听到铃声后才会考虑要不要接，这一系列事件的因果关系十分明确，不可能没有人拨乙的电话而乙的电话会响，也不可能在电话铃没响的情况下，乙拿起电话却从话筒中传出甲的声音，这就是“交换规则”。

从上面的例子可看出协议是使两个不同实体能够实现通信而制定的一些规范。如在上例中双方如何建立通话联系、如何交换、何时通信等。

### 2.1.2 分层设计

对于协议设计并不是功能越强大越好，也不是面面俱到就好，重要的是兼顾协议的效率和灵活性，为降低协议设计的复杂性，网络体系通常采用层次化结构。每一层都建立在其下层之上，每一层的目的是向其上一层提供一定的服务，并把服务的具体实现细节对上层屏蔽。

如图 2-1 所示，在网络体系结构中，第 $N$ 层是第 $N$−1 层的用户，同时又是第 $N$+1 层的服务提供者。对第 $N$ 层而言，第 $N$+1 层用户直接获得了第 $N$ 层提供的服务，而第 $N$ 层的服务是建立在第 $N$−1 层所提供的服务基础之上的。

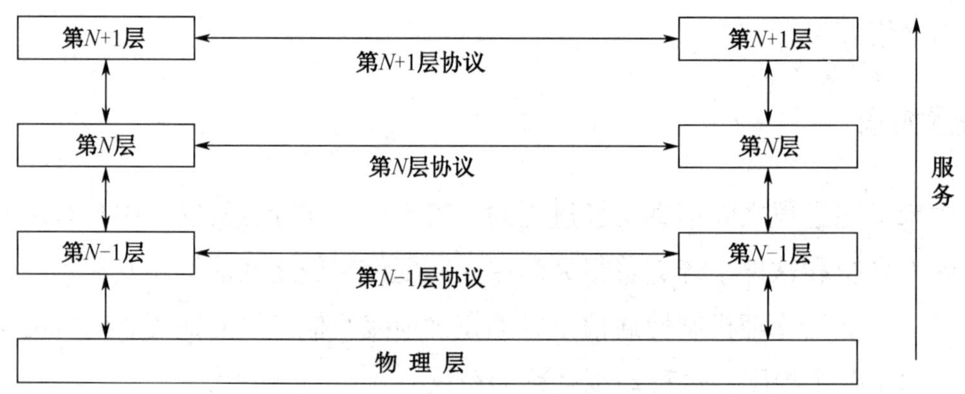


图 2-1　网络分层结构示意图

一台计算机上的第 $N$ 层与另一台计算机上对应的第 $N$ 层进行对话，通话的规则就是第 $N$ 层协议。实际上数据并不是从一台计算机上的第 $N$ 层直接传送到另一台计算机上的第 $N$ 层，而是每一层都把数据和控制信息交给它的下一层，直到最下层，最后由物理层完成实际的数据通信。

网络体系结构中采用层次化结构的优点如下。

- 各层之间相互独立，高层不必关心低层的实现细节，只需要知道低层所提供的服务，经由本层向上层所提供的服务即可，能真正做到各司其职。
- 有利于实现和维护，某个层次实现细节的变化不会对其他层次产生影响。
- 易于实现标准化。

分层时每一层的功能应非常明确，层数不宜太多，否则会给描述和综合实现各层功能和系统工程任务带来较多的困难，但层数也不能太少，不然会使每一层的协议太过复杂。

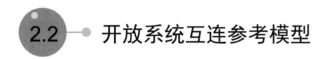

## 2.2 开放系统互连参考模型

在网络发展的初期，由于各个企业都按照自己的标准和协议来组织自己的网络，这就导致不同的企业、不同的网络之间不能够互相通信。兼容性的缺陷严重阻碍了计算机网络的发展和应用。为了解决此问题，国际标准化组织（ISO）于 1984 年发布了开放系统互连模型。开放系统互连参考模型（Open Systems Interconnection Reference Model）简称 OSI 参考模型，定义了网络互连的基本参考模型。该参考模型为厂商提供了系列标准，确保全球各公司所生产的不同类型的网络产品之间能够具有更好的兼容性和互操作性。

### 2.2.1　模型概述

计算机网络中互连的计算机要实现数据通信就必须依靠相应的通信协议，就如同联合国开会一样，各国代表发言要使用联合国规定的 7 种官方语言，而同声翻译按照与会者的需要将其翻译成相应的语言给不同的听众，只要听众能够听懂联合国的 7 种官方语言就能够听懂会议内容。

自从 IBM 公司在 20 世纪 70 年代推出了自己公司内部的“SNA 系统网络体系结构”，世界上很多公司纷纷效仿，建立起自己公司内部的网络体系结构，如 Digital 公司的 DNA、宝来机器公司的 BNA 及 Honeywell 公司的 DSA 等，这些体系结构的出现大大加快了计算机网络的发展。但是同时也带来相应的问题，由于各公司体系结构的着眼点是公司内部的网络连接，没有统一的标准，只要公司内部能进行正常的连接就可以了，因此各公司之间的网络很难连接起来。为实现不同厂家生产的计算机系统之间及不同网络之间的数据通信，国际标准化组织（ISO）对当时的各类计算机网络体系进行了研究，并于 1981 年正式公布了一个网

络体系结构模型作为国际标准，称为开放系统互连参考模型，即 OSI/RM，也称为 ISO/OSI。这里的“开放”是指任何两个遵守 OSI/RM 的系统都可以进行互连，当一个系统能按 OSI/RM 与另一个系统进行通信时，就称该系统为开放系统。

OSI/RM 并不是一个具体的网络，它只给出了一些原则性的说明，规定了开放系统的层次结构和各层所提供的服务。它将整个网络的功能划分为 7 个层次，而且在两个通信实体之间的通信必须遵循这 7 层协议，如图 2-2 所示。

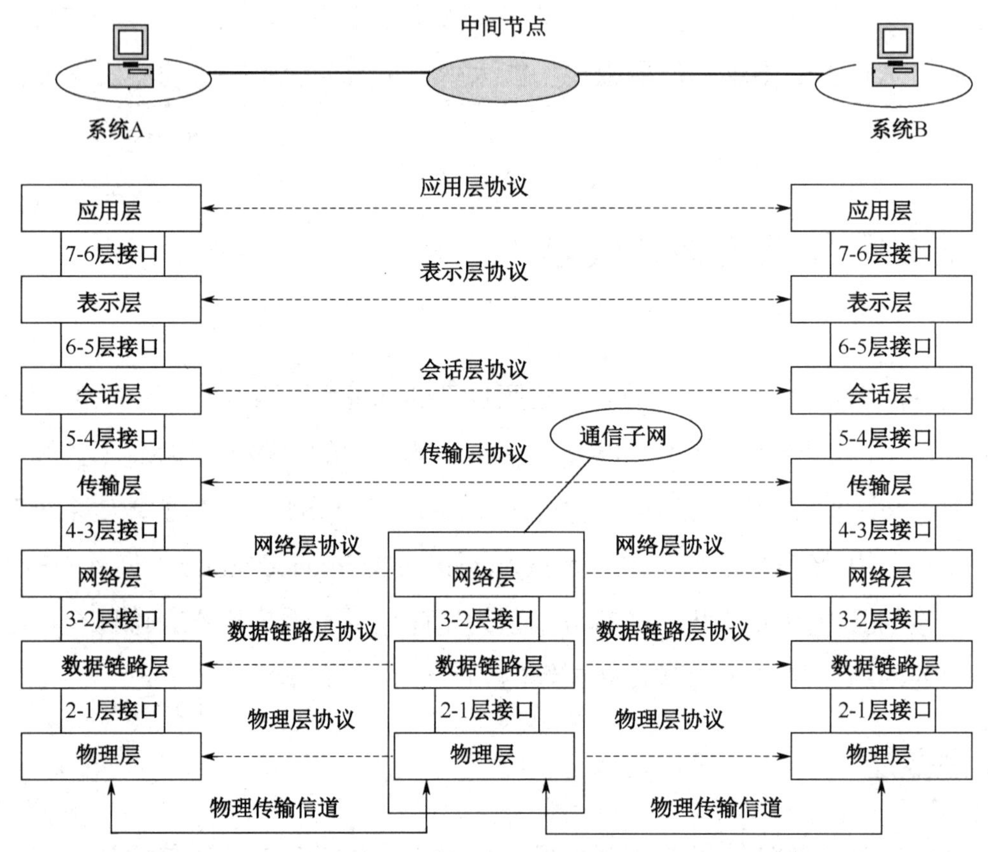


图 2-2　OSI 参考模型示意图

OSI/RM 从下向上的 7 个层次分别为物理层、数据链路层、网络层、传输层、会话层、表示层和应用层。最高层为应用层，面向用户提供服务；最低层为物理层，连接通信媒体，实现数据传输。层与层之间的联系是通过各层之间的接口来进行的，上层通过接口向下层提出服务请求，而下层通过接口向上层提供服务。两台用户计算机通过网络进行通信时，除物理层外，其余各对等层之间不存在直接的通信关系，而是通过各对等层的协议来进行通信。只有两个物理层之间才通过媒体进行真正的数据通信。在实际应用中，两个通信实体是通过一个通信子网进行通信的，一般来说，通信子网中的节点只涉及低 3 层的结构，如图 2-2 中的中间三层结构所示。

OSI 参考模型的成功之处在于清晰地分开了服务、接口和协议这三个容易混淆的概念，服务描述了每一层的功能，接口定义了某层提供的服务和如何被高层访问，而协议是每一层功能的实现方法。

综上所述，我们可分析出该模型具有的特点：

- 每层的对应实体之间都通过各自的协议进行通信。
- 各台计算机系统都有相同的层次结构。
- 不同系统的相应层次具有相同的功能。
- 同一系统的各层次之间通过接口联系。
- 相邻的两层之间，下层为上层提供服务，上层使用下层提供的服务。

## 2.2.2　物理层

物理层是网络中的最底层，它并不是指连接计算机的具体的物理设备或具体的传输媒体，它向下是物理设备之间的接口，直接与传输介质相连接，使二进制数据流通过该接口从一台设备传给相邻的另一台设备，向上为数据链路层提供数据流传输服务，其任务是实现物理上互连系统间的信息传输。物理层协议是各种网络设备进行互连时必须遵守的底层协议。

### 1. 物理层的主要功能

物理层是 OSI 的第一层，它虽然处于最底层，却是整个开放系统的基础。它为设备之间的数据通信提供传输媒体及互连设备，为数据传输提供可靠的环境。

物理层是为数据端设备提供传送数据的通路。数据通路可以是一个物理媒体，也可以是多个物理媒体连接而成。一次完整的数据传输，包括激活物理连接、传送数据、终止物理连接。所谓激活，就是不管有多少物理媒体参与，都要在通信的两处数据终端设备间连接起来，形成一条通信信道。

传输数据。物理层要形成适合数据传输需要的实体，为数据传送服务。一是要保证数据能在其上面正确通过，二是要提供足够的带宽（带宽是指每秒钟能通过的比特数），以减少信道上的拥塞，传输数据的方式能满足点到点，一点到多点，串行或并行，半双工或全双工，同步或异步传输的需要。

完成物理层的一些管理工作。

### 2. 通信接口与传输媒体的物理特性

物理层通过执行建立物理连接和数据传输等功能向数据链路层提供服务。物理层实体间的物理数据单元的传输是在两台相邻的通信设备间进行的。通信设备分为两类：通信终端设备（DTE）和数据电路端接设备（DCE）。联网的计算机实际上就是 DTE，其并行输出的数据经 DTE、DCE 端口及 DCE（如调制解调器）后，形成串行信号序列，在传输介质上进行传

输，在接收端进行相反的变换，实现计算机之间的数据通信。

在物理层通信过程中，DCE 一方面要将 DTE 传送的数据按比特流顺序逐位发往传输介质，同时也需要将从传输介质上接收到的比特流顺序传送给 DTE。因此在 DTE 与 DCE 之间，既有数据信息传输，又有控制信息传输，要使两端的设备高度协作，则需要制定 DTE 与 DCE 接口标准，而这些标准就是物理接口标准。

物理接口标准定义了物理层与物理传输介质之间的边界与接口，物理接口的四个特性是机械特性、电气特性、功能特性和规程特性。

（1）机械特性。

物理层的机械特性规定了物理连接时所使用可接插连接器的形状和尺寸，连接器中引脚的数量与排列情况等。如 EIA 标准 RS-232C 规定的 D 型 25 针接口，ITU-T X.21 标准规定的 15 针接口等。

（2）电气特性。

电气特性规定了在物理信道上传输比特流时信号电平的大小、数据的编码方式、阻抗匹配、传输速率和传输距离限制等。例如，在使用 RS-232C 接口且传输距离小于 15m 时，最大传输速率为 19.2Kbps。早期的标准定义了物理连接边界点上的电气特性，而较新的标准定义了发送和接收器的电气特性，同时给出了互连电缆的有关规定，新的标准更有利于发送和接收电路的集成化工作。

（3）功能特性。

物理层的功能特性定义了物理接口上各条信号线的功能分配和确切定义。物理接口信号线一般分为：数据线、控制线、定时线和地线。如 RS-232C 接口中的发送数据线和接收数据线等。

（4）规程特性。

物理层的规程特性规定了信号线进行二进制比特流传输的一组操作过程，包括各信号线的工作规则和时序。

只有符合这些特性标准的物理层才能在设备之间建立、维持和拆除物理连接。

### 3．物理层的一个重要接口标准 RS-232D

EIA-232D 是美国电子工业协会制定的物理接口标准，也是目前数据通信与网络中应用最为广泛的一种标准。它的前身是 EIA 在 1969 年制定的 RS-232C 标准，经 1987 年 1 月修改后，定名为 EIA-232D，由于相差不大，人们简称它们为“RS-232 标准”。

该接口标准机械方面的技术指标是 RS-232D，规定使用一个 25 根插针（DB-25）的标准连接器，该连接器宽（47.04±0.13）mm（螺丝中心间的距离），每个插座有 25 针插头，上面一排针（从左到右）依次编号为 1～13，下面一排针（从左到右）编号依次为 14～25，该技术指标中还包含其他一些严格的尺寸说明。

在电气特性方面，RS-232D 采用负逻辑，即逻辑 0 用+5～+15V 表示，逻辑 1 用-5～-15V 表示，允许的最大数据传输率为 20Kbps，最长可驱动电缆 15m。

在功能特性方面，RS-232D 定义了连接器中 20 条连接线的功能，其中最常用的连接线的功能如表 2-1 所示。

表 2-1　DB-25 常用连接线的功能

| 针　号 | 功　能 | 信号功能/传输方向 |
|---|---|---|
| 1 | 保护性接地 | 地线 |
| 2 | 发送数据 | 数据/DTE→DCE |
| 3 | 接收数据 | 数据/DTE←DCE |
| 4 | 请求发送 | 控制信号/ DTE→DCE |
| 5 | 清除发送 | 控制信号/ DTE←DCE |
| 6 | 数据设备准备好 | 控制信号/ DTE←DCE |
| 7 | 信号地 | 地线 |
| 8 | 载波检测 | 控制信号/ DTE←DCE |
| 20 | 数据终端准备好 | 控制信号/ DTE→DCE |

其余的连接线用于选择数据传输速率、测试调制解调器、为数据定时、检测振铃信号及在第二辅助通道上沿相反的方向发送数据。

目前，许多计算机和终端都采用 RS-232D 接口标准。但 RS-232D 只适用于短距离使用，距离过长，可靠性将变差。

## 2.2.3　数据链路层

数据链路层是 OSI 模型中极其重要的一层，介于物理层与网络层之间，它把物理层的原始数据打包成帧，并负责帧在计算机之间无差错的传递。帧是放置数据的、逻辑的、结构化的包。设立数据链路层的主要目的是将一条原始的、有差错的物理线路变为对网络层无差错的数据链路。为了实现这个目的，数据链路层必须执行链路管理、帧同步、流量控制和差错控制等功能。

### 1．数据链路层的主要功能

数据链路层是为网络层提供数据传送服务的，这种服务要依靠本层具备的功能来实现。数据链路层具备的主要功能如下。

（1）链路管理。

当网络中的两个节点需要进行通信时，数据的发送方必须确定接收方是否已经处于准备

接收的状态。为此，通信的双方必须先要交换一些必要的信息，建立一条数据链路，在传输数据时要维持数据链路，而在通信完毕时要释放数据链路。数据链路的建立、维持和释放就称为链路管理。

（2）帧同步。

在数据链路层，数据的传输单位是帧，数据一帧一帧地传送，就可以在出现差错时，将有差错的帧再重新传送一次，从而避免了将全部数据都进行重传。帧同步是指接收方能够从收到的比特流中准确区分出一帧的开始和结束。

（3）流量控制。

发送方发送数据的速率必须使接收方来得及接收。当接收方不能及时接收时，就必须及时控制发送方发送数据的速率。

通常的处理办法是：引入流量控制来限制发送方所发送的数据流量，使其发送速率不要超过接收方能处理的速率。这种方法通常需要某种反馈机制，使发送方能了解接收方是否能接收到。

大部分已知流量控制方案的基本原理是相同的。在协议中包括了一些定义完整的规则，这些规则描述了发送方在什么时候发送下一帧，在未获得接收方直接或间接允许之前，禁止发出帧。

流量控制方法有发送等待方法、预约缓冲区法、滑动窗口控制方法、许可证和限制管道容量方法等。

（4）差错控制。

数据在传输过程中，有可能出现差错，传送帧时可能出现的差错有：位出错、帧丢失、帧重复、帧顺序错等。为了保证数据传输的正确性，通信过程中通常采用检错重发方法进行差错控制。

检错重发是指接收方在接收到数据帧时，检测出收到的帧有差错（但不知道哪几个比特错了），于是就反馈特殊的控制帧，作为对接收数据的肯定或否定性的确认。如果发送方接收到肯定确认，则表明数据帧已正确到达，如果是否定确认，意味着发生了某些差错，相应的帧必须要重传，直到接收方接收到正确帧为止。

（5）透明传输。

所谓透明传输就是不管所传输的数据是什么样的比特组合，都应当能够在链路上传送。当所传输的数据中的比特组合恰巧与某一个控制信息完全一样时，就必须采取适当的措施，使接收方不会将这样的数据误认为是某种控制信息，这样才能保证数据链路层的传输是透明的。

（6）寻址。

数据帧在网络中传输时，需要标识出发送数据帧和接收数据帧的节点。因此，数据链路层要在数据帧的头部加入一个控制信息，其中包含了源节点和目的节点的地址，这个地址也被称为物理地址。

### 2．数据链路层协议

目前已经采用的数据链路层协议一般分为两类：面向字符型和面向比特型。面向字符型数据链路控制协议是在20世纪60年代初开发的。这类协议规定了一些特殊的非打印字符作为帧分界符，以实现发送和接收方的同步。除帧分界符外，还需要一些其他字符，如询问、确认等，总共设置了10个传输控制字符，面向字符型的数据链路控制协议传输效率比较低。

随着通信量的增加及计算机网络的应用范围不断扩大，低效率嵌入控制字符的面向字符型数据链路协议越来越变得力不从心。因此，20世纪60年代末提出了面向比特的数据链路控制协议，其典型的代表是高级数据链路协议HDLC。

为了满足不同场合的需要，HDLC定义了三种类型的通信站、两种链路结构及三种数据响应模式。

HDLC规定允许三种类型的通信站：主站、次站和组合站。主站负责控制链路的操作和运行，主站向次站发送命令帧，并从次站接收响应帧，在多点链路中，主站负责管理与各个次站之间的链路；次站在主站的控制下进行工作，次站发送响应帧作为对主站命令帧的响应，对链路无控制权，次站之间不能直接进行通信；组合站是主站与次站的复合站。如图2-3所示。

图2-3　三种类型的通信站

HDLC规定了两种链路结构：不平衡链路结构和平衡链路结构。不平衡链路结构由一个主站与一个以上的次站构成，既可用于点到点链路，也可用于多点链路，主站控制次站并实现链路管理。平衡链路结构由组合站构成，只能用于点到点链路，两个站的地位平等，每个站都有权发送命令帧要求对方响应。如图2-4所示。

HDLC有三种响应方式：正常响应方式、异步平衡方式及异步响应方式。正常响应方式用于不平衡链路结构，次站只有在得到主站允许之后才能向主站传送数据；异步平衡方式用于平衡链路结构，任何一个组合站不必事先得到对方许可就可以开始传输过程；异步响应方式用于不平衡链路结构，允许次站在事先不得到主站的允许下开始传输数据，主站仍然负责控制和链路管理。

数据链路层对等实体间的通信一般要经过数据链路的建立、数据传输和数据链路的释放三个阶段。

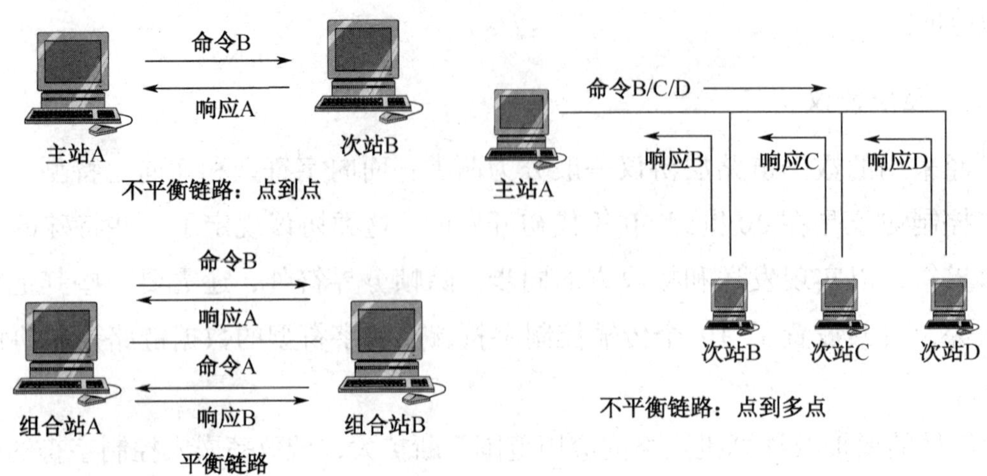


图 2-4　两种链路结构

在局域网中，数据链路层被划分为两个子层：逻辑链路控制 LLC 子层和介质访问控制 MAC 子层，从而使 LAN 体系结构能适应多种传输介质。

（1）LLC 作为数据链路层的一个子层，使用 MAC 子层为其提供的服务，通过与对等实体 LLC 子层的交互为它的上层网络层提供服务。

（2）MAC 子层是用来实现介质访问控制的网络实体。MAC 子层主要功能包括数据帧的封装/拆封、帧的寻址与识别、帧的接收与发送、链路的管理、帧的差错控制及 MAC 协议的维护等。

## 2.2.4　网络层

网络层也称为通信子网层，是通信子网与网络高层的界面，主要负责控制通信子网的操作，实现数据从网络上的任一节点准确无误地传输到目的节点。它确定从源节点沿着网络到目的节点的路由选择，并处理相关的控制问题，如交换、路由和对数据包阻塞的控制。设置网络层的主要目的就是要为报文分组以最佳路径通过通信子网到达目的主机提供服务，而网络用户不必关心网络的拓扑结构与所使用的通信介质。

### 1．网络层的主要功能

网络层协议决定了主机与通信子网的接口，该层能够向传输层提供两种类型的接口：数据报和虚电路。网络层的任务是实现这两种服务，以解决由此引起的路径选择、流量控制等问题，其主要功能如下。

（1）路径选择。

路径选择是指在通信子网中，源节点和中间节点为将报文分组传送到目的节点而对后继节点的选择，这是网络层所要完成的主要功能之一。网络层完成的是终端系统之间的通信，终端系统往往不是相邻节点，而是经过多个节点，甚至可能分属于不同的子网，所以要想顺利完成终端系统之间的通信，必须决定通过什么样的路径进行联系。

路径选择的算法有很多，归纳起来一个好的路径选择算法应具有如下特性：

① 算法必须是正确的。这一点无须过多的说明，一个不正确的方法是不可能得到正确的结果的。

② 算法要能够适应节点或链路故障引起的变化。当网络中某个节点或某些节点、链路发生故障不能工作，或者修理好了再投入运行时，算法也能及时地改变路径选择。

③ 算法要能够适应通信流量的变化。当网络中的通信流量发生变化时，算法能自适应地改变路径选择。

④ 算法应具有稳定性。当网络通信量或网络拓扑发生变化时，路径选择的算法应能收敛于一个可以接受的解，而不应产生过多的振荡。所谓振荡，就是指由算法得出的路径选择是在一些路由之间来回不停地变化。

⑤ 算法应是公平的。算法对所有用户（除少数优先级高的用户）都是平等的。例如，如果使某一对用户的端到端时延为最小，但却不考虑其他广大用户，这就明显地不符合公平性的要求。

⑥ 算法应该尽可能简单，以减少网络控制信息的开销。

一个实际的路径选择算法，应尽可能接近于理想的算法，在不同的应用条件下，对以上提出的 6 个方面也应有不同的侧重。

（2）流量控制。

通信子网中的资源总是有限的，如果对进网的业务量不加以限制，就会出现由于资源过载造成的拥塞现象。网络层的流量控制是对进入通信子网的数据量加以控制，以防止拥塞现象的出现。

流量控制的总目标是为了在分组交换网中有效地动态分配网络资源，这些资源包括信道以及节点交换机中的处理机和缓冲区等。流量控制的主要功能有：

① 防止网络因过载而引起吞吐量下降和延时增加。

② 避免死锁。

③ 在互相竞争的各用户之间公平地分配资源。

流量控制就像一个分布式网络中的任何其他形式的控制一样，需要获得关于网络内部的流量分布的信息，在实施流量控制时，还需要在节点之间交换信息以便选择控制的策略，这样会产生一些额外的开销。

（3）数据的传输与中继。

网络层另一个重要作用是按照选定的路径进行实际的数据传输。数据链路层已经保证了各相邻节点间的数据传输功能，在网络层只要不间断地进行中继就可以了，这样就在终端系统之间提供了透明、无差错的数据传输服务。

（4）清除子网的质量差异。

在现实的通信环境中，由于电话网或分组交换网等通信网的类型不同，通信质量存在差异，即使是类型相同的网，也会因国家、地区的不同而存在差异，随着通信的不断普及，跨越不同国家、地区的通信网的现象将会越来越普遍。消除各个通信子网的服务质量差异，使两端服务质量一致，也是网络层的重要功能。

### 2．网络服务

从 OSI/RM 的角度看，网络层所提供的服务有两大类，即面向连接的网络服务和无连接的网络服务，这两种服务的具体实现就是虚电路服务和数据报服务。

（1）虚电路服务。

虚电路服务是网络层向传输层提供的一种使所有分组按顺序到达目的端系统的可靠的数据传送方式。进行数据交换的两个端系统之间存在着一条为它们服务的虚电路。

虚电路服务的数据传输过程分为三个阶段：建立连接阶段、数据传输阶段和拆除连接阶段。其工作过程如下。

主呼站的 DTE 向 DCE 发出“呼叫请求”分组，被呼站 DCE 向 DTE 发出“进入呼叫”分组，被呼站的 DTE 如果接受此次呼叫，则向 DCE 发出“呼叫接受”分组，主呼站 DCE 收到“呼叫接受”分组后，向主呼站 DTE 发出“呼叫建立”分组，至此完成了建立连接阶段的工作，然后就转入数据传输阶段，主呼站按所选定的逻辑信道传输数据（可以是双向传输），当数据传输结束后，任一方均可以发出“清除请求”的分组而转入呼叫清除阶段。当一方发出了“清除请求”分组后，由网络向对方 DTE 发出“清除请求”分组，接受清除的 DTE 则发回“清除确认”分组，表示响应，并放弃所选定的逻辑信道，然后由 DCE 发出“清除确认”分组，通过网络通知发起清除请求的 DTE，并放弃选定的逻辑信道，从而完成了清除阶段的工作。如图 2-5 所示。

对于网络用户来说，在呼叫建立以后，整个网络就好像有两条连接两个网络用户的数字管道，所有发送到网络中去的分组，都按发送的先后顺序进入管道，然后按照先进先出的原则沿着管道传送到目的站的主机，这些分组到达目的站的顺序肯定与发送时的顺序完全一致。

（2）数据报服务。

数据报服务一般仅由数据报交换网来提供。发送端的网络层同网络节点中的网络层之间，一致地按照数据报操作方式交换数据，当发送端要发送数据时，网络层给该数据附加上地址、序号等信息，作为分组发送给网络节点，目的端接收到的分组可能不是按发送顺序到达的，也可能有分组丢失。这种方式因为没有建立、释放及确认等额外开销，在传输的信息不太长时非常适用。

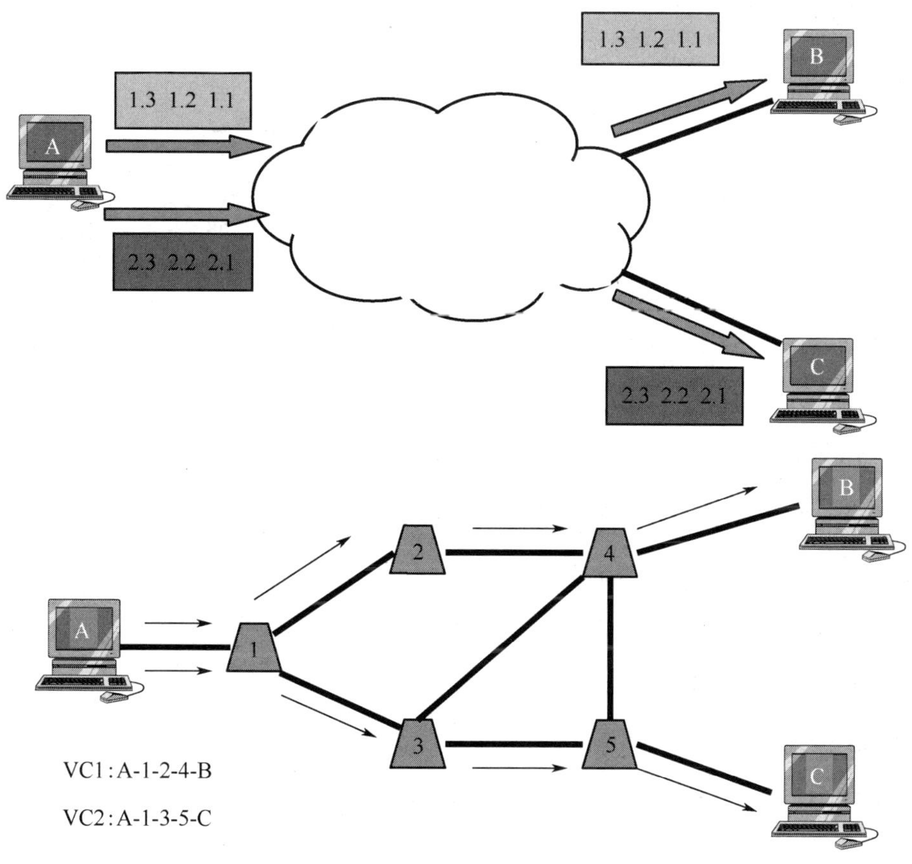


图 2-5　虚电路服务的工作过程

对于网络用户来说，整个网络好像有许多条不确定的数字管道，所发送的每一个分组都可以独立选择一条管道来传送。这样先发送出去的分组不一定先到达目的站主机。这就是说，数据报不能保证按发送的顺序交付目的站。由于通常的数据传送都要求按发送顺序交付目的站的主机，所以，目的站还必须采取一定的措施将所有数据按发送的顺序交付给主机，如图 2-6 所示。

这两种服务各有其长处，也各有其短处。当报文较长时，采用虚电路服务的优越性就比较明显。由于一个报文的所有分组都沿同一个虚电路进行传送，每个分组不需要携带完整的目的地址，只需要一个虚电路号码标志，这样就使分组的控制信息部分相对减少，进而减少了额外开销。如果报文比较短，一个分组就够了，虚电路服务由于要建立虚电路，传输完毕又要释放虚电路，分组控制信息的减少远远抵不上建立及释放过程的开销，选择数据报服务就是一个明智的选择。

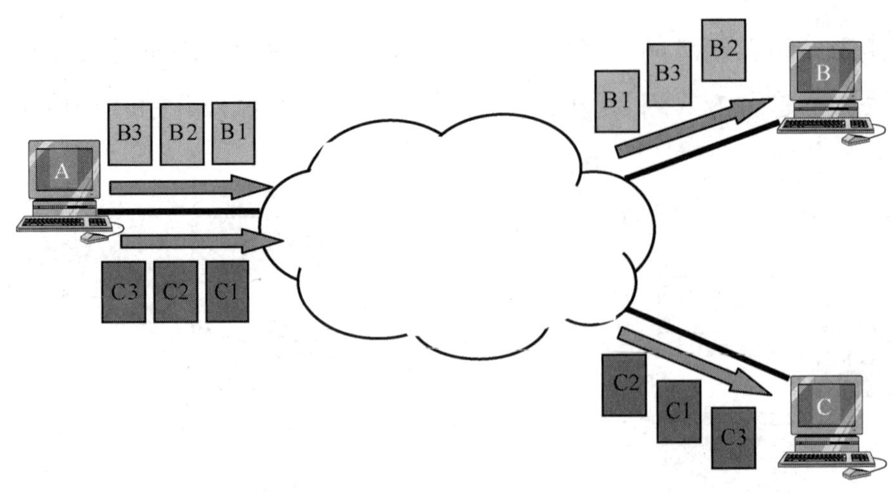


图 2-6　数据报服务的工作过程

在对差错处理上，由于数据链路层只能保证向上提供可靠的链路，并不能保证由若干链路组成的通路是可靠的，所以除链路差错控制外，端与端之间必须有差错控制。虚电路服务这一工作由通信子网来完成，通信子网可以保证一个报文的分组按顺序交付，并且保证不重复、不丢失；而数据报服务由于各个分组是随机到达目的节点的，既不能保证按顺序到达，也不能保证分组不重复、不丢失。因此，数据报服务的通信子网不能提供端到端的差错控制，这一工作只能交给主机来完成。

此外，提供虚电路服务的网络不必负责端到端的流量控制，由主机负责；而提供数据报服务的网络自身要负责端到端的流量控制。两种服务的主要区别如表 2-2 所示。

**表 2-2　虚电路服务与数据报服务网络的对比**

| 项目类型 | 数据报服务网络 | 虚电路服务网络 |
|---|---|---|
| 端到端的连接 | 不需要 | 必须有 |
| 目的站地址 | 每个分组都有目的站的全地址 | 仅在建立连接阶段使用 |
| 分组的顺序 | 到达目的站可能不按发送顺序 | 总是按发送顺序到达目的站 |
| 差错控制 | 由主机负责 | 由通信子网负责 |
| 流量控制 | 由主机负责 | 由通信子网负责 |

## 2.2.5　传输层

在 OSI/RM 的七层协议中，传输层处于正中间，是计算机网络体系结构中至关重要的一层，其作用是在两端计算机系统内的进程间，实现高质量、高效率的数据传输。

### 1. 传输层的地位与作用

从传输层的名字可以知道，传输层是为了可靠地把信息送给对方而进行的搬运、输送，通常被解释成“补充各种通信子网的质量差异，保证在相互通信的两处终端进程之间进行透明数据传输的层”，是 OSI/RM 的整个协议层的核心。

在 OSI/RM 的七层协议中，人们常常将七层协议划分为两个层次：高层和低层，而传输层位于 7 层的最中间，有的人将其划分到高层中，有的人将其划分到低层。划分方法有所差异，我们可以从两种角度看传输层：从面向通信和面向信息处理的角度来看，传输层属于面向通信的低层中的最高层，它属于低层；从网络功能和用户功能来看，传输层又属于用户功能的高层中的最低层，它属于高层，如图 2-7 所示。传输层只存在于通信子网以外的主机中，并不在通信子网中出现。

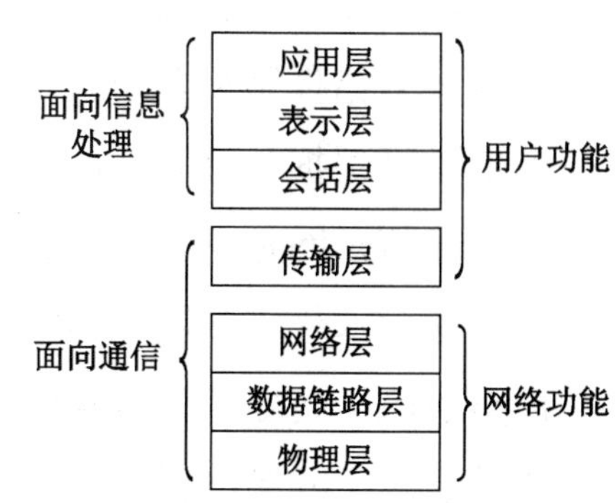


图 2-7　传输层在 OSI/RM 中的地位

对于通信子网的用户，我们希望得到的是端到端的可靠通信服务。在联网的情况下，各个子网所能够提供的服务往往是不一样的，为了能使通信子网的用户得到一个统一的通信服务，就有必要设置一个传输层，它弥补了各个通信子网提供的服务的差异和不足，而在各个通信子网提供的服务的基础上，利用本身的传输协议，增加了服务功能，使得对两端的网络用户来说，各通信子网都变成透明的，而对各子网的用户，面向通信的传输接口就成为通用的。传输层向高层用户屏蔽了下面通信子网的细节，使高层用户看不见实现通信功能的物理链接、数据链接等。传输层使高层用户看见的就好像在两个传输层实体之间有一条端到端的可靠的通信通路。传输层在七层模型中起到了对高层屏蔽低层、对低层屏蔽高层的作用。

由于有了传输层，用户在进行通信时就不必知道通信网的构成、通信网的线路质量及通信费用等，也不必考虑子网是局域网还是公用分组交换网。就是说，用户在传送数据时不必关心数据传送的细节，传输层不对数据内容进行加工处理。

### 2. 传输层协议分类

通信子网的种类有很多，所提供的服务也千差万别，对于不同的通信子网，应该有相应的传输协议。为了能够在各种不同网络上进行不同类型的数据传送，OSI 定义了 5 类传输协议：第 0 类到第 4 类。这 5 类传输协议都是面向服务的，用户要进行通信，必须先建立传输连接，当数据传送结束后，必须释放传输连接。

第 0 类传输协议是最简单的，它只具有一些最基本的功能，能够建立一个简单的端到端的传输连接，在数据传送阶段具有将长报文分段传送的功能，没有差错恢复功能，也没有将多条传输连接利用到一条网络连接上的功能。

第 1 类传输协议较简单，增加了基本差错恢复功能。这里基本差错是指出现网络连接断开或网络连接失败，或者收到一个未被认可的传输连接的数据单元。当网络连接断开时，传输层就试图建立另一条网络连接。

第 2 类传输协议具有复用功能，但没有对网络连接故障的恢复功能，为了进行对传输连接的复用，此类协议具有相应的流量控制功能。

第 3 类传输协议包含了第 1 类和第 2 类传输协议的功能，既有差错恢复功能又有复用功能。

第 4 类传输协议是最复杂的，它可以在网络质量较差时保证高可靠性的数据传送，具有差错检测、差错控制及复用等功能。

通信子网根据其可靠性可以分为三类：A 类、B 类、C 类。

A 类通信子网是一个完善的、理想的、可靠的网络服务。分组在网络中传送时不会丢失，也不会失序，这样传输层就不需要故障的恢复和重新排序的服务。

B 类通信子网提供面向连接的服务，指示故障的发生，但不能提供故障的恢复。

C 类通信子网提供面向无连接的服务，有分组的丢失、失序等问题。

在三类服务中，A 类最可靠、最完整，但实际中很难找到，少数的局域网可以提供近似 A 类的服务，很多面向连接的广域网提供 B 类服务，无连接的广域网属于最不可靠的 C 类网。三类通信子网使用的传输协议如图 2-8 所示。

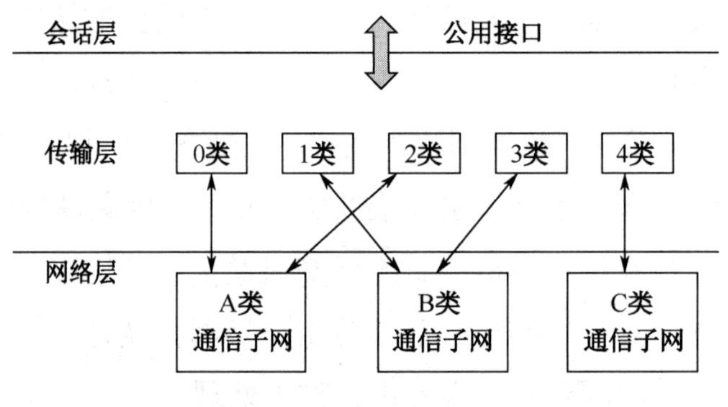


图 2-8　传输协议

在一个网络体系中，什么样的子网采取什么样的传输协议，并没有固定的原则，不同的用户要求不同，实际使用中，一种通信子网往往提供多种选择，让用户去考虑。

### 3．传输服务

传输服务是传输层向会话层提供的服务，它规定了传输层和会话层的接口。

（1）寻址。

传输层要在用户进程之间提供可靠和有效的端到端服务，必须把一个目标用户进程和其他的用户进程区分开来，这是由传输地址来实现的。传输层定义一组传输地址，以供通信选用。为确保所有传输地址在全网是唯一的，传输地址规定由网络地址、主机地址及由主机分配的端口组成。

（2）建立连接。

建立连接就是在两个传输用户之间建立一种逻辑联系，彼此达成共识，承认对方为自己的传输连接端点。一个传输实体要向目的机器发送一个连接请求，并等待对方接受连接的应答。建立连接的过程必须处理网络可能出现的丢失、延迟过长和出现重复分组的问题。

（3）流量控制。

流量控制就是保证接收一端的数据接收率高于发送端的发送率，以防止数据的丢失。通常采用缓冲策略，在传输层中，是在源端进行缓冲还是在目的端进行缓冲取决于传输信息的类型。对于低速的突发性信息，通常不预留缓冲区，而只是在两端动态申请；对于文件传输和其他高速信息传输来说，接收方最好预留一个完整的缓冲区，以便数据能以最快的速度传输。

（4）崩溃恢复。

崩溃恢复是传输层最难解决的问题，一般进行崩溃恢复的机制是：发送端向所有的主机广播一个短报文，宣告自己刚才已经崩溃并希望得知其他主机的状态，以此为依据进行恢复。

（5）多路复用。

传输层多路复用分为向下多路复用和向上多路复用。向下多路复用指一个传输连接使用多个网络连接。这种方式用以对传输连接的吞吐率要求很高而单个网络连接无法提供足够能力的场合。向上多路复用指多个传输连接使用一个网络连接的情形。

### 2.2.6 其他各层简介

#### 1. 会话层

会话层是利用传输层提供的端到端的服务向表示层或会话用户提供会话服务。在OSI/RM 环境中，所谓一次会话，就是指两个用户进程之间为完成一次完整的通信而进行的过程，包括建立、维护和结束会话连接。会话协议的主要目的就是提供一个面向用户的连接服务，并为会话活动提供有效的组织和同步所必需的手段，为数据传送提供控制和管理。

#### 2. 表示层

表示层处理的是 OSI 系统之间用户信息的表示问题。表示层不像 OSI/RM 的低 5 层那样只关心将信息可靠地从一端传输到另一端，它主要涉及被传输的信息的内容和表示形式，如文字、图形、声音的表示。另外，数据压缩、数据加密等工作都是由表示层负责处理的。

表示层服务的典型例子就是数据的编码问题，大多数用户的程序中所用到的人名、日期、数据等可以用字符串、整型等各种数据来表示。由于各个不同的终端可能有不同的数据表示方法，同样的一个字符串或一个数据在不同的系统中会表现出不同的内部形式，因此，这些不同的内部数据表示不可能在开放系统中交换。为了解决这一问题，表示层通过抽象的方法

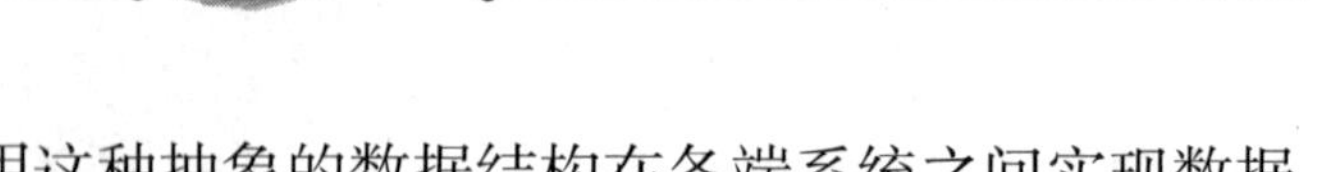

来定义一种数据类型或数据结构，并通过使用这种抽象的数据结构在各端系统之间实现数据类型和编码的转换。

### 3. 应用层

应用层是 OSI/RM 的最高层，它是计算机网络与最终用户间的接口，它包含了系统管理员管理网络服务所涉及的所有的问题和基本功能。它在 OSI/RM 下面 6 层提供的数据传输和数据表示等各种服务的基础上，为网络用户或应用程序提供完成特定的网络服务功能所需的各种应用协议。

常用的网络服务包括文件服务、电子邮件（E-mail）服务、打印服务、集成通信服务、目录服务、网络管理服务、安全服务、多协议路由与路由互连服务、分布式数据库服务及虚拟终端服务等。网络服务由相应的应用协议来实现，不同的网络操作系统提供的网络服务在功能、用户界面、实现技术、硬件平台支持及开发应用软件所需的应用程序接口等方面均有较大的差异，而采纳的应用协议也各具特色，因此，需要应用协议的标准化。

OSI 参考模型规定了网络的层次划分，以及每一层上所实现的功能，每一层的主要功能可以归纳如下。

应用层——与用户进程的接口，即相当于做什么？

表示层——数据格式的转换，即相当于对方看起来像什么？

会话层——会话的管理与数据传输的同步，即相当于该谁讲话和从何处讲？

传输层——从端到端经网络透明地传输报文，即相当于对方在何处？

网络层——分组传送、路由选择和流量控制，即相当于走哪条路？

数据链路层——在数据链路上无差错地传送帧，即相当于每一步该怎样走？

物理层——将比特流送到物理媒体上传送，相当于对上一层的每一步怎样利用物理媒体？

## 2.3 TCP/IP 的体系结构

TCP/IP 起源于 20 世纪 70 年代，当时的 ARPA 为了实现异种机、异种网之间的互连，大力资助网间网技术的开发与研究，1973 年，斯坦福大学的两名研究人员提出了 TCP/IP。TCP/IP 是一组协议，其中 TCP 和 IP 是两个重要的协议。TCP 是传输控制协议，提供面向连接的服务，IP 是网际互连协议，提供无连接数据报服务和网际路由服务。

## 2.3.1 TCP/IP 的层次结构

TCP/IP 把整个网络协议分为 4 个层次：网络接口层、网络互联层、传输层和应用层，它们都建立在网络硬件的基础上，如图 2-9 所示给出了 TCP/IP 的层次结构。

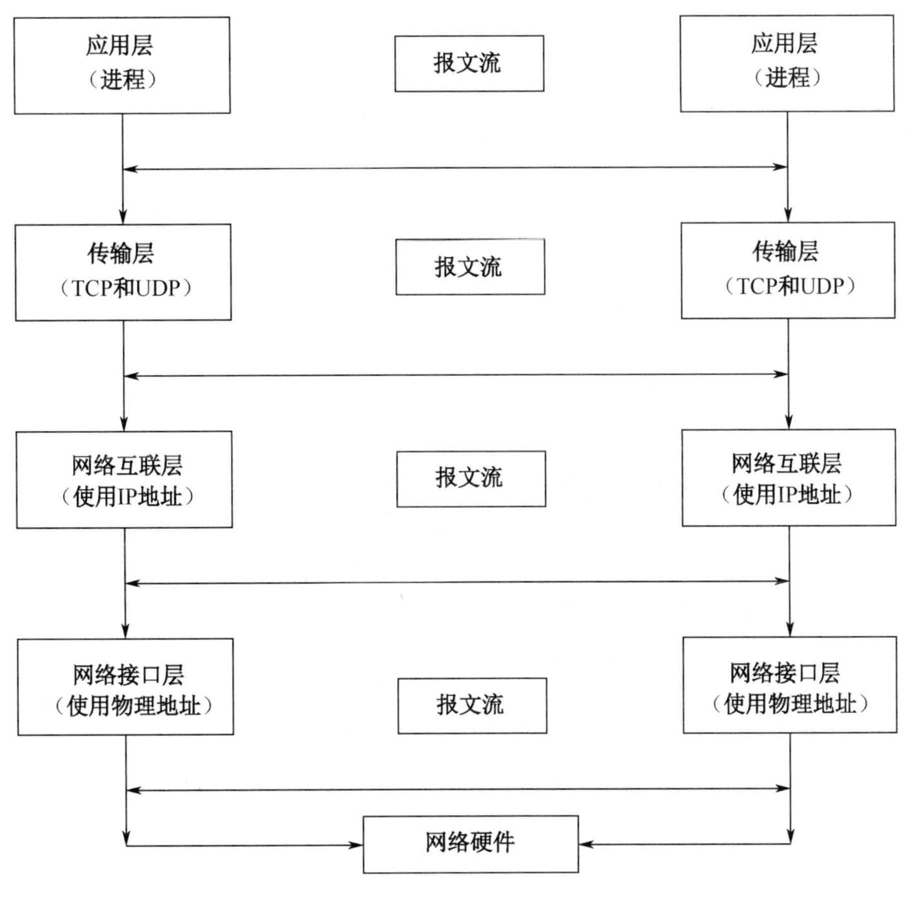


图 2-9 TCP/IP 的层次结构

### 1. 网络接口层

TCP/IP 模型的最低层是网络接口层，也被称为网络访问层。在 TCP/IP 参考模型中没有详细定义这一层的功能，只是指出通信主机必须采用某种协议连接到网络上，并且能够传输网络数据分组。具体是哪种协议，在本层里没有规定，它包括了能使用 TCP/IP 与物理网络进行通信的协议。实际上根据主机与网络拓扑结构的不同，局域网基本上采用了 IEEE 802 系列的协议，如 IEEE 802.3 以太网协议、IEEE 802.5 令牌环网协议；广域网常采用的协议有 PPP、帧中继、X.25 等。

### 2. 网络互联层

网络互联层是在因特网标准中正式定义的第一层。网络互联层主要功能是负责在互联网

上传输数据分组。网络互联层与 OSI 参考模型的网络层相对应。相当于 OSI 参考模型中网络层的数据报服务。

网络互联层是 TCP/IP 参考模型中最重要一层，它是通信的枢纽，从底层来的数据包要由它来选择是继续传给其他网络节点或是直接交给传输层，对从传输层来的数据包，要负责按照数据分组的格式填充报头，选择发送路径，并交由相应的线路发送出去。

在网络互联层，主要定义了网络互连协议，即 IP 协议及数据分组的格式。本层还定义了地址解析协议 ARP、反向地址解析协议 RARP 及网际控制报文协议 ICMP。

#### 3．传输层

TCP/IP 的传输层也被称为主机至主机层，它主要负责端到端的对等实体之间的通信。它与 OSI 参考模型的传输层功能类似，也对高层屏蔽了低层网络的实现细节，同时它真正实现了源主机到目的主机的端到端的通信。该层使用了两种协议来支持数据的传送，它们是 TCP 协议和 UDP 协议。

TCP 协议是可靠的、面向连接的协议。它用于包交换的计算机通信网络、互连系统，以及在类似的网络上，保证通信主机之间有可靠的字节流传输。

UDP 协议是一种不可靠的、无连接协议。它最大的优点是协议简单、效率较高，额外开销小，缺点是不保证正确的传输，也不排除重复信息的产生。

#### 4．应用层

在 TCP/IP 模型中，应用程序接口是最高层，它与 OSI 参考模型中的高 3 层的任务相同，都用于提供网络服务，如文件传输、远程登录、域名服务和简单网络管理等。目前，互联网上常用的应用层协议主要有以下几种。

① 简单邮件传输协议（SMTP）：主要负责互联网中电子邮件的传递。

② 超文本传输协议（HTTP）：提供 Web 服务。

③ 远程登录协议（Telnet）：实现对主机的远程登录功能，常用的电子公告牌系统 BBS 使用的就是这个协议。

④ 文件传输协议（FTP）：用于交互式文件传输。

⑤ 域名解析（DNS）：实现逻辑地址到域名地址的转换。

### 2.3.2 TCP/IP 核心协议

TCP/IP 不是一个简单的协议，而由一组小的、专业化协议构成，包括 TCP、IP、UDP、ARP、ICMP 及其他的许多被称为子协议的协议。在众多的子协议中，TCP 和 IP 是最重要的核心协议。

### 1. 网际协议（IP）

网际协议属于 TCP/IP 模型的网络互联层，其基本任务是通过互联网传输数据报，提供关于数据应如何传输及传输到何处的信息，各个数据报之间是互相独立的。IP 是一种使 TCP/IP 可用于网络连接的子协议，可以跨越多个局域网段或通过路由器跨越多种类型的网络。在一个网际环境中，连接在一起的单个网络被称为子网，使用子网是 TCP/IP 联网的一个重要部分。

（1）数据报结构。

网络互联层的 IP 部分被称为一个 IP 数据报，IP 数据报包含路由器在网络中传输数据所必需的信息，由报头（控制部分）和数据部分组成，总长度不超过 65 535 字节，其报头的各部分如图 2-10 所示。

| 0位 | 4 | 8 | 16 | 19　　　31 |
|---|---|---|---|---|
| 版本 | 头部长度 | 服务类型 | 总长度 | |
| 标识符 | | | 标志 | 段偏移量 |
| 生存期 | | 协议 | 报头校验和 | |
| 源地址 | | | | |
| 目标地址 | | | | |
| 可选项（长度可变） | | | | 填充位 |
| 数　据 | | | | |

图 2-10　IP 数据报结构

报头的前 20 个字节是固定的，包括 IP 协议的版本号、报头长度、服务类型、报文总长度、标识符、标志位、段偏移量、生存时间、报头校验和、源 IP 地址和目的 IP 地址。此外，IP 还定义了一套可选项，当一个 IP 报文段没有可选项时，报头的长度为 20 字节，当有可选项时，报头的长度为 24 字节。报头后面字节承载的是用户数据，长度为 4 字节的整数倍，是可有可无的选项。

版本：版本字段占 4 比特，标识协议的版本号，版本号规定了数据报的格式，不同的 IP 协议版本，其数据报格式有所不同。接收方工作站首先查看该域以决定它是否能够读取该输入数据，若不能，它将拒绝该数据报。

头部长度：头部长度字段占 4 比特，用 32 位编组形式标识 IP 报头的长度。最常用的 IP 报头由五个编组或 20 个 8 位字节组成，该域的重要性在于它向接收点指示了数据从何处开始。

服务类型：服务类型字段占 8 比特，规定了对数据的处理方式，即定义了此报文段的优先级、可靠性及网络时延等要求。利用该字段，发送端可以为 IP 数据报分配一个转发优先级，并要求中途转发路由器尽量使用低延迟、高吞吐率或可靠性的线路投递。

总长度：该字段占 16 比特，表示以字节为单位的 IP 数据报的长度，包括报头和数据部分。该值以字节为单位，受该域长度的限制，IP 数据报的最大长度为 65 535 字节。

标识符：标识符字段占16位，用来控制分段重组。一个长的数据报可分成若干段，每段都有相同的标识符。标识符用来确定该分段属于哪个数据报。该域和下面两个域，即标志和段偏移量，在数据报的分段和重组过程中起作用。

标志：标志字段占3位，第一位未用，后两位分别标识一个消息是否被分段，如果是，则表示该段是否是最后一个分段。

段偏移量：段偏移量字段占13位，表示该分段在数据报中的位置（以字节为单位：0～8191）。

生存期：生存期字段占8比特，该域指明数据报可以在互联网中的生存时间。一般情况下，数据报在网络间传输时，每遇到一个网关，生存期的值减少1，若该数据报在网关中等待服务而延迟，则要从生存期中再减去等待时间。当该值减为0时，系统便丢弃该数据报。引入该域的目的是避免由于网关路由出错导致数据报在循环路径上无休止流动的情况。

协议：标识将接收数据报的传输层协议类型（如TCP、UDP或其他协议）。

报头校验和：该域用于保证IP数据报报头的完整性。校验算法设校验和初值为0，然后对头标数据每16位求异或，结果取反即为校验和。在IP数据报中只含有报头校验字段，而没有数据区的校验字段。

源地址：源IP地址字段占32比特，标识发送方主机节点的完整的IP地址。在整个数据报传输过程中，无论经过什么路由，无论如何分段，该字段一直保持不变。目标地址也是如此。

目标地址：目标IP地址字段占32比特，标识接收方主机节点的完整的IP地址。

可选项（长度可变）：包含可选的路由和实时信息。

填充位：包含填充信息以确保报头是32位的倍数，该域的大小可变。

数据：由源节点发送的原始数据和TCP信息组成。

（2）数据报的分段和重组。

IP数据报可以在互联网上传输，所以它可能要跨越多个网络。作为一种高层网络数据，IP数据报最终需要封装成帧进行传输，在理想的情况下，每一个IP报文正好放在一个物理帧中发送。但实际上，由于网络技术不同，网络所支持的最大帧长各不相同，要实现这种理想的情况有些困难，需要对数据报进行分段处理。

IP协议为了能够使较大的数据报文以适当的大小在网络上传输，先对上层协议提交的数据报文进行长度检查，根据物理网络所允许的最大发送长度把数据报文分成若干段发送，这就是数据报的分段，然后再将每段独立地进行分送。与未分段的数据报相同，分段后的数据报也是由报头区和数据区两部分构成，除一些分段控制域外，分段的报头与原IP数据报的报头非常相似。由于各个分段数据报独立地进行传输，它们在经过中间路由器转发时，由于选择的路由不尽相同，所以到达目的主机的IP数据报顺序与发送顺序也不一定相同，到达目的站后，需要对分段进行重组，重组的分段顺序由段偏移提供。

重组是分段的反过程。IP 协议规定，只有在最终的目的主机上才可以对分段进行重组，这样不仅可以减少路由器的计算量，也使路由器可以为每个分段独立选择路径，每个分段到达目的地所经过的路径可以不同，充分体现了 IP 协议的简单性、高效性。

在目的端收到一个 IP 报文时，可以根据其分段位移和标志位判断其是否是一个分段。如果标志位为 0，则表明是一个完整的报文，不需要进行重组；如果标志位为 1，则表明它是一个分段，目的端需要进行分段重组。IP 协议根据 IP 报头中的标志符来确定哪些分段是属于同一个原始报文，根据段位移来确定分段在原始报文中的位置，如果一个报文所有的分段都到达目的地，则把它们组织成一个完整的报文交给上层协议。这就是数据报的重组。

（3）IP 协议的主要功能。

IP 所在的网络层通过网络接口层与物理网络接口。在局域网中网络接口层通常为网络接口设备驱动程序。IP 协议主要承担在网际进行数据报无连接的传送、数据报寻址和差错控制，向上层提供 IP 数据报和 IP 地址，并以此统一各种网络的差异性（不同的网络其帧结构不同）。

IP 协议借助中间的一个或多个 IP 网关，实现从源网络到目的网络的寻径。源网络为信源机的网络，目的网络为信宿机的网络。当 IP 数据报到达目的网络所连的网关时，目的网络借助网络层中的地址解析协议 ARP 对目的主机进行寻址。

在互联网中，IP 网关是一个十分重要的网际部件，其主要功能为“存储—寻址—转发”。它对传输层及其以上层次的功能并不关心，上层信息只是封装在 IP 数据报的数据部分中，与反映 IP 层功能的 IP 数据报的报头部分毫不相干。

在通信子网中，各网关的低四层间传输的是基于分组的数据报，从源网关到目的网关中间经过的路径（网关）并不固定。由于网际是动态的（如中间一网关的开关损坏等），每经过一个中间网关都存在“存储—寻址—转发”等问题。源网关和目的网关间不存在一条固定的连接通道，所以数据报提供的总是“无连接”的服务。按照 TCP/IP 的设计思想，认为数据传输的可靠性问题应由传输层（TCP 协议）来解决，处于 IP 层的各中间网关不处理可靠性问题，网络层的主要责任是尽快地把 IP 数据报从信源机传递到信宿机，IP 数据报在传递途径中可能出错、重复或消失。

### 2．传输控制协议（TCP）

传输控制协议（TCP）属于 TCP/IP 协议群中的传输层，是一种面向连接的子协议，在该协议上准备发送数据时，通信节点之间必须建立起一个连接，才能提供可靠的数据传输服务。TCP 协议位于 IP 协议的上层，通过提供校验和、流量控制及序列信息弥补 IP 协议可靠性上的缺陷。

（1）TCP 报文结构。

TCP 报文是两台计算机的传输层之间交换的协议数据单元，因特网上面向连接的传输服务的连接建立、数据传输、发送确认消息及关闭连接等都涉及 TCP 报文的交换。TCP 报文包括一个 20 字节的固定长度及一个变长的选项部分，其格式如图 2-11 所示。

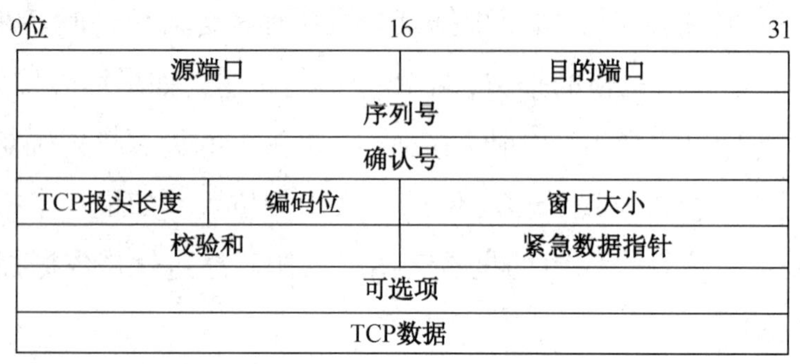


图 2-11　TCP 报文格式

下面依次介绍 TCP 报头中每个字段的意义和作用。

源端口：源端口占 16 比特，指出源节点的端口号。一个端口对应位于主机上的一个地址，每个主机都可以自行决定如何分配自己的端口号。在端口处一个应用程序可以获得输入数据，用户平时接触最多的端口可能是 80，该端口一般用于接收 Web 页的请求。

目的端口：目的端口占 16 比特，用于指示目标节点的端口号。

序列号：在 TCP 报文中使用捎带技术，即一个从机器 A 传往机器 B 的确认可能与从机器 A 发送给机器 B 的数据在同一个报文中传输，所以在同一个 TCP 报头，序列号标识了数据段在已发送的数据流中的位置。

确认号：发送方通过返回的一条消息来验证数据已被接收。

TCP 报头长度：TCP 报头的长度，又称为数据偏移，表示 TCP 的数据部分在 TCP 报文中的位置。

编码位：包括了标识特殊条件的标识符，共有 6 个标识符，每个标识符都完成特殊的功能。

窗口大小：窗口表示的是从被确认的字节开始，发送方可以发送的字节个数。接收方通过设置窗口的大小，可以调节发送方发送数据的速度，从而实现流量控制。

校验和：该字段是 TCP 协议提供的一种检错机制，允许接收节点判定 TCP 段是否在发送过程中被破坏。

紧急数据指针：能够指示出紧迫数据驻留在数据报中的位置。

可选项：在 TCP 报头的固定部分后面可以使用选项来进行一些参数的协商，用于指定一些特殊选项。

TCP 数据：包含了由源节点发送的原始数据。

（2）TCP 协议的功能。

处于通信子网和资源子网之间的传输层利用网络互联层提供的不可靠的、无连接的数据报服务，向上层提供可靠的面向连接的服务。为了提高网络服务的质量，保证高可靠性的数据传输，TCP 必须提供如下功能。

① 提供面向连接的进程通信。

进行通信的双方在传输数据之前，首先必须建立连接，数据传输完成后，任何一方都可以根据自己的情况断开连接。TCP 建立的连接是点到点的全双工连接，在建立连接后，通信双方可以同时进行数据传输。

② 提供差错检测和恢复机制。

由于 TCP 协议之下的 IP 层只提供了简单的分组服务，所以传输过程中可能出现各种错误情况，如数据包可能因为拥塞或线路故障而丢失；在同一次会话中的不同数据包经过了不同的路由，而使数据包的接收顺序与发送顺序不一致等。所以 TCP 要实现差错恢复和排序等功能。

TCP 使用滑动窗口机制来实现差错控制，它对每一个传输的字节进行编号，每个分段中的第一个字节的序号随该分段进行传输，每个 TCP 分段中还带有一个确认号，表示接收方希望接收的下一个字节的序号。在 TCP 传输了一个数据分段后，把该分段的一个备份放入重传队列中并启动一个时钟，如果在时钟超时之前得到对该分段的确认，则从队列中删除该分段；如果没有收到确认，则重传该分组。

③ 流量控制机制。

在 TCP 中通过动态改变滑动窗口的大小，实现流量控制。窗口的大小表示在最近收到的确认号之后允许传送的数据长度，如果窗口大小为 0，则表示当前的接收方没有能力接收另外的数据，必须等待新的确认信息改变窗口大小。此外，TCP 还可以检测网络拥塞情况，并且根据它调整数据发送速率。

### 3．TCP/IP 协议的工作过程

在因特网内部，信息不是一个恒定的流，从主机传递到另一个主机，是把数据分解成数据包。TCP 协议负责把这个信息分成很多个数据包，每一个数据包用一个序号和接收地址来标识，并且在数据包中插入一个纠错信息；而 IP 协议则将数据包通过网络，把它们传递给远程主机。在远程主机端，TCP 协议接收到数据包并核查错误，如果有错误发生，TCP 协议要求重发这个特定的数据包，直到所有的数据包都被正确地接收，TCP 协议用序号来重构原始信息。简单地说：IP 协议的工作是将原始数据从一地传送到另一地；TCP 协议的工作是管理这种流动并保证其数据的正确性。

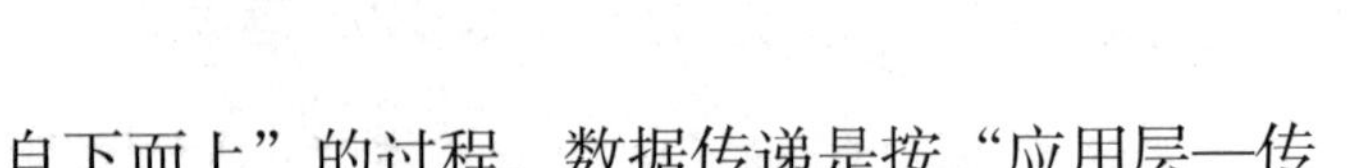

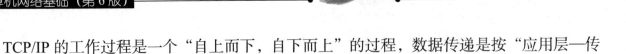

TCP/IP 的工作过程是一个“自上而下，自下而上”的过程，数据传递是按“应用层—传输层—网络互联层—网络接口层”传递，具体的传递过程如下。

（1）在发送方主机上，应用层将数据流传递给传输层。

（2）传输层将接收到的数据流分解成以若干字节为一组的 TCP 段，并在每一段上增加一个带序号的 TCP 报头，传递给 IP 层。

（3）在 IP 层将 TCP 段作为数据部分，再增加一个含有发送方和接收方 IP 地址的报头组成分组或包，同时还要明确接收方的物理地址及到达目的主机路径，将此数据包和物理地址传递给数据链路层。

（4）数据链路层将 IP 分组作为数据部分并加上帧报头组成一个“帧”，交由物理层接收主机或 IP 网间路由器。

（5）在目的主机处，数据链路层将帧去掉帧头，将 IP 分组交给 IP 层。

（6）IP 层检查 IP 包头，如果包头中校验和与计算出来的不一致，则丢弃此报文分组；如果校验和与计算出来的一致，则去掉 IP 报头，将 TCP 段传送到 TCP 层。

（7）TCP 层检查序号，确认是否为正确的 TCP 段。

（8）TCP 层计算 TCP 报头和数据校验和，如果计算出来的校验和与报头的校验和不符合，则丢弃此 TCP 段；如果校验和正确，则去掉 TCP 报头，并将真正的数据传递给应用层，同时发出“确认收到”的信息。

（9）在接收方主机上的应用层收到一个数据流与发送方所发送的数据流完全一样。

**4．其他协议**

除了 IP 协议和 TCP 协议外，传输层和网络互联层还有一些重要的协议在发挥各自不同的作用，这些协议主要有用户数据报协议（UDP）、网际控制报文协议（ICMP）、地址解析协议（ARP）及反向地址解析协议（RARP）。

（1）用户数据报协议（UDP）。

用户数据报协议位于 TCP/IP 协议的传输层中，它是一种无连接的传输服务，不保证数据报以正确的序列被接收，不提供错误校验和序列编号。然而通过因特网进行实况录音或电视转播时，要求迅速发送数据，UDP 的不精确性使得它比 TCP 协议更加有效、更有用，在这种情况下，具有验证、校验和及流量控制机制的 TCP 协议将增加太多的报头，使得其发送延迟。

（2）网际控制报文协议（ICMP）。

ICMP 位于 TCP/IP 模型网络互联层的 IP 协议和 TCP 协议之间，它不提供差错控制服务，而仅仅报告哪一个网络是不可到达的，哪一个数据报因分配的生存时间过期而被抛弃。常用于诊断实用程序中，如 Ping、Tracert。

（3）地址解析协议（ARP）。

地址解析协议是一个网络互联层协议，用于实现 IP 地址到 MAC 地址（物理地址）的转换。它获取主机或节点的物理地址并创建一个本地数据库以便将物理地址映射到主机 IP 地址上。

（4）反向地址解析协议（RARP）。

网络互联层还有一个反向地址解析协议，用于实现物理地址到 IP 地址的转换，主要用于网络上的无盘工作站。网络上的无盘工作站在网卡上有自己的物理地址，但不知道自己的 IP 地址，为了能从物理地址找出 IP 地址，在网络上至少要设置一个 RARP 服务器，网络管理员必须事先把网卡上的物理地址和相应的 IP 地址加入 RARP 数据库中。无盘工作站通过广播一个 RARP 请求包给网络上的所有主机来寻找自己的 IP 地址，由网络上的 RARP 服务器给予响应。

### 2.3.3　OSI 参考模型与 TCP/IP 模型的比较

OSI 参考模型与 TCP/IP 模型都采用了层次结构，但 OSI 采用的是 7 层模型，而 TCP/IP 是 4 层结构；前者主要是针对广域网，很少考虑网络互连问题，后者从一开始就注意到网络互连技术，并最终组成了连接全球的因特网。

TCP/IP 模型的网络接口层实际没有真正定义，其功能相当于 OSI 模型的物理层与数据链路层，实际上，就是物理网络的物理层与数据链路层。TCP/IP 的网络互联层相当于 OSI 参考模型中网络层中的无连接网络服务。OSI 模型与 TCP/IP 模型的传输层功能基本相似，都是负责为用户提供真正的端到端的通信服务，对高层屏蔽了低层网络的实现细节。所不同的是，TCP/IP 协议的传输层是建立在网络互连基础上的，而网络互联层只提供无连接的服务，所以面向连接的功能完全在 TCP 中实现，当然 TCP/IP 的传输层还提供无连接的服务，如 UDP；OSI 参考模型的传输层是建立在网络层基础之上的，网络层既提供面向连接的服务，又提供无连接服务，但传输层只提供面向连接的服务。在 TCP/IP 模型中，没有会话层和表示层，事实证明，这两层的功能可以完全包含在应用层中。

## 2.4　IP 地址

为了在网络环境下实现计算机之间的通信，网络中的任何一台计算机都必须有一个地址，而且同一个网络中的地址不允许重复。一般情况下在网络上任何两台计算机之间进行数据传

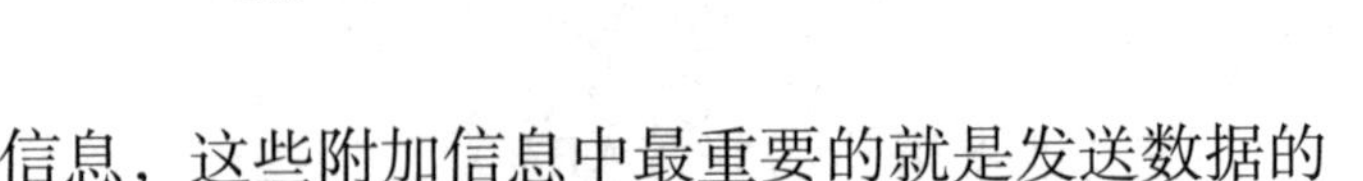

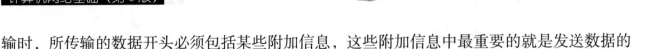

输时，所传输的数据开头必须包括某些附加信息，这些附加信息中最重要的就是发送数据的计算机地址和接收数据的计算机地址。

## 2.4.1 IP 地址概述

在现在的环境下，IP 地址是因特网上为每一台主机分配的由 32 位二进制数组成的唯一标识符，就像人们平常所说的家庭地址或单位地址一样，有了这个地址其他人才可能找到。IP 地址就是每台计算机在网络中的地址，有了这个地址其他计算机才能与其进行通信。

### 1. 什么是 IP 地址

网络通信需要每个参与通信的实体都具有相应的地址，地址一般符合某种编码规则，并用一个字符串来标志一个地址，不同的网络可以具有不同的编址方案，现在网络中广泛使用的是 IP 地址。

所谓 IP 地址就是给每一个接入网络的计算机主机分配的网络地址，这个地址在公网上是唯一的，在单位内部的网络中，每台主机的地址也必须是唯一的，否则会出现地址冲突的现象。目前 IP 地址使用的是 32 位的 IPv4 地址，它是 32 位的无符号二进制数，分为 4 个字节，以×.×.×.×表示，每个×为 8 位，对应的十进制取值为 0～255。

IP 地址由网络地址和主机地址两部分组成，如图 2-12 所示。其中，网络地址用来标识一个物理网络，主机地址用来标识这个网络中的一台主机。

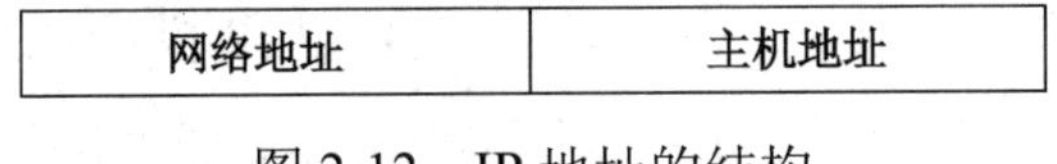


图 2-12　IP 地址的结构

例如，给出一个用二进制表示的 IP 地址：11001001.00001101.00110010.00000011。

每个字段对应的值分别是：201、13、50、3。

因此，一个完整的 IP 地址可用小数点表示法表示成：201.15.50.3。

IP 地址的结构使网络的寻址分两步进行：路由器先按 IP 地址中的网络地址把网络找到；找到目的网络后，再用 ARP 协议用主机地址找到主机。由于一台主机可能有多个 IP 地址，因此 IP 地址只是标识了一台计算机的某个接口。

### 2. IP 地址的分类

IP 地址采用的是 32 位的二进制数来表示的，理论上可以支持 $2^{32}$ 台主机，也就是 40 多亿台主机。为了更好地对这些 IP 地址进行管理，同时适应不同的网络需求，根据 IP 地址的网络地址所占的位数的不同，因特网地址授权委员会（IANA）将 IP 地址分为以下几类，如图 2-13 所示。

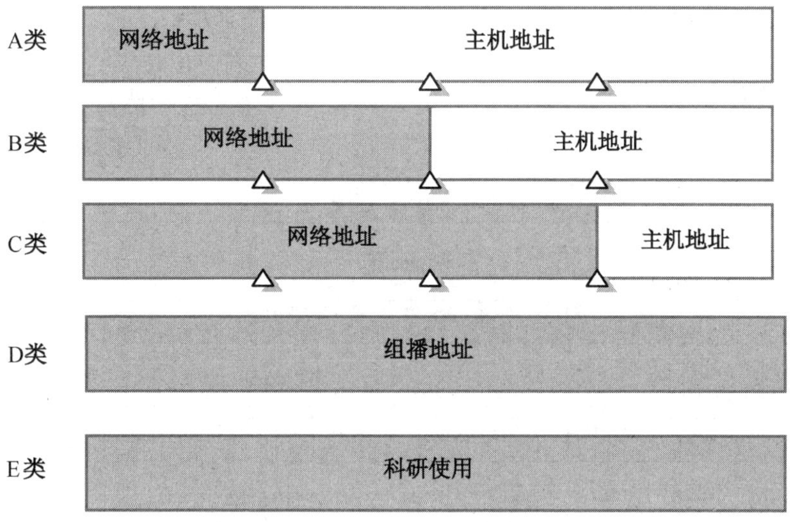


图 2-13　IP 地址分类

A 类 IP 地址中的第一个 8 位组表示网络地址，其余三个 8 位组表示主机地址。A 类 IP 地址使每个网络拥有的主机数量非常多。A 类 IP 地址的第一个 8 位的第一位总是被置为 0，这也就限制了 A 类 IP 地址的第一个 8 位组的值始终小于 127。

B 类 IP 地址中的前两个 8 位组表示网络地址，后两个 8 位组表示主机地址。同时 B 类 IP 地址的第一个 8 位的前两位总是被置为 10，所以 B 类 IP 地址的第一段的范围为 128～191。

C 类 IP 地址中的前三个 8 位组表示网络地址，后一个 8 位组表示主机地址。同时 C 类 IP 地址的第一个 8 位的前三位总是被置为 110，所以 C 类 IP 地址的第一段的范围为 192～223。

D 类 IP 地址用于 IP 网络中的组播，它不像 A、B、C 类 IP 地址有网络地址和主机地址，同时 D 类 IP 地址的第一个 8 位的前四位总是被置为 1110，所以 D 类 IP 地址的第一段的范围为 224～239。

E 类 IP 地址被留作科研使用，而其第一个 8 位的前四位为 1111，所以 D 类 IP 地址的第一段的范围为 240～255。

各类 IP 地址与主机地址的关系如图 2-14 所示。

可以看出 A 类 IP 地址的结构使每个网络拥有的主机数非常多，而 C 类 IP 地址拥有的网络数目很多，每个网络所拥有的主机数却很少。这样就说明了 A 类 IP 地址多是大型网络所使用，而 C 类 IP 地址支持的是大量的小型网络，如图 2-15 所示。

### 3. 特殊的 IP 地址

IP 地址除了可以表示主机的一个物理连接外，还有几种特殊的表现形式，这些特殊的 IP 地址作为保留地址，从不分配给主机使用。

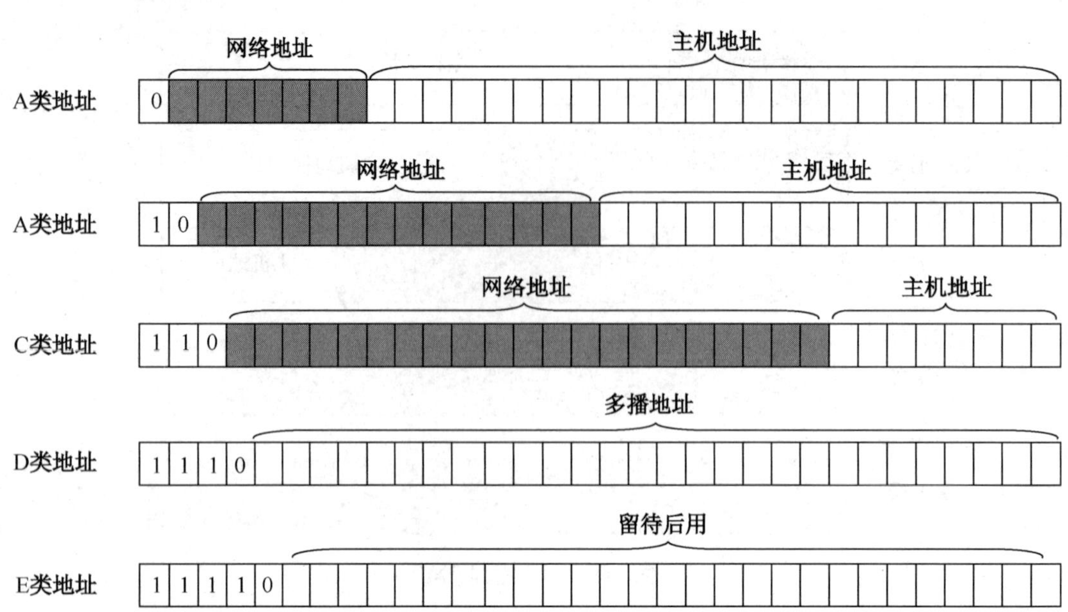


图 2-14　IP 地址网络地址和主机地址

| 地址类型 | 引导位 | 第一段的范围 | 地址结构 | 可用网络地址数 | 可用主机地址数 |
|---|---|---|---|---|---|
| A类 | 0 | 1～126 | 网.主.主.主 | 126（$2^7$–1） | 167777214（$2^{24}$–2） |
| B类 | 10 | 128～191 | 网.网.主.主 | 16384（$2^{14}$） | 65534（$2^{16}$–2） |
| C类 | 110 | 192～223 | 网.网.网.主 | 2097152（$2^{21}$） | 254（$2^8$–2） |
| D类 | 1110 | 224～239 | 组播地址 | | |
| E类 | 1111 | 240～ | 研究和实验用地址 | | |

图 2-15　每类地址网络数与主机数

（1）网络地址。

在互联网中经常需要使用网络地址，那么怎样表示一个网络地址呢？IP 地址方案中规定网络地址是由一个有效的网络地址和一个全“0”的主机地址构成。如在 A 类网络中，地址 120.0.0.0 表示该网络的网络地址，B 类网络中，地址 180.10.0.0 表示该网络的网络地址，C 类网络中，202.80.120.0 表示该网络的网络地址。

（2）广播地址。

当一个设备向网络上所有的设备发送数据时，就产生了广播。为了能使网络上所有设备能够注意到这样一个广播，广播地址要有别于其他的 IP 地址，通常这样的 IP 地址以全“1”结尾。

IP 广播地址有两种形式：直接广播和有限广播。

① 直接广播。

如果广播地址包含一个有效的网络地址和一个全“1”的主机地址，技术上称为直接广播地址。在互联网中任意一台主机均可以向其他网络进行直接广播。

如 C 类 IP 地址 202.80.120.255 就是一个直接广播地址。网络中的一台主机如果使用该 IP 地址作为数据报的目的 IP 地址，那么这个数据报将同时发送给 202.80.120.0 网络上的所有主机。

② 有限广播。

IP 地址的 32 位全为“1”（255.255.255.255）用于本地广播，该地址称为有限广播地址。有限广播将广播限制在最小的范围内，如果采用标准 IP 编址，那么有限广播将被限制在本网络之中；如果采用子网编址，有限广播将被限制在本子网中。

（3）回送地址。

A 类 IP 地址 127.0.0.0 是一个保留地址，用于网络软件测试及本地计算机进程间通信，这个 IP 地址称为回送地址。无论什么程序，一旦使用回送地址发送数据，协议软件不进行任何网络传输，立即将之返回。因此，含有网络地址 127 的数据报不可能出现在任何网络上。

（4）专用 IP 地址。

专用 IP 地址是在所有 IP 地址中专门保留的三个区域的 IP 地址，这些地址不在公网上分配，专门留给用户组建内部网络使用，也称为私有 IP 地址。这三个区域分别属于 A 类、B 类和 C 类 IP 地址空间的 3 个地址段，这些地址可以满足任何规模的企业和机构的应用，其地址范围如表 2-3 所示。

表 2-3　专用 IP 地址

| 地址段 | 主机位数 | IP 地址个数 |
|---|---|---|
| 10.0.0.0～10.255.255.255 | 24 位 | $2^{24}$，约 1700 万个 |
| 172.16.0.0～172.31.255.255 | 20 位 | $2^{20}$，约 100 万个 |
| 192.168.0.0～192.168.255.255 | 16 位 | $2^{16}$，约 6.5 万个 |

### 4. IP 地址分配原则

使用 IP 地址必须遵循一些原则，并且一些 IP 地址被用于特殊的 TCP/IP 通信时，任何时候都不能使用。

- 只有 A、B、C 三类地址可以分配给计算机和网络设备。
- IP 地址的第一段不能为 127，保留做测试使用。
- 网络地址不能全为 0，也不能全为 1。
- 主机地址不能全为 0，也不能全为 1。
- IP 地址在网络中必须唯一。

## 5. 下一代IP地址——IPv6

IP协议作为TCP/IP协议族的主要组成部分，为因特网提供了基本的通信机制，目前使用的IP版本是IPv4。IPv4自发布以来沿用至今充分说明了该协议设计得比较完善，但是随着技术和应用的发展，尤其是因特网用户的飞速增加，IPv4面临了许多新的问题。

（1）地址资源严重不足。

IPv4提供的IP地址位数是32位，即43亿个地址。在实际使用中，还要除去网络地址、广播地址、划分子网的开销、路由器地址、保留地址等，最后有效的地址数目比可提供的地址总数要低。随着连接到因特网上主机数目的迅速增加，IP地址资源也迅速减少。

（2）路由表越来越大。

由于IPv4采用与网络拓扑结构无关的形式来分配地址，所以随着连入网络数目的增加，路由器数目飞速增加，相应地，决定数据传输路由的路由表也不断加大。庞大的路由表不但增加了路由器的工作量，而且降低了互联网服务的稳定性。

（3）地址分配不便。

IPv4采用手工配置的方法来给用户分配地址，这不但增加了管理费用，而且无法为那些需要IP移动性的用户提供更好的服务。

为了从根本上解决IP地址空间不足的问题，提供更加广阔的网络发展空间，人们对IPv4进行了改进。IPv6是IPv4的改良而不是革命，它保留了IPv4中许多成功的特点，舍弃了IPv4中一些不适用的部分，对协议的细节进行了修改。IPv6与IPv4相比，主要有以下5项变化。

（1）地址空间扩大。

这是IPv6最显著的变化。IPv6将原来的32位地址空间增大到128位，支持更多的可寻址结点、更多的寻址层次和更简明的远程用户地址自动配置，并定义了一种称为“任意地址”的新地址类型。

（2）简化数据报头格式。

IPv6使用了一组可选的报头，从而减少了数据报处理的开销。

（3）改善各种扩展和选项的支持。

IPv6允许数据报包含可选的控制信息，报头的特别编码增加了数据传输的高效性。

（4）支持资源分配。

IPv6提供了一种新的机制，允许对网络资源进行预分配，以取代IPv4的服务类型的说明。这些新的机制支持实时语音和视频等实时应用，保证带宽和延迟都在可接受的范围内。

（5）支持协议扩展。

IPv6协议不需要描述所有的细节，允许增添新的特性。这种扩展能力使IPv6能更好地适应网络硬件的改变和各种新的应用需要。

## 2.4.2　子网与子网掩码

在互联网中，A 类、B 类和 C 类 IP 地址是经常使用的 IP 地址，经过网络地址和主机地址的划分，它们能适应不同的网络规模。但仅靠 A 类、B 类、C 类 IP 地址来划分网络会有许多问题，如 A 类 IP 地址和 B 类 IP 地址都允许一个网络中包含大量的主机，如表 2-4 所示。但实际上不可能将这么多主机连接到一个单一的网络中，这不仅会降低因特网地址的利用率，还会给网络寻址和管理带来很大的困难。所以在实际应用中，通过在网络中引入子网解决这个问题。

表 2-4　IP 地址的使用范围

| 网络类型 | 最大网络数 | 第一个可用网络地址 | 最后一个可用网络地址 | 每个网络中最大主机数 |
|---|---|---|---|---|
| A 类 | 126 | 1.0.0.0 | 126.0.0.0 | 16777214 |
| B 类 | 16382 | 128.1.0.0 | 191.254.0.0 | 65534 |
| C 类 | 2097150 | 192.0.1.0 | 223.255.254.0 | 254 |

### 1．子网

A 类网络包含 1600 多万个 IP 地址，B 类网络包含 65000 多个 IP 地址。单独来看，这个些数字已经比较大了。如果你考虑将这么多台计算机放在一起工作，你就知道这样的网络管理难度有多大了。现在含有数百台设备的局域网已经很少见了，而包含上千台设备的单个局域网就更少见了。如果你使用一个 A 类或 B 类的网络来连接一个局域网，那么必将会有很多的 IP 地址没有使用。实际工作中，可以采用将网络切割成多个小网络的方法来解决这个问题，也就是人们常说的子网。将网络内部分成多个部分，对外像任何一个单独网络一样动作，在因特网文献中，这些部分称为子网。

### 2．子网掩码

子网掩码（Subnet Mask）又叫网络掩码、地址掩码，它是一种用来指明一个 IP 地址的哪些位标识的是主机所在的子网及哪些位标识的是主机位的掩码。子网掩码不能单独存在，它必须结合 IP 地址一起使用。在 IP 地址中，网络地址和主机地址是通过子网掩码来分开的。每个子网掩码是一个 32 位的二进制数，一般由两部分组成，前一部分使用连续的“1”，用来标识网络地址；后一部分使用连续的“0”，用来标识主机地址。

例如，对于一个 IP 地址为 131.110.133.15 的主机，由于是处于 B 类网络中，因此在缺省情况下，用户应该将此 IP 地址配合使用的子网掩码设置为 11111111　11111111　00000000　00000000，表示网络地址为 16 位，主机地址为 16 位，用十进制数表示就是 255.255.0.0。各类网络的默认子网掩码如下。

A类 11111111　00000000　00000000　00000000，十进制数表示为255.0.0.0

B类 11111111　11111111　00000000　00000000，十进制数表示为255.255.0.0

C类 11111111　11111111　11111111　00000000，十进制数表示为255.255.255.0

子网掩码的主要作用是将网络地址从IP地址中剥离出来，求出IP地址的网络地址。使用IP地址与子网掩码进行“与”运算所得出的结果就是网络地址。有了网络地址后，就可以判断应该如何发送数据报了。每台主机在数据报发送前，都要通过子网掩码判断是否应将数据报发往路由器。TCP/IP将目标IP与本机子网掩码求与，得出目标主机网络地址。将目标主机网络地址与本机网络地址进行比较，看看是否相等，如果相等则说明目标主机就在本子网内，应直接将数据报发送给目标主机；如果不等则说明目标主机不在本网络内，应将数据报发送给路由器。

将IP地址和它的子网掩码相结合，就可以判断出IP地址中哪些位表示网络和子网，哪些位表示主机。

如给出一个经过子网编址的B类IP地址131.110.133.15，我们并不知道在子网划分时到底借用了几位主机地址来表示子网，但是当给出了它的子网掩码255.255.255.0后，如图2-16所示，就可以根据与子网掩码中的“1”相对应的位表示网络的规定，得到该子网划分借用了8位来表示子网，并且该IP地址所处的子网号为133。

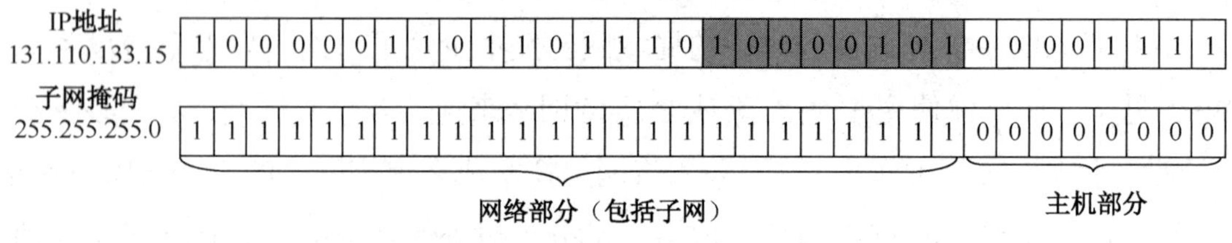


图2-16　借用B类IP地址的8位表示子网

如果借用该B类IP地址的5位主机地址来划分子网，如图2-17所示，那么它的子网掩码为255.255.248.0，IP地址131.110.133.15所处的子网号为16。

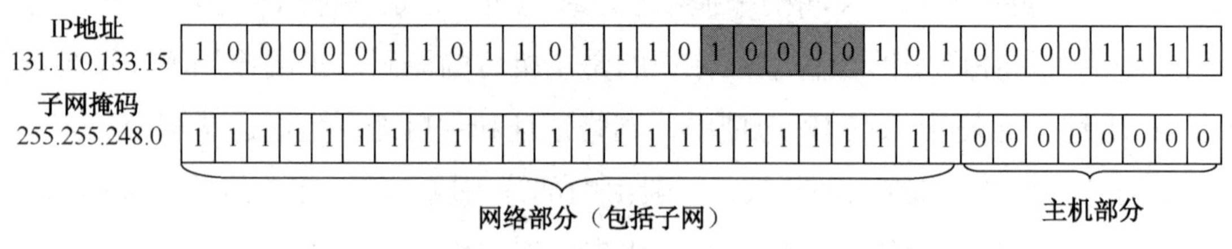


图2-17　借用B类IP地址的5位表示子网

### 3．子网设计

设从主机标志部分借用 $n$ 位给子网，剩下 $m$ 位作为主机标志位，那么生成的子网数量为 $2^n-2$，每个子网具有的主机数量为 $2^m-2$ 台。设计的基本过程如下。

① 由根据所要求的子网数和主机数量公式 $2^n-2$ 推算出 $n$。$n$ 应是一个最小的接近要求的正整数。

② 求出相应的子网掩码，即用默认掩码加上从主机标志部分借出的 $n$ 位组成新的掩码。

③ 子网的部分写成二进制数，列出所有子网和主机地址，去除全"0"和全"1"地址。

**例 1**：一个 C 类 IP 地址 192.168.2.0/26，请问该网络可以划分为几个子网？每个子网可容纳多少台主机？

这是一个 C 类网络，正常情况下，主机地址有 8 位，网络地址是 24 位，子网掩码全 1 位有 24 位。而本例的子网掩码全 1 位有 26 位，说明网络位从主机位借了 2 位地址用于子网的编址，子网掩码的点分二进制表示法为：

1111 1111 . 1111 1111 . 1111 1111 . 1100 0000，即为：255.255.255.192

由于是 C 类 IP 地址，所以主机标志位原为 8 位，现从中借出了 2 位，即 $n=2$。

那么，$m=8-2=6$。

依据上面的分析，得出可用子网数为：$2^2-2=2$ 个子网。

每个子网的主机数为：$2^6-2=62$ 台主机。

**例 2**：一个网络的地址为 192.168.132.0，网内有 252 台主机。为了管理需要，要将该网络分成 6 个子网，每个子网能容纳 30 台主机。请给出子网掩码和对应的地址空间。

这是一个 C 类网络，正常情况下，主机地址有 8 位，网络地址是 24 位，子网掩码全 1 位有 24 位。本例要求将网络分为 6 个子网，每个子网中能够容纳 30 台主机。

$2^5=32>30$，也就是说主机地址只需要有 5 位就可以了。主机地址可以借出 3 位给网络地址，$2^3-2=6$，正好满足 6 个子网的要求。子网掩码的长度为 24+3=27 位，子网掩码的最后一节就是 1110 0000，该网络的子网掩码为 255.255.255.224。

IP 地址空间规划表如表 2-5 所示。子网部分写成二进制，列出所有子网和主机地址，并去除全"0"和全"1"地址。

表 2-5　IP 地址空间规划表

| 子网号 | 主机地址 1 | 主机地址 2 | 主机地址 3 | … | 主机地址 31 | 主机地址 32 |
|---|---|---|---|---|---|---|
| | 00000 | 00001 | 00010 | … | 11110 | 11111 |
| 000 | 0 | 1 | 2 | … | 30 | 31 |
| 001 | 32 | 33 | 34 | … | 62 | 63 |
| 010 | 64 | 65 | 66 | … | 94 | 95 |
| 011 | 96 | 97 | 98 | … | 126 | 127 |
| 100 | 128 | 129 | 130 | … | 158 | 159 |
| 101 | 160 | 161 | 162 | … | 190 | 191 |
| 110 | 192 | 193 | 194 | … | 222 | 223 |
| 111 | 224 | 225 | 226 | … | 254 | 255 |

表 2-5 中给出的是子网部分的 IP 地址分配情况，主机地址与子网号交叉的单元即为该子网内的一个 IP 地址的最后一个字节的二进制值。如子网号“010”与主机地址 2 交叉的单元，取值为“65”，该 IP 地址为：192.168.132.65。

上表中，对应每个子网，分别包含 $2^5=32$ 个 IP 地址。子网号为“000”和“111”的两行，主机地址为“00000”和“11111”的两列均需要去除，所以实际可用的子网划分情况如下。

001 子网　　对应的地址范围：192.168.132.33～192.168.132.62

010 子网　　对应的地址范围：192.168.132.65～192.168.132.94

011 子网　　对应的地址范围：192.168.132.97～192.168.132.126

100 子网　　对应的地址范围：192.168.132.129～192.168.132.158

101 子网　　对应的地址范围：192.168.132.161～192.168.132.190

110 子网　　对应的地址范围：192.168.132.193～192.168.132.222

**例 3**：网络地址为 172.30.0.0，每个子网需要容纳 700 台主机，请问子网掩码应如何设置？

这是一个 B 类网络，正常情况下，主机地址有 16 位，网络地址是 16 位，子网掩码全 1 位有 16 位。本例对网络进行分割，每个子网中能够容纳 700 台主机。

$2^9=512<700<1024=2^{10}$

所以，$m=10$；网络地址+子网地址＝32−10＝22；子网掩码长度为 22，网络地址向主机地址借了 6 位用于网络编址，子网掩码为：1111 1111 . 1111 1111 . 1111 1100 . 0000 0000，对应的子网掩码为：255.255.252.0。

**例 4**：网络地址为 172.19.0.0，子网掩码为 255.255.248.0，请问该网络可以划分为几个子网？每个子网有多少个有效 IP 地址？

由网络地址可知为 B 类网络，默认子网掩码为 255.255.0.0。现在其子网掩码为 255.255.248.0，将 248 转换为二进制为：1111 1000，可知网络位从主机位借了 5 位划分子网，即 $n=5$，$m=16-5=11$。

所以，划分的子网数为 $2^5-2=30$ 个；每个子网的有效 IP 地址数为 $2^{11}-2=2046$。

在实际工作中，可以按照表 2-6 和表 2-7 进行子网的划分及子网掩码的设置。

表 2-6　C 类网络子网划分关系表

| 子网位数 | 子网掩码 | 子网数 | 主机数 |
|---|---|---|---|
| 2 | 255.255.255.192 | 2 | 62 |
| 3 | 255.255.255.224 | 6 | 30 |
| 4 | 255.255.255.240 | 14 | 14 |
| 5 | 255.255.255.248 | 30 | 6 |
| 6 | 255.255.255.252 | 62 | 2 |

如果选择 B 类网络，可以按照表 2-7 所示的子网位数、子网掩码、可容纳的子网数和主机数的对应关系进行子网规划与划分。

表 2-7　B 类网络子网划分关系表

| 子网位数 | 子网掩码 | 子网数 | 主机数 |
|---|---|---|---|
| 2 | 255.255.192.0 | 2 | 16382 |
| 3 | 255.255.224.0 | 6 | 8190 |
| 4 | 255.255.240.0 | 14 | 4094 |
| 5 | 255.255.248.0 | 30 | 2046 |
| 6 | 255.255.252.0 | 62 | 1022 |
| 7 | 255.255.254.0 | 126 | 510 |
| 8 | 255.255.255.0 | 254 | 254 |
| 9 | 255.255.255.128 | 510 | 126 |
| 10 | 255.255.255.192 | 1022 | 62 |
| 11 | 255.255.255.224 | 2046 | 30 |
| 12 | 255.255.255.240 | 4094 | 14 |
| 13 | 255.255.255.248 | 8190 | 6 |
| 14 | 255.255.255.252 | 16382 | 2 |

## 本章小结

本章主要介绍了计算机网络体系结构的相关知识与相关协议，重点介绍了开放系统互连参考模型和 TCP/IP 体系结构。

开放系统互连参考模型 OSI/RM 将网络自下而上分为 7 个层次，分别为物理层、数据链路层、网络层、传输层、会话层、表示层和应用层。最高层为应用层，面向用户提供服务；最低层为物理层，连接通信媒体实现数据传输。层与层之间的联系是通过各层之间的接口来进行的，上层通过接口向下层提出服务请求，而下层通过接口向上层提供服务。除物理层外，其余各对等层通过各对等层的协议来进行通信。它清晰地分开了服务、接口和协议这三个容易混淆的概念，服务描述了每一层的功能，接口定义了某层提供的服务和如何被高层访问，而协议是每一层功能的实现方法。

与开放系统互连参考模型不同，TCP/IP 模型把整个网络协议分为 4 个层次，它们分别是网络接口层、网络互连层、传输层和应用层，各层完成各层的功能。在 TCP/IP 体系结构中，它的核心协议有 TCP 协议和 IP 协议，IP 协议属于 TCP/IP 体系结构的网络互连层，其基本任务是通过互联网传输数据报。传输控制协议 TCP 属于 TCP/IP 协议群中的传输层，是一种面

向连接的协议，位于IP协议的上层，通过提供校验和、流量控制及序列信息弥补IP协议可靠性上的缺陷。

将网络内部分成多个部分，对外像任何一个单独网络一样动作，这些网络称为子网。引入子网的概念可以有效地提高因特网地址的利用率，还会给网络寻址和管理带来很大的方便。

## 本章练习

### 一、选择题

1．在网络协议中，涉及数据和控制信息的格式、编码及信号电平等的内容属于网络协议的（　　）要素。

A．语法　　B．语义　　C．定时　　D．语用

2．OSI参考模型定义了一个（　　）层的模型。

A．8　　B．9　　C．6　　D．7

3．在OSI参考模型中，主要功能是在通信子网中实现路由选择的是（　　）。

A．物理层　　B．网络层　　C．数据链路层　　D．传输层

4．在OSI参考模型中，主要功能是组织和同步不同主机上各种进程间通信的层是(　　)。

A．会话层　　B．网络层　　C．表示层　　D．传输层

5．在OSI参考模型中，主要功能是为上层用户提供共同数据或信息语法表示转换，也可以进行数据压缩和加密的层是（　　）。

A．会话层　　B．网络层　　C．表示层　　D．传输层

6．在开放系统互连参考模型中，把传输的比特流划分为帧的层是（　　）。

A．网络层　　B．数据链路层　　C．传输层　　D．分组层

7．在计算机网络中，允许计算机相互通信的语言被称为（　　）。

A．协议　　B．寻址　　C．轮询　　D．对话

8．在OSI参考模型中，提供建立、维护和拆除物理链路所需的机械的、电气的、功能的和规程的特性的层是（　　）。

A．网络层　　B．数据链路层　　C．物理层　　D．传输层

9．物理层的基本作用是（　　）。

A．规定具体的物理设备

B．规定传输信号的物理媒体

C．在物理媒体上提供传输信息帧的逻辑链路

D．在物理媒体上提供传输原始比特流的物理连接

10. 数据链路层中的数据块常被称为（　　）。

A. 信息　　B. 分组　　C. 比特流　　D. 帧

11. HDLC 是（　　）。

A. 面向字符型的同步协议　　B. 异步协议

C. 面向字节的计数的同步协议　　D. 面向比特型的同步协议

12. 因特网采用的通信协议是（　　）。

A. FTP　　B. SPX/IPX　　C. TCP/IP　　D. WWW

13. 以下协议中不属于 TCP/IP 网络互联层协议的是（　　）。

A. ICMP　　B. ARP　　C. PPP　　D. RARP

14. 在 TCP/IP 协议族中，负责将计算机的互联网地址变换为物理地址的协议是（　　）。

A. ICMP　　B. ARP　　C. PPP　　D. RARP

15. 在 TCP/IP 协议族中，如果要在一台计算机的两个用户进程之间传递数据报，则所使用协议是（　　）。

A. TCP　　B. UDP　　C. IP　　D. FTP

16. 在 TCP/IP 协议族中，用户在本地计算机上对远程机进行文件读取操作所采用的协议是（　　）。

A. DNS　　B. SMTP　　C. TELNET　　D. FTP

17. 在 TCP/IP 环境中，如果以太网上的站点初始化后，只有自己的物理地址而没有 IP 地址，则可能通过广播请求，征求自己的 IP 地址，负责这一服务的协议是（　　）。

A. ARP　　B. RARP　　C. ICMP　　D. IP

18. 一般来说，TCP/IP 的 IP 提供的服务是（　　）。

A. 传输层服务　　B. 网络层服务　　C. 表示层服务　　D. 会话层服务

19. TCP 通信建立在面向连接的基础上，TCP 连接的建立采用（　　）次握手的过程。

A. 1　　B. 2　　C. 3　　D. 4

20. 通信子网的最高层是（　　）。

A. 网络层　　B. 传输层　　C. 会话层　　D. 应用层

21. 对于网络 192.168.10.32/28，下面 IP 地址中，属于该网络的合法 IP 地址是（　　）。

A. 192.168.10.39　　B. 192.168.10.47　　C. 192.168.10.14　　D. 192.168.10.57

22. 在 IP 协议中用来进行组播的 IP 地址是（　　）。

A. A 类 IP 地址　　B. B 类 IP 地址　　C. C 类 IP 地址　　D. D 类 IP 地址

23. 一个标准 B 类 IP 地址 129.219.51.18，代表主机编码部分的是（　　）。

A. 129.219　　B. 129　　C. 18　　D. 51.18

24．下面 4 个 IP 地址中，属于 D 类 IP 地址的是（　　）。

A．10.10.5.168　　B．168.10.0.1　　C．224.0.0.2　　D．202.119.130.83

25．IP 地址 190.233.27.13/16 的网络部分地址是（　　）。

A．190.0.0.0　　B．190.233.0.0　　C．190.233.27.0　　D．190.233.27.1

26．IP 地址是一个 32 位的二进制数，它通常采用（　　）。

A．点分二进制数表示　　B．点分八进制数表示

C．点分十进制数表示　　D．点分十六进制数表示

27．按照实现方式，分组交换可以分为数据报分组交换和（　　）。

A．虚电路分组交换 B．永久虚电路分组交换

C．呼叫虚电路分组交换　　D．包交换

28．分组交换中“虚电路”是指（　　）。

A．以时分复用方式使用的一条物理线路

B．并不存在任何实际的物理线路

C．以频分复用方式使用的一条物理线路

D．在逻辑上的一条假想的线路，实际上并不能使用

29．网段地址位 154.27.0.0 的网络，若不做子网划分，能支持的主机数最多为（　　）。

A．254　　B．1024　　C．65534　　D．65536

30．IP 地址为 172.16.101.20，子网掩码为 255.255.255.0，则该 IP 地址中，网络地址占前（　　）。

A．19 位　　B．20 位　　C．22 位　　D．24 位

**二、填空题**

1．网络体系结构是为了完成____________，把计算机互连的功能划分成有明确定义的____________，规定了同层次实体通信的协议及相邻层之间的____________。

2．网络协议主要由 3 个要素组成：____________、____________、____________。

3．语法规定了数据和控制信息的____________和____________。

4．开放系统互连参考模型简称____________，是由____________组织在 20 世纪 80 年代初提出来的。

5．OSI/RM 自下而上的 7 个层分别为____________、____________、____________、____________、____________、____________和____________。最高层为应用层，面向____________提供服务；最低层为物理层，面向____________实现数据传输。

6．物理层的主要功能有____________、____________和____________。

7．通信设备分为____________（DTE）和____________（DCE）。

8. 数据链路层的主要功能有___________、___________、___________、___________、_______________、__________________。

9. 数据链路层中传送的数据块被称为______________。

10. 数据链路层协议可以分为_______________和__________________两大类。

11. 网络层又称为_________________，主要完成______________、______________、______________、_________________等功能。

12. 网络层提供的服务主要有_____________和___________两大类。

13. 会话层是 OSI 参考模型的第五层，它利用________层所提供的服务，并向___________层提供由它增加了的服务。

14. TCP/IP 将网络分为__________、___________、___________、___________4 个层。

15. 应用层的主要协议有________、___________、___________和______________。

16. 在网络体系结构中，第 $N$ 层为第 $N$−1 层的用户，同时又为第 $N$+1 层提供___________。

17. 在 TCP/IP 模型中，传输层负责向______________提供服务。

18. 用于实现 IP 地址到 MAC（物理地址）的转换协议是_____________________。

19. Telnet 是_______________________________________________协议。

20. ________是 TCP/IP 参考模型中最重要的一层，主要功能是负责在互联网上传输数据分组。

## 三、判断题

1. TCP/IP 是目前使用较为普遍的网络通信协议。 (　　)
2. 在 OSI 参考模型中，每一层真正的功能是向下一层提供服务。 (　　)
3. 数据链路层传输的数据单位是报文。 (　　)
4. TCP/IP 完全符合 OSI 标准。 (　　)
5. 分层时每一层的功能应非常明确，层数越多越好。 (　　)
6. OSI 参考模型的最高层是应用层，面向用户提供服务。 (　　)
7. 物理层直接与传输介质相连接。 (　　)
8. 应用层是计算机网络与最终用户的接口。 (　　)
9. TCP/IP 协议的工作过程是一个“自上而下，自下而上”的过程。 (　　)
10. UDP 协议一般用来传输少量信息的情况，如数据的查询。 (　　)

## 四、问答题

1. 网络体系结构采用层次化的优点是什么？
2. OSI 参考模型和 TCP/IP 模型的共同点和不同点是什么？

3．简述 OSI 参考模型网络层的主要功能。

4．简述信息在 OSI 参考模型不同层次中的数据单位名称。

5．简述 TCP/IP 的组成及每一层的基本功能。

6．协议是由哪几部分组成？分别有什么作用？

7．虚电路与数据报有什么不同？

8．传输层在 OSI 参考模型中的地位是怎样的？

9．什么是地址解析协议和反向地址解析协议？

10．IP 协议的主要功能是什么？

**五、计算题**

1．已知某主机的 IP 地址为：192.168.100.200，子网掩码为：255.255.255.192，请推导出：该主机所在的网络地址；网络内允许的最大主机数；网络内主机 IP 地址的范围和该网络的广播地址。

2．某公司申请到一个 C 类 IP 地址，但要连接 6 个子公司，最大的一个子公司有 26 台计算机，每个子公司在一个网段中，则子网掩码应设为什么？

3．30.1.43.1/14 分别写出这个地址所属的主类网络地址、子网地址、子网掩码、可用主机地址范围；并算出有多少个子网，并列举出所有子网。

4．一个公司有 5 个部门，每个部门有 20 个人，公司申请了一个 201.1.1.0/24 的网络，请你为该公司做一下 IP 地址规划。（需要算出每个子网的主机数、子网掩码、可用的子网）。

**六、应用题**

1．占据两个山顶的红军和蓝军与驻扎在这两个山之间的白军作战。其力量对比是：红军或蓝军打不赢白军，但红军和蓝军协同作战可战胜白军。红军拟于次日早上 6 点向白军发起攻击，于是给蓝军发送电文，但通信线路很不好，电文出错或丢失的可能性较大，因此要求收到电文的红军必须送回一个确认电文，但确认电文也可能出错或丢失。试问能否设计出一种协议使红军和蓝军能够实现协同作战，并让红军 100%的取得胜利？

2．学生王明希望访问网站 www.sina.com，王明在浏览器中输入 http://www.sina.com 并按回车键，直到新浪网站首页显示在浏览器中，请问：在此过程中，按照 TCP/IP 参考模型，从应用层到网络层都用到了哪些协议？

# 网络设备

要利用计算机建立网络环境，仅有一般的个人计算机是无法完成的。在个人计算机的标准设备上，通常不包含与网络相关的设备，因此如果要架构网络环境，必须通过额外的配置来完成，额外配置的网络设备主要有：传输介质、网卡、集线设备等。本章主要介绍常用的网络设备。

## 3.1 网络传输介质

传输介质是信息传输的物理通道，提供可靠的物理通道使信息能够正确、快速地传递。在网络设计时，必须决定使用什么传输介质。网络中，传输介质不同，网络整体性能上会有很大的差异。传输介质的选择必须根据设计要求将连网需求与介质特性进行匹配，通常需要考虑的性能指标主要有传输速率、成本、抗噪性、可扩展性及连接性这5个方面。

### 3.1.1 介质特性

传输介质是网络通信中传送信息的载体，传输介质的特性对网络中的数据通信质量有很大的影响，这些特性主要包括以下几个方面：

- 物理特性：对传输介质物理结构的描述。
- 传输特性：传输介质允许传送的信号类型（数字或模拟信号），以及调制技术、传输容量与传输频率范围。
- 连通特性：允许点到点连接或多点连接。
- 地理范围：传输介质最大的传输距离。
- 抗干扰性：传输介质防止噪声与电磁干扰对传输数据的影响的能力。
- 相对价格：器材、安装与网络维护的费用。

不同的传输介质都有它自己的特性，用户在决定选择何种介质时，需要了解传输介质特性及各种性能指标，性能指标对用户来说更能说明传输介质的优劣。

### 1．传输速率

传输速率是指单位时间内介质能传输的数据量。传输介质的物理特性决定了它的传输速率。传输速率通常用 Mbps 进行度量。介质的带宽限制了它的最大传输速率，带宽越宽，传输速率就越大，而与传输介质相关的噪声和设备也对传输速率有一定的影响。

### 2．成本

传输介质的成本主要包括介质的购买成本、安装成本、维护和升级成本等。不同介质的购买成本差别很大，如架设同样的一个网络使用双绞线作为传输介质要比使用光纤作为传输介质的成本小很多。安装成本需要考虑施工安装时的管道铺设、安装的难易程度等。维护成本是指网络日常管理的成本中与介质有关的成本，如以前用同轴电缆中的 50Ω 细缆建设的网络在使用中经常出现网络故障，因而维护成本就高。升级成本是指网络升级时部分或全部更换介质的成本。如果几年前选择的介质能够与新的连接硬件兼容或能够满足新的带宽的需要，那么升级成本就很小。

### 3．可扩展性

可扩展性是指网络介质允许的三种物理规格：最大段长度、每段的最大节点数及最大网络长度。一个信号在网络上传输一定的距离后，可能因信号衰减而无法被正确地解释，因此需要使用中继设备进行重发和信号放大。一个信号能够传输并仍能被正确解释的最大距离即为最大段长度。若超过这个长度，可能会发生数据损失。每段最大节点数也与信号的衰减有关，对一个网络段每增加一个设备都将增加信号的衰减，所以为了保证一个清晰的强信号，必须限制一个网络段中的节点数。一个信号从它发送到最后接收之间存在一个时间上的延迟，称为时延。当连接多个网络段时，将增加网络上的时延。每种类型的介质都会标定一个最大的连接段数。

### 4．连接性

连接性是指介质与网络设备的连接特性。网络设备可以是文件服务器、工作站、交换机等。每种网络介质都对应一种特定类型的连接器。所使用的连接器的种类将影响网络安装和维护的成本、网络升级的难易程度。

### 5．抗噪性

噪声会影响数据传输。这里的噪声并非人们日常生活中的噪声，它常指电磁干扰和射频干扰。不同的介质受噪声的影响不同。通常情况下网络布线时应远离强大的电磁源，以减少噪声的影响。如果环境不能避免网络受到影响，应选择抗噪性好的线缆，如光缆。

### 3.1.2　双绞线

在网络布线中使用最多的是双绞线，它使用一对或多对相互缠绕在一起的铜芯电线传输信号。

#### 1．双绞线的结构

由于两个平行的导体可以起到天线的作用，信号可以从一个导体进入到另一个导体，产生相互串扰。双绞线采用了一对互相绝缘的金属导线互相绞合的方式来抵御一部分外界电磁波干扰。把两根绝缘的铜导线按一定密度互相绞在一起，可以降低信号干扰的程度，每一根导线在传输中辐射的电波会被另一根导线上发出的电波抵消。"双绞线"的名字也是由此而来。双绞线由两根 23-26 号绝缘铜导线相互缠绕而成，实际使用时，双绞线是由多对双绞线一起包在一个绝缘电缆套管里的。典型的双绞线有 4 对的，也有更多对放在一个电缆套管里的。双绞线电缆结构如图 3-1 所示。

在双绞线电缆内，不同的线具有不同的扭绞长度，按逆时针方向扭绞。一般扭线越密其抗干扰能力就越强，与其他传输介质相比，双绞线在传输距离、信道宽度和数据传输速度等方面均受到一定限制，但价格较为低廉。

根据是否有屏蔽层，双绞线可分为屏蔽型双绞线（STP）和非屏蔽型双绞线（UTP）。

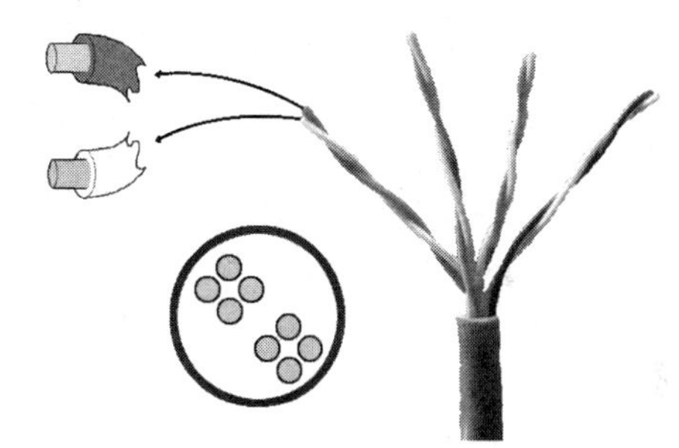
图 3-1　双绞线的结构

#### 2．双绞线的主要特性

双绞线是目前计算机网络中最常用的传输介质，其主要特性如下。

（1）物理特性。

双绞线由按规则螺旋排列的 2 根、4 根或 8 根绝缘导线组成，一对线可以作为一条通信线路，各线对螺旋排列是为了使各线对之间的电磁干扰最小。

（2）传输特性。

在局域网中常用的双绞线根据传输特性可以分为 5 类。在典型的以太网中，常用第 3 类和第 5 类无屏蔽双绞线，通常称为 3 类线和 5 类线。3 类线带宽为 16MHz，适用于语音及 10Mbps 以下的数据传输；5 类线带宽为 100MHz，适用于语音及 100Mbps 的高速数据传输，超 5 类和超 6 类双绞线的标准和产品也已经问世，适用于高速以太网中。

（3）连通性。

双绞线既可以用于点到点连接，也可用于多点连接。

（4）地理范围。

双绞线用作远程中继线时，最大距离可达 15km；用于 10M 以太网时，与集线设备的距离最大为 100m。

（5）抗干扰性。

双绞线的抗干扰性取决于线对的扭曲长度和适当的屏蔽。

（6）价格。

在所有的传输介质中，双绞线的价格是最低的，有些品质相当不错的双绞线价格很便宜，并且安装、维护非常方便。

### 3. 屏蔽双绞线

屏蔽双绞线（Shielded Twisted Pair，STP）是由成对的绝缘实心电缆组成，在实心电缆上包着一层用金属丝编织的屏蔽层，如图 3-2 所示。屏蔽层减少了由电磁干扰（EMI）和射频干扰（RFI）引起的对通信信号的干扰。将一对电线缠绕在一起也有助于减少电磁干扰和射频干扰，但是在一定程度上不如屏蔽层的效果好。要更有效地减少电磁干扰和射频干扰，每一线对上的扭绞的距离必须是不同的。而且，为了获得更好的效果，插头和插座也必须要屏蔽。如果线材上某点的主要屏蔽层损伤了，信号的畸变就会很严重。屏蔽双绞线中的另一个重要因素是要正确接地，以获得可靠的传输信号控制点。在有重型电力设备和强干扰源的位置，推荐使用屏蔽双绞线。屏蔽双绞线、屏蔽型插头连同兼容的网络设备比非屏蔽双绞线要昂贵许多。

图 3-2　屏蔽双绞线

### 4. 非屏蔽双绞线

非屏蔽双绞线（Unshielded Twisted Pair，UTP），也就是我们平时所用的网线，由于其价格相对便宜且易于安装，是我们在局域网组网布线中使用最多的网络电缆。非屏蔽双绞线由位于绝缘保护层内的成对的电缆线组成，缠绕在一起的绝缘电线和电缆外部的套之间并没有屏蔽，如图 3-3 所示。与屏蔽双绞线相仿，内部的每一根线都与另外一根相缠绕以帮助减少对载有数据的信号的干扰。

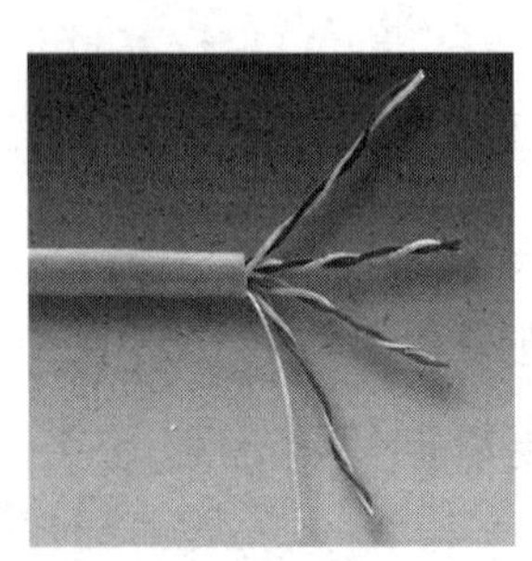

图 3-3　非屏蔽双绞线

1991年，电子工业协会/电信工业协会（EIA/TIA）联合发布了一个标准EIA/TIA-568，它的名称是“商用建筑物电信布线标准”，该标准规定了非屏蔽双绞线工业标准。随着局域网上数据传送速率的不断提高，

EIA/TIA在1995年将布线标准更新为EIA/TIA-568A，此标准规定了5个种类的非屏蔽双绞线标准（从1类线到5类线）。在数据传输网络，当前最常用的UTP是3类线（Category 3，CAT3）、5类线（Category 5，CAT5）与超5类线（Category 5e，CAT E5）。5类线与3类线最主要的区别是一方面大大增加了每单位长度的绞合次数；另一方面，在线对间的绞合度和线对内两根导线的绞合度都经过了精心的设计，并在生产中加以严格的控制，使干扰在一定程度上得以抵消，从而提高了线路的传输特性。3类线与5类线的最大传输速度分别为16Mbps和100Mbps。常见的非屏蔽双绞线电缆特性如表3-1所示。

表 3-1　常见 UTP 电缆特性

| 类　别 | 最大传输速率 | 应　用 |
| --- | --- | --- |
| 1 类 | 2Mbit/s | 模拟和数字语音（电话）通信及低速的数据传输 |
| 2 类 | 4Mbit/s | 语音、ISDN 和不超过 4Mbit/s 的局域网数据传输 |
| 3 类 | 16Mbit/s | 不超过 16Mbit/s 的局域网数据传输，可用于 10BaseT 或 4Mbit/s 的令牌环 |
| 4 类 | 20Mbit/s | 不超过 20Mbit/s 的局域网数据传输，可用于 10BaseT 或 16Mbit/s 的令牌环 |
| 5 类 | 100Mbit/s | 100Mbit/s 距离 100m 的局域网数据传输，除 100BaseT 之外，还支持其他的快速连网技术，如异步传输模式（ATM） |
| E5 类(超 5 类) | 1000Mbit/s | 1000Mbit/s 的局域网数据传输，是 5 类电缆的增强版本，它包括高质量的铜线，能提供一个高的缠绕率，并使用先进的方法以减少串扰 |
| 6 类 | 2.4Gbit/s | 1000Mbit/s 以上的局域网数据传输，应用越来越广泛，是现在网络布线的主流线缆 |
| 6A 类 | 10bit/s | 提高了双绞线扭转率、缆线直径变粗、并从缆线内部利用屏蔽材质隔开两两成对的双绞线，以避免高频讯号互相干扰，以达到 625MHz 高频率表现，并可在 100m 以上的线路距离达成 10Gbps 的传输速度 |

非屏蔽双绞线广泛地应用于计算机网络中，人们常说的“10Base-T”采用的就是非屏蔽双绞线作为传输介质的计算机网络，这是一种价格便宜、易于实现、可靠性高的网络形式。“10Base-T”的名称命名分为三个部分，数字“10”表示带宽，单位为 Mbps，10 表示 10Mbps，若为 100 则表示 100Mbps；“Base”指带宽使用方式，Base 指基带传输，Board 指宽带传输；“T”指传输距离，作为专用符号，若为 2 表示最大传输距离 200m，T 表示介质为双绞线，物理星形拓扑，传输距离为 100m，若为 F 则表示光纤网络。所以“10Base-T”表示带宽为 10Mbps，传输方式为基带传输，使用双绞线作为传输介质。

### 5．非屏蔽双绞线的制作

将双绞线两端连接上 RJ45 接口，就成为一条网络连接线缆。要制作线缆，需要先了解制作网络连接线缆所需要的材料和工具。

（1）线材。

制作网络连接线缆使用较多的是 5 类或超 5 类的双绞线。现在市场上销售的普通线材大都采用硬质纸盒包装，盒上标识着线材的品牌、型号、阻抗、线芯直径等技术参数。通常，一箱线材的长度为 1000 英尺，约合 305m。

在线材的外皮上，每隔 2 英尺，会有一段文字标识，描述线材的一些技术参数，不同生产商的产品标识可能略有不同，但一般应包括以下信息：双绞线的生产商和产品编码、双绞线类型、NEC/UL 防火测试和级别、CSA 防火测试、长度标志、生产日期等。

以下用一个实例来介绍双绞线上的标识：

"*AMP NETCONNECT CATEGORY 5e CABLE E13804 1300 24AWG CM（UL） CMG/MPG（UL） VERIFIED TO CAT 5e 000088022FT 0727*"。其中：

- AMP NETCONNECT 为线缆生产厂商标识，此生产商为安普公司。
- CATEGORY 5e CABLE 表示该双绞线属于 CAT E5 类，即超 5 类线材。
- E13804 1300 为线缆产品型号。
- 24 AWG 说明双绞线是由 24 AWG 直径的线芯构成，铜电缆的直径通常用 AWG（American Wire Gauge）单位来衡量，通常 AWG 数值越小，电线直径越大，常见的有 22/24/26。
- CM（UL）CMG/MPG（UL）说明线材属于通信通用线缆，CM 是 NEC（美国国家电气规程）中防火耐烟等级中的一种，UL 说明双绞线满足 UL（Underwriters Laboratories InC. 保险业者实验室）的标准要求，UL 成立于 1984 年，是一家非营利的独立组织，致力于产品的安全性测试和认证。
- VERIFIED TO CAT 5 表示通过 5 类线的测试标准。
- 000088022FT 表示当前位置，以英尺为单位，1 英尺等于 0.3048m。
- 0727 为生产日期，其中前两位为年份，后两位为星期，本例为 2007 年第 27 周。

（2）RJ45 接头。

RJ45 是在局域网连接中最常见的网络接口，如图 3-4 所示，以与线材接压简单、连接可靠著称。常见的应用场合有：以太网接口、ATM 接口及一些网络设备（如交换机、路由器）的控制（Console）口等。

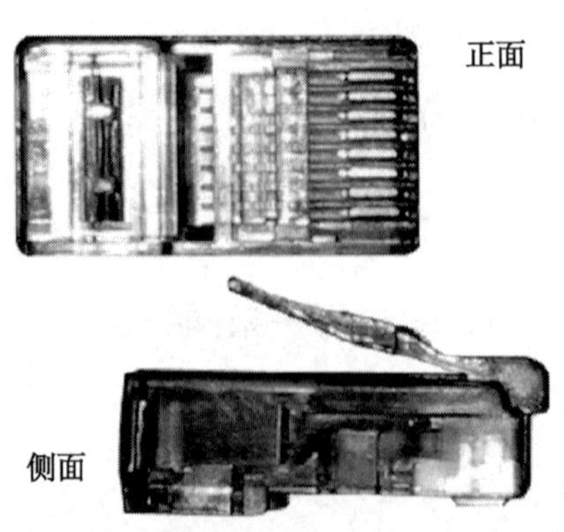


图 3-4　RJ45 接口

RJ45 接口采用透明塑料材料制作，由于其外观晶莹透亮，常被称为“水晶头”。RJ45 接口具有 8 个铜制引脚，在没有完成压制前，引脚凸出于接口，引脚的下方是悬空的，有两到三个尖锐的突起，如图 3-5 所示。在压制线材时，引脚向下移动，尖锐部分直接穿透双绞线铜芯外的绝缘塑料层与线芯接触，很方便地实现接口与线材的连通。

**注意**：没有压制的 RJ45 接口，引脚与插座接触部分还处于凸出的状态。因此严禁将没有压制的 RJ45 接口插入 RJ45 插座中，否则会造成接口损坏。

（3）压线钳。

压线钳的规格型号很多，分别适用于不同类型接口与线缆的连接，通常用 XPYC 的方式来表示（其中 X、Y 为数字），P 表示接口的槽位（Position）数量，常见的有 8P、4P 和 6P，分别表示接口有 8 个、4 个和 6 个引脚凹槽；C 表示接口引脚连接铜片（Contact）的数量。常用的电话通信电缆接口为 4P2C，表示有 4 个凹槽和 2 个引脚。在制作网线前要根据实际情况选择具有合适接口的压线钳，如图 3-6 所示为制作网线最常用的压线钳实物图。压线钳的主要功能是将 RJ45 接头和双绞线咬合夹紧，其主要部分包括剥线口，切线口和压线模块，可以完成剥线、切线和压接 RJ45 接头的功能。

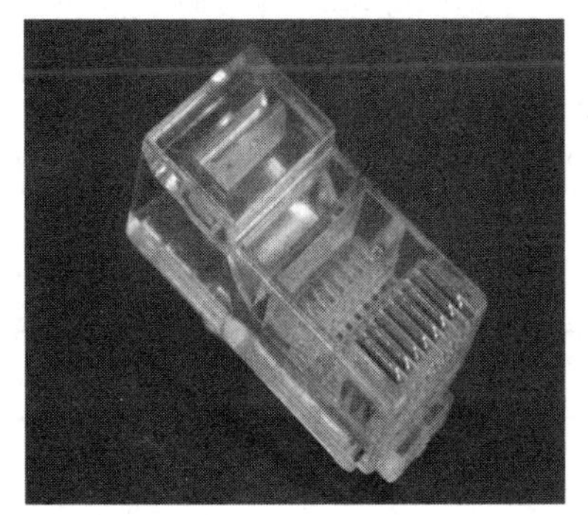

图 3-5　RJ45 接口引脚

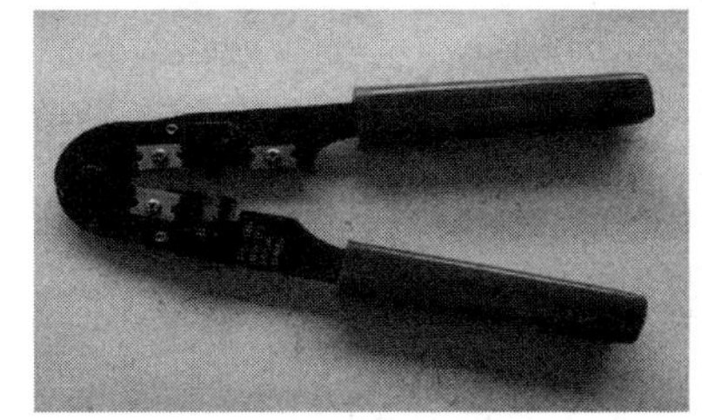

图 3-6　压线钳

（4）双绞线的线序标准。

双绞线在生产时，8 根铜芯的绝缘塑料层分别涂有不同的颜色，分别是：绿白、绿、橙白、橙、蓝白、蓝、棕白、棕。我们在制作线缆时，双绞线与水晶头的连接应该遵循 EIA/TIA 制定的 568B 标准或 568A 标准，EIA/TIA568B 标准线序从左到右：橙白、橙、绿白、蓝、蓝白、绿、棕白、棕。EIA/TIA568A 标准线序为：绿白、绿、橙白、蓝、蓝白、橙、棕白、棕。

（5）网络连接线缆类型。

网络连接线缆可以分为三类：直通线缆、交叉线缆和全反线缆，分别适用于不同设备接口之间的连接。直通线缆两端的线序是一致的；交叉线缆两端线序不同，一端使用 568B 标准，另一端使用 568A 的标准；而全反线缆两端的线序正好完全相反。不同网络线缆的适用环境如表 3-2 所示。

表 3-2 网络连接线缆适用环境

| 线缆类别 | 标准接口线序 | 适用环境 |
|---|---|---|
| 直通线缆 | T568B -T568B、<br>T568A -T568A | 计算机-集线器、计算机-交换机<br>路由器-集线器、路由器-交换机<br>集线器/交换机（Uplink 级联口）-集线器/交换机 |
| 交叉线缆 | T568A -T568B | 计算机-计算机、路由器-路由器<br>集线器-集线器、交换机-交换机<br>集线器-交换机 |
| 全反线缆 | - | Cisco 等网络设备 Console（控制口）专用 |

为了记忆简单，我们可以认为计算机与路由器是一类设备，集线器与交换机是一类设备，同类设备相连使用交叉线缆，不同设备之间相连使用直通线缆，而级联口则是为了连接设备方便，在接口电路内部已经进行了转换。因此，级联口与普通接口相连，即使是同类设备也使用直通线缆。

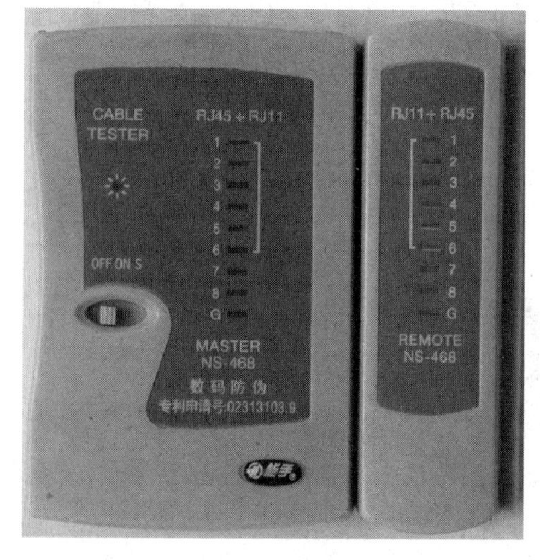


图 3-7 简易线缆测试仪

（6）简易线缆测试仪。

线缆测试仪是用来测试线缆连通性的工具，通常都有两个 RJ45 的接口（有些线缆测试仪上还包括同轴电缆的接口）。其面板上有若干指示灯，用来显示线缆的连通情况，线缆测试仪的实物图如图 3-7 所示。

（7）双绞线的制作。

双绞线的制作一般分为 5 个步骤：剥线、理线、插线、压线和测试。

① 剥线。

取双绞线的一头，用卡线钳剪线刀口将双绞线端头剪齐，再将双绞线端头伸入剥线刀口，使线头触及前挡板，然后适度握紧卡线钳，同时慢慢旋转双绞线，让刀口划开双绞线的保护胶皮，剥出保护胶皮。握卡线钳的力度不能过大，否则会剪断芯线；剥线的长度为 13～15mm，不宜太长或太短。太长，线缆容易折断；太短，绞线不容易插到水晶头的底部，容易造成线路接触不良。

② 理线。

将 4 对线对分离，可看到每个线对都由一根花线和一根彩线缠绕而成，彩线分为橙、绿、蓝、棕四色，对应的花线则分别为橙白、绿白、蓝白和棕白，依次解开缠绕的线对，并按 568B 标准的线序排序，自左到右依次为：橙白、橙、绿白、蓝、蓝白、绿、棕白、棕。

③ 插线。

将 8 条线并拢后用卡线钳剪齐，并留下约 12mm 的长度。一只手捏住水晶头，将水晶头有塑料弹簧片的一侧向下，另一只手捏平双绞线，稍稍用力将排好的线平行插入水晶头内的线槽中，8 条导线的顶端应插入线槽的顶端。双绞线的外皮必须有一小部分伸入接头，同时内部的每一根导线都要顶到 RJ45 接头的顶端。

④ 压线。

确认所有导线都到位后，将水晶头放入卡线钳的压接槽中，通过线缆将接线头压接槽的顶端顶住；用力将压线钳夹紧，然后松开压线钳并取出 RJ-45 接头，双绞线一端的 RJ45 接头就压接完成。用同样的方法制作另一端的水晶头。

⑤ 测试。

将双绞线的两个接头插入测试仪的两个 RJ-45 接口中。打开测试仪开关，此时应能看到一个红灯在闪烁，表示测试仪已经工作。观察测试仪面板上表示线对连接的绿灯，如果绿灯顺序亮起，则表示该线缆制作成功；如果有某个绿灯不亮，则表示某一线缆没有导通，此时需要重做 RJ-45 接头。

## 3.1.3　光缆

光纤是光导纤维的简称，是一种由玻璃或塑料制成的纤维，可作为光传导工具。光纤通信是一门新兴的通信技术，发展非常迅速，已成为大容量通信领域的主要支柱。

### 1. 光缆的结构

光导纤维是一种传输光束的细而柔韧的媒质，光导纤维电缆由一捆纤维组成，简称为光缆，如图 3-8 所示为室内光缆，如图 3-9 所示为室外光缆。

光缆是数据传输中最有效的一种传输介质，光缆中传输数据的是光纤，光纤是一种细小、柔韧并能传输光信号的介质，如图 3-10 所示。光纤由纤芯、包层和涂覆层组成，纤芯是由许多细如发丝的玻璃纤维组成，位于光纤的中心部位，是高度透明的材料；包层的折射率略低于纤芯，从而可以使光电磁波束缚在纤芯内并可长途传输；光纤的包层外涂覆一层很薄的环氧树脂或硅橡胶，其作用是保护包层不受水汽侵蚀，免受机械擦伤，并增加光缆的柔韧性。

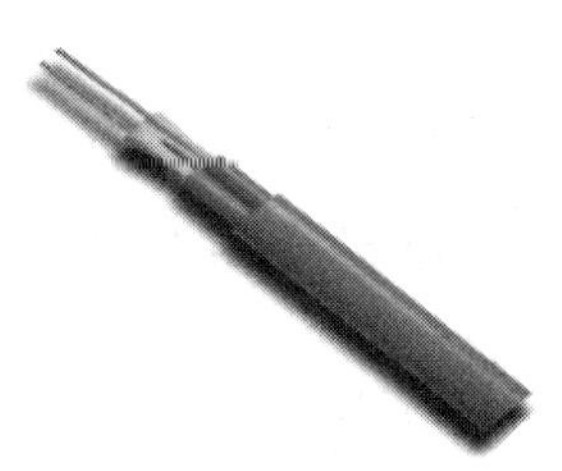

图 3-8　室内光缆

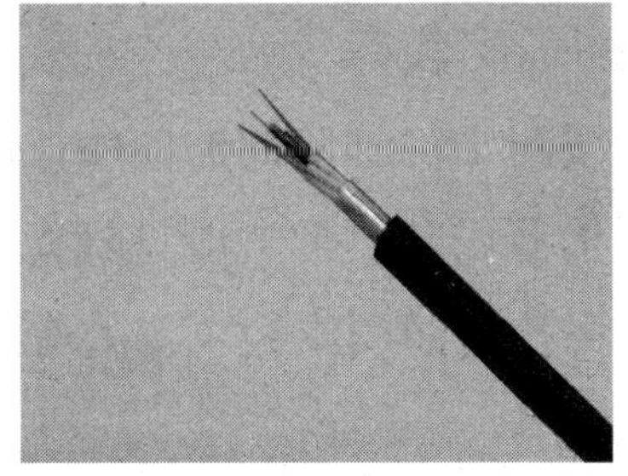

图 3-9　室外光缆

图 3-10　光纤

### 2．光纤的种类

根据光在光纤中的传播方式，光纤有两种类型：多模光纤和单模光纤。所谓“模”是指以一定角度进入光纤的一束光。如果光纤导芯的直径小到只有一个光的波长，光纤就成了一种波导管，光线就不必经过多次反射式的传播，而是一直向前传播，这种光纤称为单模光纤。只要到达光纤表面的光线入射角大于临界角，便产生全反射，因此可以由多条入射角度不同的光线同时在一条光纤中传播，这种光纤称为多模光纤。

① 单模光纤。

单模光纤的纤芯很细（纤芯直径约为8～10μm），采用激光器做光源，只能允许一束光传播，所以单模光纤没有模分散特性，传输距离可以达到几十千米至上百千米，因而适用于远程通信。单模光纤的传输频带宽、容量大，传输距离长，但因其需要激光源，成本较高，通常在建筑物之间或地域分散时使用。

② 多模光纤。

多模光纤的纤芯较粗（纤芯直径约为50μm或62.5μm），可传多种模式的光源。但其模间色散较大，这就限制了传输数字信号的频率，而且随距离的增加会更加严重。因此，多模光纤传输的距离比较近，一般只有几千米。多模光纤多采用发光二极管做光源，整体的传输性能较差，但多模光纤允许多束光在光纤中同时传播，因此成本较低，一般用于建筑物内或地理位置相邻时。

光纤相比其他网络传输介质有着不可比拟的优势。由于光纤通信时传送的是光束而不是电气信号，而光束在光纤中的传输损耗要比传统电信号在传输线路中的损耗低得多。因此，传输距离大大增加。光纤传输采用的光信号不受电磁干扰的影响，适用于严重电磁干扰的场合。光信号没有电磁感应，不易被窃听，安全性高。光纤体积小、重量轻，便于敷设；光纤耐高温、耐腐蚀，可以适应严酷的工作环境。此外，光纤的主要原材料是二氧化硅，是地球的主要构成物质，而传统通信介质的主要原材料是稀有金属铜和铝，其资源严重紧缺，从原材料成本分析，光纤也具有明显的优势。

但光纤也存在缺点：光纤由于线芯极细，一旦发生断裂，其接合难度极大，即便接合成功，衰减也将远远超过正常的线路。此外，光纤虽然原材料成本低廉，但加工工艺要求高，生产成本居高不下，造成市面上光纤价格较高。

当前，光纤在长距离信息传输线路中得到广泛的应用。随着光纤价格的下降，光纤的应用也越来越广泛，如医疗、视听娱乐等场合，常常能见到光纤的身影。随着光纤生产技术的成熟，光纤的价格会越来越低，终将替代铜线成为主要的有线传输介质。

### 3．光纤的熔接（以迪威普光纤熔接机为例说明）

光纤熔接需要专业的工具——光纤熔接机，其工作原理是利用放出的电弧将两根光纤接头处熔化，以达到连接光纤的目的。如图 3-11 所示为国产的迪威普（DVP）牌熔接机，下面的光纤熔接操作也以此为例说明。

迪威普光纤熔接机的操作键盘分为左右两个部分，右键盘有三个功能键如图 3-12 所示，其功能如表 3-3 所示。

左键盘由 7 个功能键组成，如图 3-13 所示，其功能如表 3-4 所示。

图 3-11　光纤熔接机

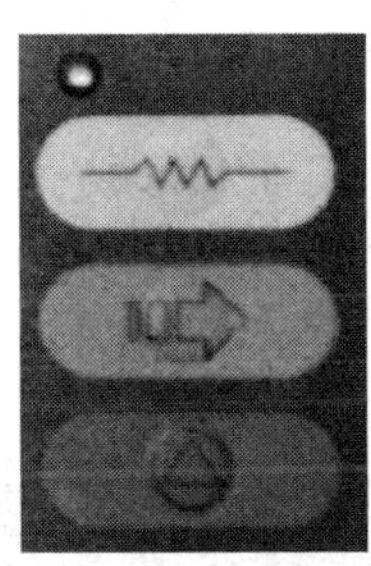

图 3-12　右键盘

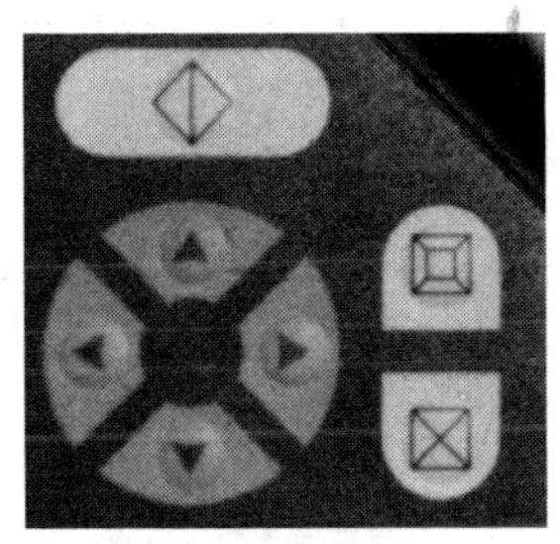

图 3-13　左键盘

**表 3-3　迪威普光纤熔接机右键盘功能表**

| 功能键 | 名　称 | 功　能 |
|---|---|---|
| | 加热键 | 热缩管加热器开关 |
| | 开始键 | 开始光纤熔接程序 |
| | 复位键 | 熔接机复位 |

**表 3-4　迪威普光纤熔接机左键盘功能表**

| 功能键 | 名　称 | 功　能 |
|---|---|---|
| | 左右转换键 | 手动方式下转换左右操作 |
| | 菜单键 | 1．进入菜单设置程序<br>2．确认菜单 |
| | 退出键 | 1．退出菜单设置程序<br>2．退回上一级菜单 |
| | 向下键 | 1．菜单方式下向下滚动菜单条<br>2．手动方式下控制电机调芯方向 |

续表

| 功能键 | 名称 | 功能 |
|---|---|---|
|  | 向上键 | 1．菜单方式下向上滚动菜单条<br>2．手动方式下控制电机调芯方向 |
|  | 向右键 | 1．修改程序值，向上递增<br>2．手动方式下控制电机推进方向 |
|  | 向左键 | 1．修改程序值，向下递增<br>2．手动方式下控制电机推进方向 |

光纤的熔接还需要一些辅助工具，如剪刀、光纤切割刀、光纤剥线钳、酒精棉花和热缩套管等，如图 3-14 和图 3-15 所示。光纤的熔接基本步骤如下。

（1）启动光纤熔接机，设置成需要熔接的光纤类型模式，如图 3-16 所示。

（2）剥外皮并安装热缩套管。用光纤剥线钳的外口在光纤的水平和垂直方向各剪一刀，将光纤外表皮剥去，用凯夫拉剪刀将凯夫拉线剪断，如图 3-17 所示。将需要熔接的光纤套入热缩套管，如图 3-18 所示。

图 3-14　光线切割刀

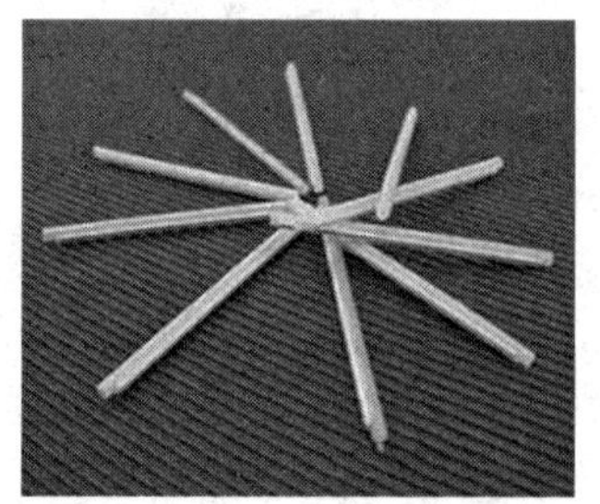

图 3-15　热缩套管

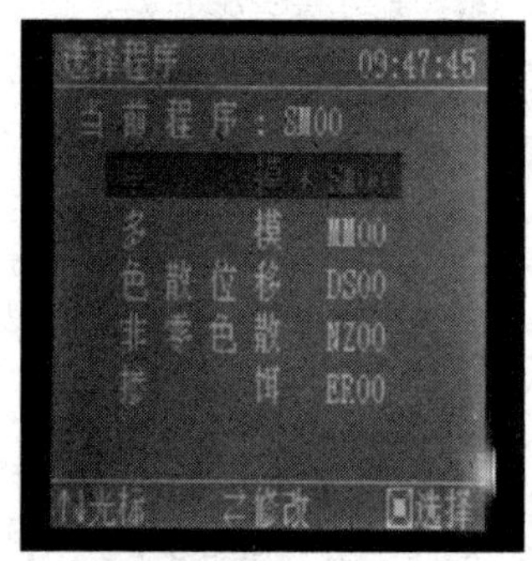


图 3-16　设置光纤类型

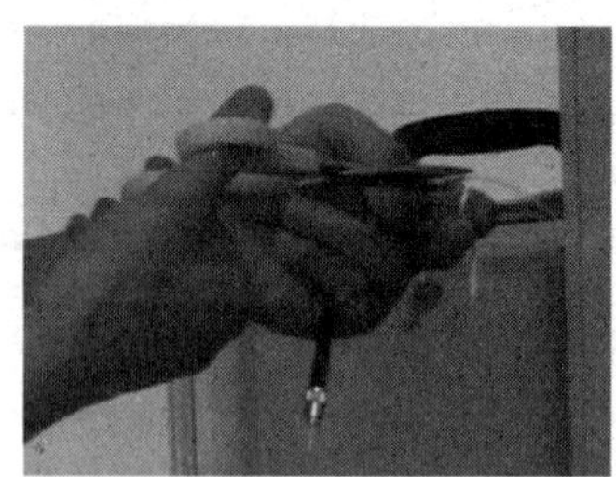

图 3-17　剪断凯夫拉线

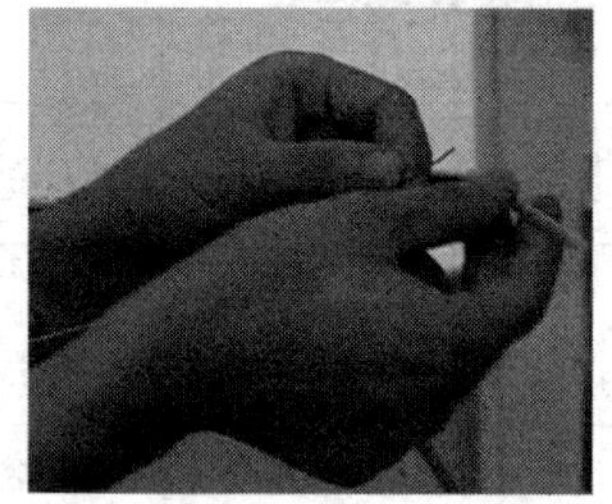

图 3-18　套入热缩套管

（3）剥涂敷层。使用光纤剥线钳小口在垂直方向剪下，再将光纤剥线钳逆时针旋转一定角度，一只手拉紧光纤，慢慢将光纤剥线钳向外剥线，直到将光纤外皮和涂敷层全部剥去，如图 3-19 所示。

（4）清洁光纤并熔接。光纤外皮和涂敷层全部剥去后，用酒精棉沾些酒精将剥好的光纤擦拭 3 次，使其无附着物，使用光纤切割刀切割光纤。打开左右两个压片，将切割滑块从下方移动到上方，将剥好的光纤放入切割刀，将光纤的外皮放在切割刀 16 到 20 刻度之间的位置，把压片精心压下，如图 3-20 所示。

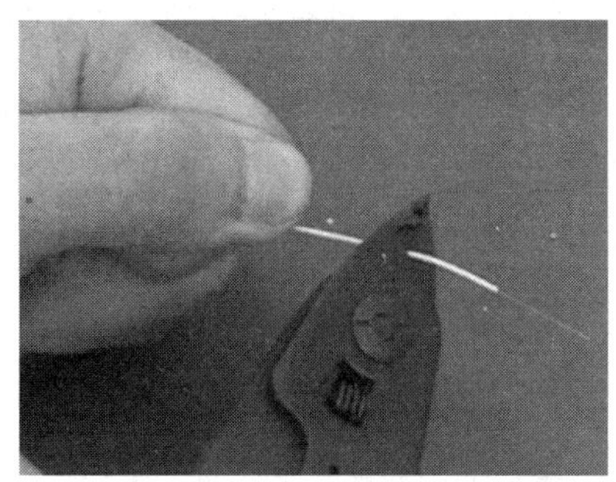
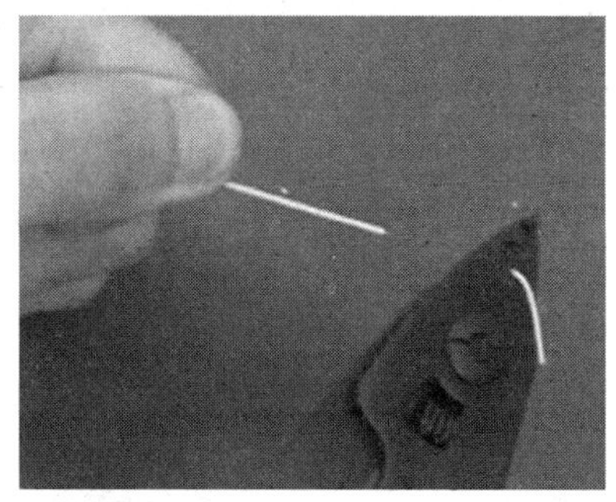

图 3-19　剥光纤外皮

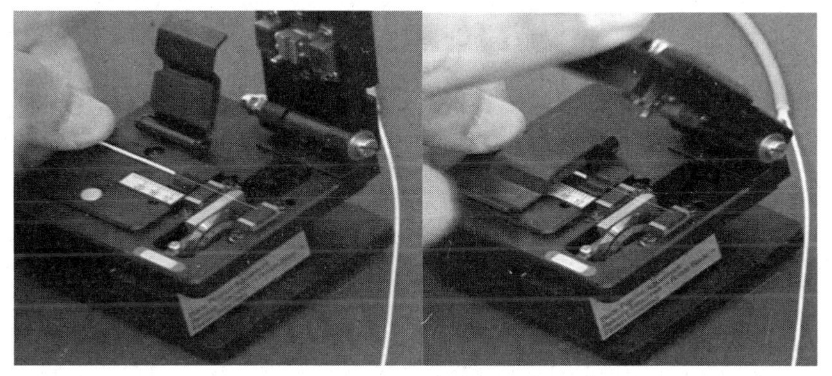

图 3-20　切割光纤

将切割滑块从下方推至上方，打开切割刀的两个压片，此时光纤纤芯已经切割完成。打开光纤熔接机的防风罩，打开中央区域两个电极边的压板，将切割好的光纤小心地放入一个压板下的 V 字槽内（注意光纤不能接触其他任何东西），如图 3-21 所示。此时光纤纤芯的位置应该在上下两个电极的左右两侧，压上压板。用同样方法制作另一根光纤并放入光纤熔接机内，并盖上防风罩。

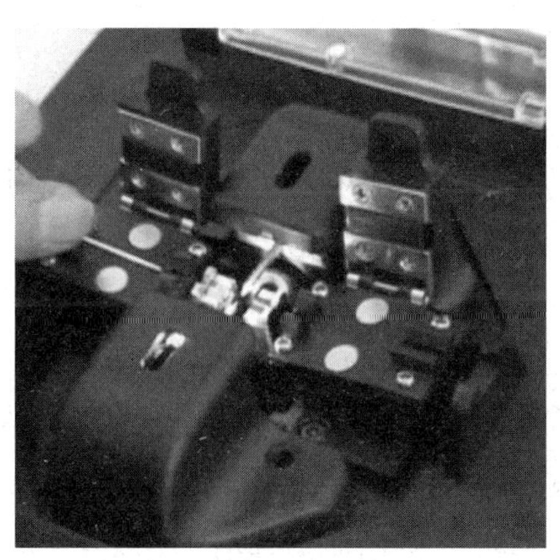

图 3-21　将光纤放入熔接机

按下熔接按键，屏幕显示 *X*、*Y* 轴两个方向的射影情况，熔接机自动对准纤芯并放电熔接，如图 3-22 所示，待熔接完成之后，打开防风罩，打开压板，将光纤小心取出。

（5）加热热缩管。将热缩管慢慢地套入被熔接区域后，将光纤放入熔接机的加热槽，如图 3-23 所示，按下加热按键，对热缩管进行加热，加热指示灯熄灭后，打开加热槽将光纤取出并冷却，一根光纤熔接完成。

图 3-22　光纤熔接过程的屏幕提示

图 3-23　加热热缩管

## 3.1.4　无线传输介质

在计算机网络中，无线传输可以突破有线网络的限制，利用空间电磁波实现站点之间的通信。常见的无线传输介质有红外线、无线电波、微波。

### 1．红外线传输

红外线技术广泛地应用在电视机、空调等家用电器的遥控器中，也可以作为网络通信的介质。它通过使用位于红外频率波谱中的锥形或线型光束来传输数据信号，通信的双方设备都拥有一个收发器，还有同步软件，传输速度一般为 4Mbit/s～16Mbit/s。

红外通信是一种廉价的无线传输方案，实现简单，被广泛应用在移动设备之上，如便携电脑、平板电脑、手机设备等，大都配置了红外传输接口。红外通信是便携设备之间进行临时性数据交换时经常用的接口。

当前，红外技术在计算机系统中更多的应用集中于外设，如红外的键盘、鼠标等。这是因为相比其他无线技术，红外技术更省能源，采用同样的电池，红外无线鼠标的使用时间是采用射频技术无线鼠标的数倍之多。

#### 2. 无线电波传输

无线电波的频率在 $10^4$～$10^8$Hz 之间，含低频、中频、高频、甚高频和特高频，分别属于管制频段和非管制频段。它的传播是全方向的，能从信号源向任意方向进行传播，很容易穿过建筑物，被广泛地应用于现代通信中。由于它的传输是全方位的，所以发射和接收装置不必在物理位置上很准确地对准。

无线电波的特性与频率有关。在较低频率上，无线电波能轻易地通过障碍物，但是能量随着与信号源距离的增大而急剧减小；在高频上，无线电波趋于直线传播并受障碍物的阻挡，还会被雨水吸收。在所有的频率上，无线电波最易受发动机和其他电子设备的干扰，所以，它不是一种好的传输介质。

无线电通信分为单频通信和扩频通信两种。单频通信指信号的载波频率单一，其载波的可用频率范围遍及整个无线电频率，但单频收发器只能在其中的一个频率下工作。扩频通信使用与其他无线电相同的频率范围，但把信号调制在一个很宽的频率范围上。扩频通信中由于信号能量分布在很宽的频率上，在信号能量不变的前提下，信号幅度大大减少，甚至小于噪声的强度，这样用普通的接收机进行接收时就只能收到噪声而无法分离出信号。当使用扩频接收机时，它将原来展宽的频谱又重新压缩，使信号强度恢复，从而将信号从噪声中分离出来。

采用无线电波作为网络传输介质的技术很多，有现在最为流行的无线局域网、GPRS、EDGE 等移动通信服务商提供的无线接入网络，还有在便携设备上广为流行的蓝牙技术等。

#### 3. 微波传输

微波系统作为通信手段在我国使用有很长的历史。在通信卫星使用前，我国的电视网就是依靠大约每 50km 一个微波站来一站一站传送的，这样的微波站属于地面微波系统。在通信卫星使用后，电视信号先传送给同步卫星，再由卫星向地面上转发，覆盖极大的区域，这种系统属于星载微波系统。

微波系统一般工作在较低的兆赫兹频段，地面系统通常为 4～6GHz 或 21～23GHz，星载系统通常为 11～14GHz，沿着直线传播，可以集中于一点，微波不能很好地穿过建筑物。微

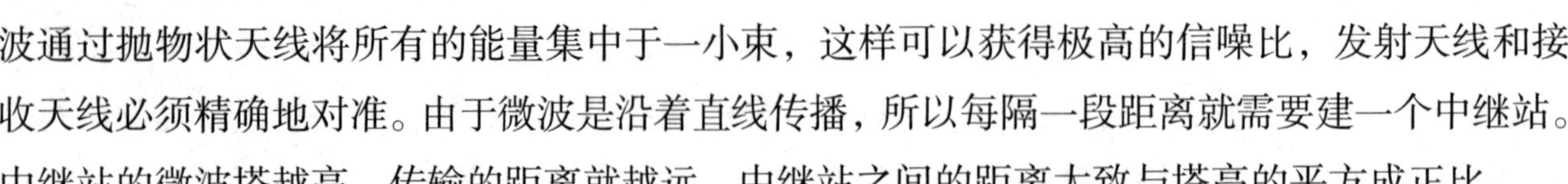

波通过抛物状天线将所有的能量集中于一小束，这样可以获得极高的信噪比，发射天线和接收天线必须精确地对准。由于微波是沿着直线传播，所以每隔一段距离就需要建一个中继站。中继站的微波塔越高，传输的距离就越远，中继站之间的距离大致与塔高的平方成正比。

地面微波系统在各个微波站之间用抛物面天线进行通信，两微波站在天线之间应该无任何物体阻隔。由于微波系统中各站之间不需要电缆连接，因此在一些特殊的场合具有不可替代性。如需要通过一块荒无人烟的沼泽地，或在一个隔江相望的峡谷两边，在这种地方埋设电缆费时费力，有时几乎是不可能，日后的维护也是一项比较困难的事情。在这种情况下，微波站是正确的选择，既节约了初始建设费，日后使用和维护也方便很多。

在星载微波系统中，发射站和接收站设置于地面，卫星上放置转发器。地面站首先向卫星发送微波信号，卫星在接收到该信号后，由转发器将其向地面转发，供地面各站接收。星载系统覆盖面积极大，理论上一颗同步卫星可以覆盖地球 1/3 的面积，三颗同步卫星就可以覆盖全球。用户的地面设备包括一个 0.75～2.4m 直径的抛物面天线、接收机、电缆等。我们可以将一颗卫星看作是一个集线器，将各接收站看作是一个网络节点，这样就形成了一个星形网络。

微波通信相对比较便宜，目前已经被广泛地应用于长途电话、蜂窝电话、电视转播和其他的应用中。

## 3.2 物理层设备

物理层是开放系统互连参考模型 OSI 分层体系结构中的最底层，是建立在通信介质基础上，实现系统和通信介质的物理接口。利用机械、电气的特性和规程特性，在数据终端设备和数据通信设备之间，实现对物理链路的建立、保持和拆除的功能。在众多的网络设备中，调制解调器、集线器和中继器是工作在物理层上的网络设备。

### 3.2.1 中继器

中继器是一种简单的网络互连设备，工作于 OSI 的物理层。它主要负责在两个节点的物理层上按位传递信息，具有信号的复制、调整和放大的功能，可扩展局域网网段的长度。一般情况下，中继器的两端连接的是相同的媒体，如图 3-24 所示，但也有可以完成不同媒体转接工作的中继器，如图 3-25 所示。

图 3-24　中继器

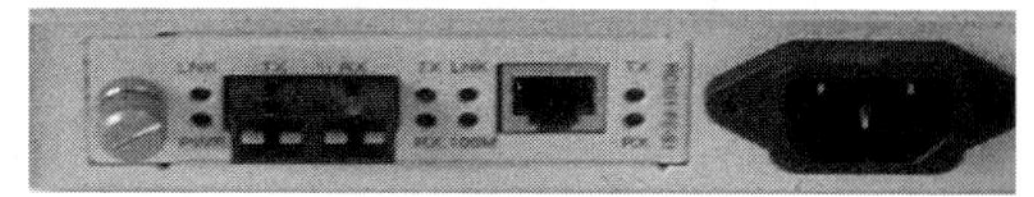

图 3-25　中继器

### 1. 中继器的功用

中继器又称为“转发器”，主要作用是对信号进行放大、整形，使衰减的信号得以“再生”，并沿着原来的方向继续传播，在实际使用中主要用于延伸网络长度、连接不同网络。

由于传输线路噪音的影响和信号本身的衰减，传输信号总有一个最大的传输距离。当网络的跨越距离过大时，信号逐渐地衰减，从而导致网络尾端的接收设备无法正确识别。此时，可以使用中继器来对信号进行加强。另外，当某些节点要添加到网络上，电缆通过无源设备延伸，简单地将一个网段连接到另一个网段上，但是最终与其他网段连接的电缆将会超过允许的长度。此时，可以使用中继器来进行网段间的连接，以达到扩充工作站数目的目的。这样，中继器在网络互连中起到了扩展网络连接距离和扩充工作站的作用，如图 3-26 所示。中继器将两个网络连接起来后，两个网络就变成了一个网络，如图 3-27 所示，如果用户需要连接后仍充当两个网络使用，则需要使用网桥进行连接。

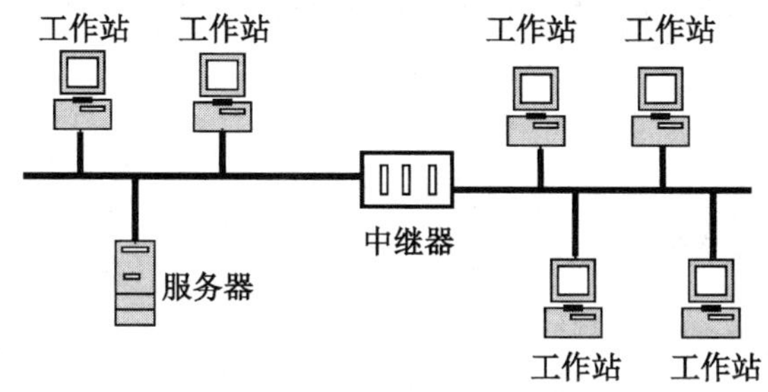


图 3-26　中继器扩展网段

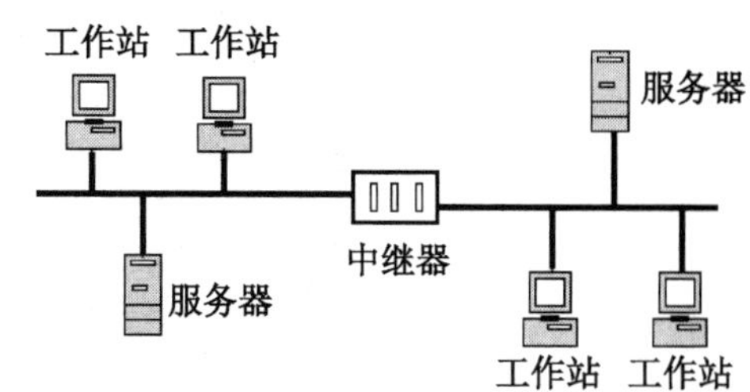


图 3-27　中继器连接网络

### 2. 中继器的分类

根据所连接传输介质的不同，中继器可以分为以下几类：

（1）粗缆中继器。可以将两个粗缆（10Base5）段连接起来。

（2）细缆中继器。可以将两个细缆（10Base2）段连接起来。

（3）双绞线中继器。用于连接两个双绞线连接的网络，共享式集线器就是一个多端口的双绞线中继器。

（4）光纤中继器。将两个光纤连接在一起，如采用四个光纤中继器时，光纤总长度不能超过 1000m。

（5）混合型中继器。可以将两个不同类型的传输介质连接在一起。

根据用户采用的传输介质的不同，在选购中继产品时需要注意以下两个问题：

（1）接口。

传输介质不同，网络接口也不一样，中继产品的接口要与用户网络的接口类型一致才能连入网络。如连接 10Base2 网段时应选择带有 BNC 接口的中继器，而 10BaseT 网段使用的是 RJ-45 接口的中继器。

（2）扩展距离。

网络的扩展不是无限制的，不同的介质组建的网络都有一个最大的网络长度。如 10Base5 网络所有网段的集合长度不能超过 2500m，最大网段长度为 500m，中继器对可扩展的距离都有严格的限制，在选购时需要注意。

### 3．中继器的特点与不足

中继器工作在物理层，它不解释也不改变接收的信号，只是增强信号，起着延长传输距离的作用，对高层协议是透明的，用中继器连接的网络在物理上和逻辑上是同一个网络，相当于用同一条电缆组成的一个更大的网络。

中继器可以将局域网的一个网段与另一个网段连接起来，并且可以连接不同类型的介质，但是，中继器不能无限制地延长网络距离。任何两个数据终端设备间允许的传输通路最多由 5 个中继网段、4 个中继器组成，其中只能在 3 个网段上允许存在数据终端设备，如图 3-28 所示。

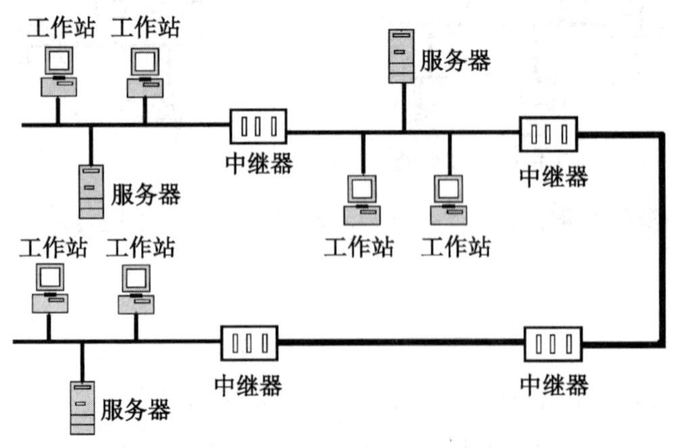


图 3-28　多个中继器扩展网络

中继器只是物理层设备，它既不关心帧的起点，也不关心帧的格式，不具有过滤作用，因而使用它后有可能增加所连接两个物理网络段的数据负荷量。随着网络的通信负载加重，采用这种扩大网络的方法会遇到一些困难，一旦大量用户使用同一带宽会发生冲突，加上考虑到延时和衰减等原因，网络中中继器的数量不宜过多，它只适用于较小地理范围内的相对小的局域网，一般少于 100 个网络节点。

## 3.2.2　集线器

在我们日常接触的计算机网络中，一般是网络中最简单的小型局域网，它们的构成简单，通常都是以集线器为中心。集线器是局域网中重要的部件之一，它是网络连线的中央连接点，网络中的计算机都要与之相连。

### 1．集线器的概念

集线器又称集中器，平时人们都习惯地称之为“Hub”，是双绞线网络中将双绞线集中到一起以实现连网的物理层网络设备，对信号有整形放大的作用，其实质是一个多端口的中继器，其外形如图 3-29 所示。

图 3-29　24 口百兆集线器

典型的集线器有多个用户端口，用于连接计算机和网络服务器之间的外围设备，每一个端口支持一个来自网络节点的连接。当一个网络数据包从一个节点发送到集线器上时，它就被复制到集线器的所有端口。此时，所有与该集线器相连的网络节点都能看到该数据包。

集线器是一个共享设备，网络中所有用户共享一个带宽。例如，如果使用集线器构建 100BaseT 网络，则网络中的全部计算机将共享 100M 的带宽。所以，利用集线器构建的网络称为共享式网络。

集线器又是一个多端口的信号放大设备。当某个端口接收到数据信号时，由于信号从源端口到集线器的传输过程中已经有了一些衰减，集线器便会将该信号进行整形放大，使已经衰减的信号恢复到发送时的状态，然后将信号复制到所有处于工作状态的端口，利用集线器可以扩展网络的传输范围。

集线器主要用于星形以太网中，它是解决从服务器直接到桌面的最经济的方案，使用集线器组网灵活，对节点相连的工作站进行集中管理，不让出问题的工作站影响整个网络的正常运行，用户的加入与退出也很方便、自由。集线器组网示意图如图 3-30 所示。

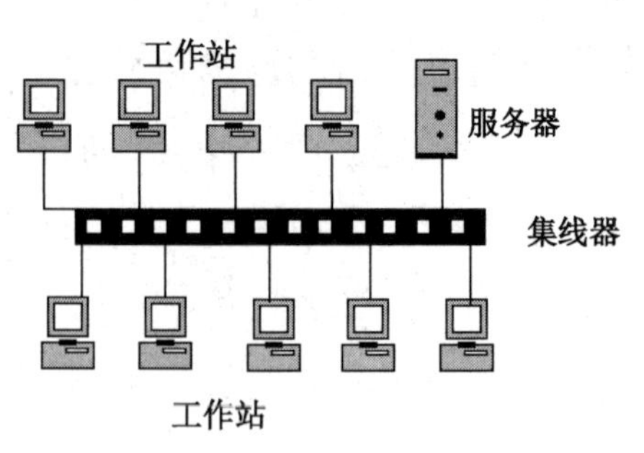


图 3-30　集线器组网示意图

## 2．集线器的分类

集线器的种类有多种，其分类方法也有多种，简要介绍如下。

（1）依据带宽进行分类。

这是集线器的最常用的一种分类法，依据带宽的不同，可以将集线器分为 10Mbps、100Mbps、10/100Mbps 自适应型双速集线器和 1000Mbps 集线器等。

所谓 10Mbps 集线器，是指该集线器中的所有端口均只能提供 10Mbps 的带宽。100Mbps 只能提供 100Mbps 的带宽。而 10/100Mbps 自适应集线器，也称双速集线器，它可以在 10Mbps 和 100Mbps 之间进行切换。目前所有的双速集线器均可以自适应，其内置了两条总线，可以分别工作在两种不同的速率下，它的每个端口都能自动判断与之相连接设备所能提供的连接速率，并自动调整与之相适应的最高速率。

千兆级的集线器价格较贵，目前使用并不多，如图 3-27 所示为一款千兆集线器。

图 3-31　千兆集线器

（2）按照管理方式分类。

按照管理方式的不同，集线器可以分为哑集线器和智能型集线器两种。

所谓哑集线器是指不可管理的集线器，属于低端产品；智能型集线器是指能够通过简单网络管理协议对集线器进行简单管理的集线器。哑集线器只起信号放大和复制的作用，无法对网络进行性能优化，哑集线器使用的网络中必须要有一台以上的服务器，它不能用于对等网中。智能型集线器改进了哑集线器的缺点，增加了网络交换功能，具有网络管理和自动检测端口速率的能力（类似于交换机）。目前，市场上大部分的集线器都属于智能型集线器。

（3）按配置形式分类。

按照配置形式集线器可以分为独立集线器、模块化集线器和可堆叠式集线器等，各类集线器的特点如下。

独立式集线器。这类集线器具有价格低、网络管理方便、容易查找故障等优点，主要用于构建小型局域网，如图3-29所示。

模块化集线器。这类集线器带有一个机架和若干插槽，每个插槽可以安装一块相当于独立型集线器的卡，各卡之间通过安装机架上的通信板进行互连并通信，此类集线器主要用于大型网络。

可堆叠集线器。这类集线器利用高速总线，将若干个可堆叠集线器进行“堆叠”，其功能类似于一个模块化集线器，如图3-32所示。

图3-32 可堆叠式集线器

当集线器的端口不够用时，可以通过两种方式进行扩展来增加端口数：级联和堆叠。可堆叠集线器是指能够使用专门的连接线，通过专用的端口将若干个集线器堆叠在一起，从而将堆叠的几个集线器视为一个集线器来使用和管理。堆叠数量可以达到5～8个，可堆叠的层数越多，说明集线器的稳定性越好。由于堆叠中的集线器端口均为共享带宽，即时刻只有一对端口传输数据，当堆叠的集线器层数较多、连接的计算机数量较多时，连接在各个端口的计算机相互争用带宽，会使数据传输效率和速率变得非常低，过多的堆叠能力并不能提高集线器的传输能力。级联是在网络中增加节点数的另一种方法，但是这项功能的使用通常是有条件的，集线器必须提供可级联的端口，这种端口上通常标有“Uplink”字样，如图3-33所示，用此端口与其他集线器进行级联。如果没有专门的级联端口，当需要级联时，连接两个集线器的双绞线必须进行跳线。

图3-33 集线器的Uplink端口

此外，集线器还可以按每个集线器的连接端口进行分类，可以将集线器分为8口、16口、24口集线器；也可以按集线器的外形进行分类，可以将集线器分为机架式和桌面式两种。每种分类方法各有其特点，并不需要进行严格区别。

### 3. 集线器的连接

集线器的连接主要有两种情况，一种是集线器与计算机网卡之间的连接，另一种是集线器与集线器的连接。

（1）集线器与计算机网卡的连接。

在集线器正面的面板上有许多个端口，这些端口就是 RJ-45 插孔，将按照直通线制作好的网线的水晶头一端插入集线器的插孔中，另一端插入计算机网卡的插孔中即可。

集线器的面板上有各个端口的状态指示灯，通过这些指示灯用户可以知道哪些端口连接了网络设备，哪些端口在传输数据等信息。面板上还有集线器本身的通电和工作状况的指示灯，在集线器的背面有用于连接电源的电源插座，打开集线器的电源，网络就开始工作了。

（2）集线器之间的连接。

当网络中的工作站点的数量超过一个集线器的端口数量时，集线器的端口就不够用了，此时必须增加集线器来提供更多的端口，此时需要将两个或更多个集线器进行连接。通常情况下，集线器之间的连接是采用级联的方式。把制作好的网线一端接在集线器的普通端口上，另一端接在另一个集线器的级联端口上即可将两个集线器级联起来。

如果，集线器没有提供级联端口，可以使用两个普通端口进行连接以扩展网络的节点，但此时的连接所用的双绞线需要进行跳线。将按照跳线制作好的网线的两端分别插入一个集线器的插孔中，接通电源，连接就完成了。

## 3.3 数据链路层设备

数据链路层作为 OSI 模型的第二层，是基于物理层的服务，通过数据链路协议，把由位组成的数据帧从一个节点转送到相邻节点，为网络层提供透明的、正确有效的传输线路。工作于数据链路层的网络设备主要有网卡、交换机和网桥。

### 3.3.1 网卡

网卡是网络接口卡的简称，也称为网络适配器，是计算机网络中必不可少的基本网络设备。网卡是网络接入设备，是单机与网络中其他计算机之间通信的桥梁，为计算机之间提供透明的数据传输，每台接入网络的计算机都必须安装网卡。网卡在网络中主要是将计算机的数据封装成帧，通过连接到网卡上的网线将数据发送到网络上去，并接收从网络上传来的数据帧，将帧重新组合成数据，发送到所在的计算机中。

一般情况下，网卡都是安装在计算机主板的扩展槽上的，有少部分通过计算机的其他接口与计算机相连（PCMCIA），还有的网卡是直接集成在计算机的主板上的，不需要另外安装。

### 1. 网卡的结构

网卡与计算机中的其他板卡一样，是一块布满了芯片和电路的电路板，这些芯片和电路板主要由以下几个部分组成：LAN管理部分、微处理器部分、曼彻斯特编码器、发送器和发送控制部分与接收器和接收控制部分组成，如图3-34所示。

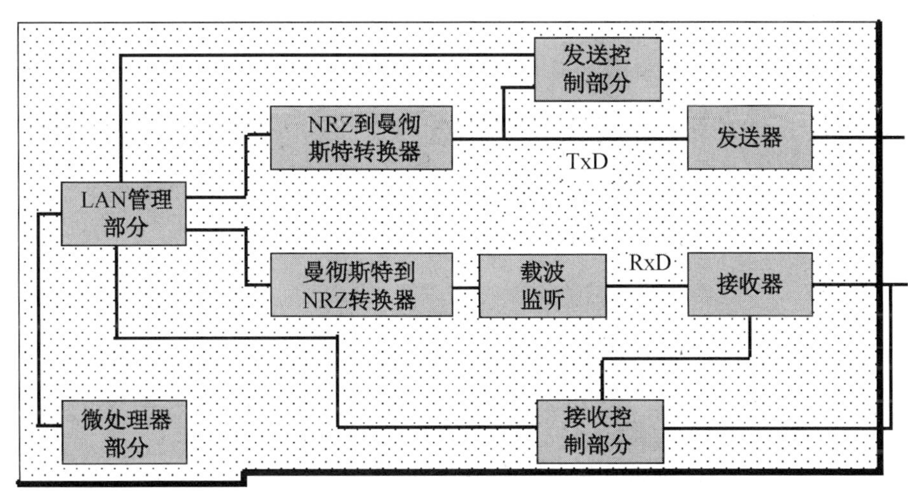


图3-34 网卡的结构

LAN管理部分是网卡的核心，负责执行所有的规程和数据处理。

微处理器部分包括微处理器芯片、RAM芯片和ROM芯片，该部分在计算机和LAN管理部分之间提供链接。当计算机有数据需要发送时，便中断微处理器部分，将数据存储于RAM中，命令它发送数据。微处理器将来自计算机的信号转换为LAN管理部分可接受的格式后，命令LAN管理部分将数据发送到网络上，同时，微处理器监视发送过程，以检查发送是否成功。如果计算机需要从网络上接收数据，它便中断微处理器，并通知它进行数据的接收，微处理器通过命令LAN管理部分开始接收帧来响应，一旦接收的数据由LAN管理部分处理结束，微处理器便向计算机申请中断，将接收到的数据传送给计算机。

以太网规定数据的传输必须用曼彻斯特编码进行，当计算机希望将数据发送到网络上时，总是以并行方式将数据逐字节地传给LAN管理部分，LAN管理部分串行传给NRZ（不归零）到曼彻斯特编码器，将其进行编码后传送给发送器发送。

发送和发送控制部分负责帧的发送，由图3-34可以看出，发送部分接受来自“NRZ到曼彻斯特转换器”的曼彻斯特码数据，并在发送控制部分允许的条件下将数据发送到媒体，发送的数据称为TxD。

接收和接收控制部分负责帧的接收，这一部分产生网络是否有载波存在的信号，产生的

依据是从 RxD 中获得。网络上的信号一方面要送给接收器，另一方面要送给接收控制部分。

### 2. 网卡的分类

网卡种类繁多，可以从其总线类型、网络接口、网络类型、支持的带宽等不同的角度进行划分，下面就是网卡常用的几种划分方法。

（1）按总线类型划分。

按总线类型，可以将网卡分为 ISA 网卡、PCI 网卡及专门用于笔记本电脑的 PCMCIA 网卡。

① ISA 总线网卡。

ISA 总线网卡是 16 位总线，带宽为 8.33MHz，CPU 的占用率高，速度较慢，不能使用快速数据转换，最大传输速率只能到 10Mbps。由于其自身的弱点与缺陷，ISA 总线网卡现在已经被淘汰。如图 3-35 所示为 ISA 总线网卡。

② PCI 总线网卡。

PCI 总线分为 32 位和 64 位两种，32 位通常是用于一般台式机使用的普通的 PCI 接口，如图 3-36 所示。64bit 接口比 32bit 接口长一些，一般只出现在服务器上。32bit 和 64bit 都有 5V 和 3.3V 电压两种，5V 电压的是 PCI2.1 标准的时钟频率为 33MHz，3.3V 电压的是 PCI2.2 标准以后出现的可以工作在 66MHz 的时钟频率上。32 位的 PCI 接口生命力很顽强，即使现在最新的主板上也会留几个插槽，不过 64 位的 PCI 网卡在服务器上也是昙花一现，基本被淘汰了。

图 3-35　ISA 总线网卡

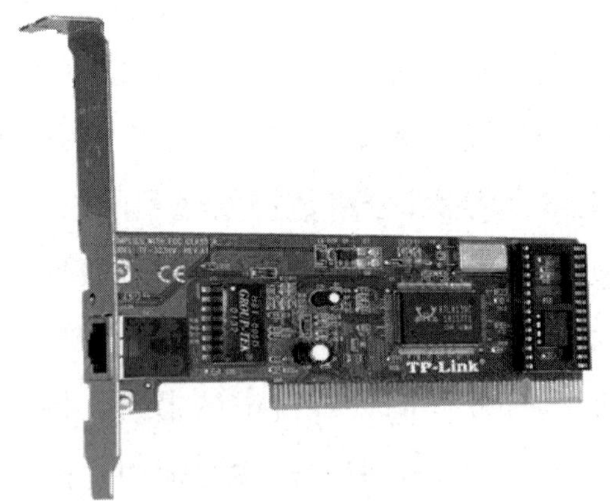


图 3-36　32 位 PCI 总线网卡

③ PCMCIA 网卡。

PCMCIA 网卡是用于笔记本电脑的一种网卡，如图 3-37 所示，大小与扑克牌差不多，只是厚度厚一些，有 5mm 左右。PCMCIA 是笔记本电脑使用的总线，PCMCIA 插槽是笔记本电脑用于扩展功能使用的扩展槽。

④ PCI-X 网卡。

PCI-X 在外形上和 64 位的 PCI 网卡基本上是一样的，如图 3-38 所示，但是它们使用的是不同的标准，PCI-X 的插槽可以兼容 PCI 的卡（通过针脚区分），PCI-X 也是共享总线的，插多个设备传输速率会下降。PCI-X 一般只出现在服务器主板上，不过现在也逐步被 PCI-E 取代，很多厂商的服务器都已经不提供 PCI-X 的插槽了。

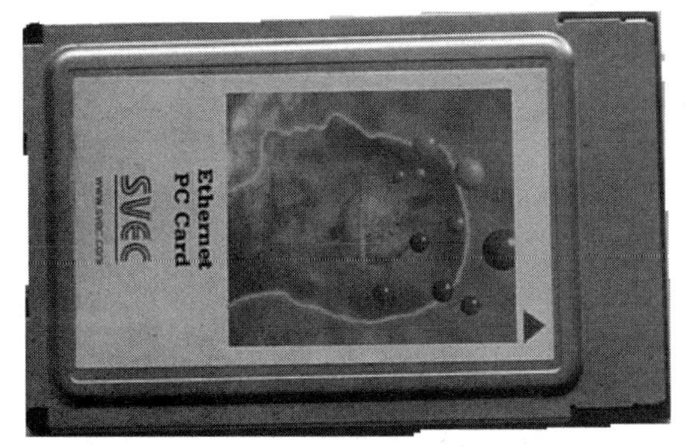

图 3-37　PCMCIA 总线网卡

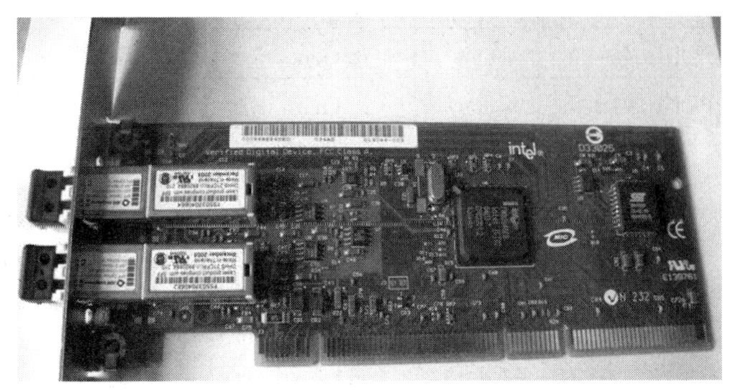


图 3-38　PCI-X 总线网卡

⑤ PCI-E 网卡。

PCI Express 是 INTEL 提出的新一代的总线接口，PCI Express 采用了目前业内流行的点对点串行连接，比起 PCI 以及更早期的计算机总线的共享并行架构，每个设备都有自己的专用连接，不需要向整个总线请求带宽，而且可以把数据传输率提高到一个很高的频率，达到 PCI 所不能提供的高带宽。相对于传统的 PCI 总线在单一时间周期内只能实现单向传输，PCI Express 的双单工连接能提供更高的传输速率和质量。PCI-E 插槽是可以向下兼容的，如 PCI-E 16X 插槽可以插 8X、4X、1X 的卡。现在的服务器一般都会提供多个 8X、4X 的接口，以取代以前的 PCI-X 接口，如图 3-39 和图 3-40 所示为 PCI-E 1X 和 PCI-E 4X 的网卡。常见 PCI 网卡的主要参数对比见表 3-5。

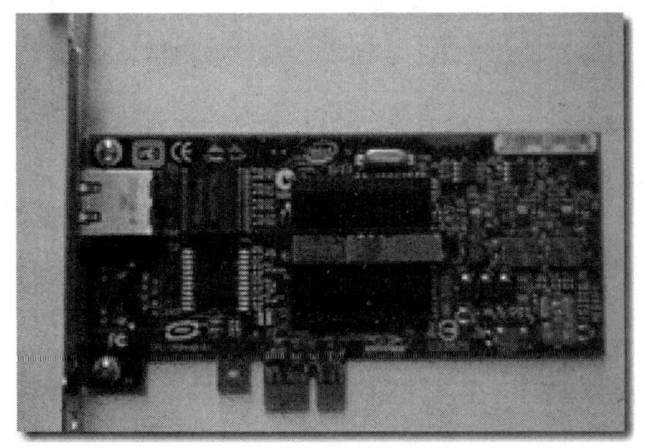

图 3-39　PCI-E 1X 的网卡

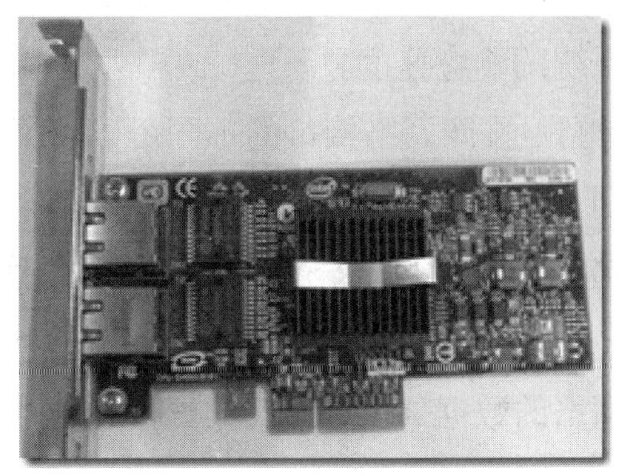

图 3-40　PCI-E 4X 的双端口网卡

表 3-5　PCI 网卡的主要参数对比

| 标准 | 总线 | 时钟 | 传输速度 |
| --- | --- | --- | --- |
| PCI 32bit | 32bit | 33MHz、66MHz | 133Mb/s、266Mb/s |
| PCI 64bit | 64bit | 33MHz、66MHz | 266Mb/s、533Mb/s |
| PCI-X | 64bit | 66MHz、100MHz、133MHz | 533Mb/s、800Mb/s、1066Mb/s |
| PCI-E X1 | 8bit | 2.5GHz | 512Mb/s（双工） |
| PCI-E X4 | 8bit | 2.5GHz | 2Gb/s（双工） |
| PCI-E X8 | 8bit | 2.5GHz | 4Gb/s（双工） |
| PCI-E X16 | 8bit | 2.5GHz | 8Gb/s（双工） |

（2）按带宽划分。

按网卡所支持的带宽划分，网卡有 10Mbps 网卡、100 Mbps 网卡、10/100 Mbps 自适应网卡和 10/100/1000 Mbps 自适应网卡。

① 10Mbps 网卡。

现在，10Mbps 的网卡除了在老式网络和对传输速率没有较高要求的网络中使用外，已经很少有人再去用它，虽然 10Mbps 的带宽用于传统的办公网络性能还是相当不错的，但是 10Mbps 网卡与 10/100Mbps 自适应网卡在价格上相差无几，性能差异却非常大，因此单纯的 10Mbps 网卡已经非常少了，单纯的 10Mbps 的网卡基本上都是 ISA 总线的。

② 10/100Mbps 自适应网卡。

10/100Mbps 自适应网卡是目前最流行的网卡，该网卡具有一定的智能，可以与远端的网络设备自动协商，以确定当前可以使用的速度是 10Mbps 还是 100Mbps。也就是说，当对方能够提供的最高连接速率为 10Mbps 时，本端也只能使用 10Mbps 速率，当对方能够提供的是 100Mbps 速率时，则本端也采用 100Mbps 连接。

③ 10/100/1000Mbps 自适应网卡。

千兆以太网网卡目前多用于服务器，提供服务器与交换机之间的高速连接，以提高网络主干系统的响应速度。

此外，按照网络接口的不同可以将网卡分为粗缆网卡（AUI 接口网卡）、细缆网卡（BNC 接口网卡）和双绞线网卡（RJ-45 接口网卡），这种分类方式是由于采用了不同的传输介质而导致接口类型的差异，产生不同接口类型的网卡；按照网络类型的不同可以将网卡分为以太网卡（最常见的网卡）、FDDI 网卡、令牌环网卡和 ATM 网卡，这种分类方式是由于不同类型的网络的数据处理方式及数据格式的不同，因而需要不同类型的网卡进行相应的数据处理。

### 3．网卡的安装

网卡的安装包括硬件的安装和驱动程序的安装。

（1）硬件的安装。

硬件的安装可以按如下步骤进行：

关闭主机电源，打开主机箱，用水洗手或用手摸一下墙壁等装置，以释放手上的静电，防止静电破坏网卡；拧下主机箱后部挡板上固定防尘片的螺丝，取下防尘片，将网卡对准插槽，然后用适当的力气平稳地将网卡向下压入槽中；将网卡的金属挡板用螺丝固定在条形窗口顶部的螺丝孔上，这个小螺丝既固定了网卡，又能有效地防止短路和接触不良，还连通了网卡与电脑主板之间的公共地线；合上主机箱盖；将网络电缆线插入网卡的接口中；打开计算机电源开关，如果电缆线是连通的，网卡后面的指示灯会亮。

（2）驱动程序的安装。

安装好网卡后，打开计算机电源，启动计算机操作系统，正常情况下，此时系统会提示发现新的硬件设备，需要安装驱动程序。将装有网卡驱动程序的软盘或光盘插入计算机的相应设备中，根据计算机的安装提示，进行相应的选择设置就可以完成网卡驱动程序的安装。

安装的网卡是否有问题，或驱动程序是否正常工作，可以在系统属性中进行查看。如果查看情况如图 3-41 所示，就表明网卡能正常工作了。

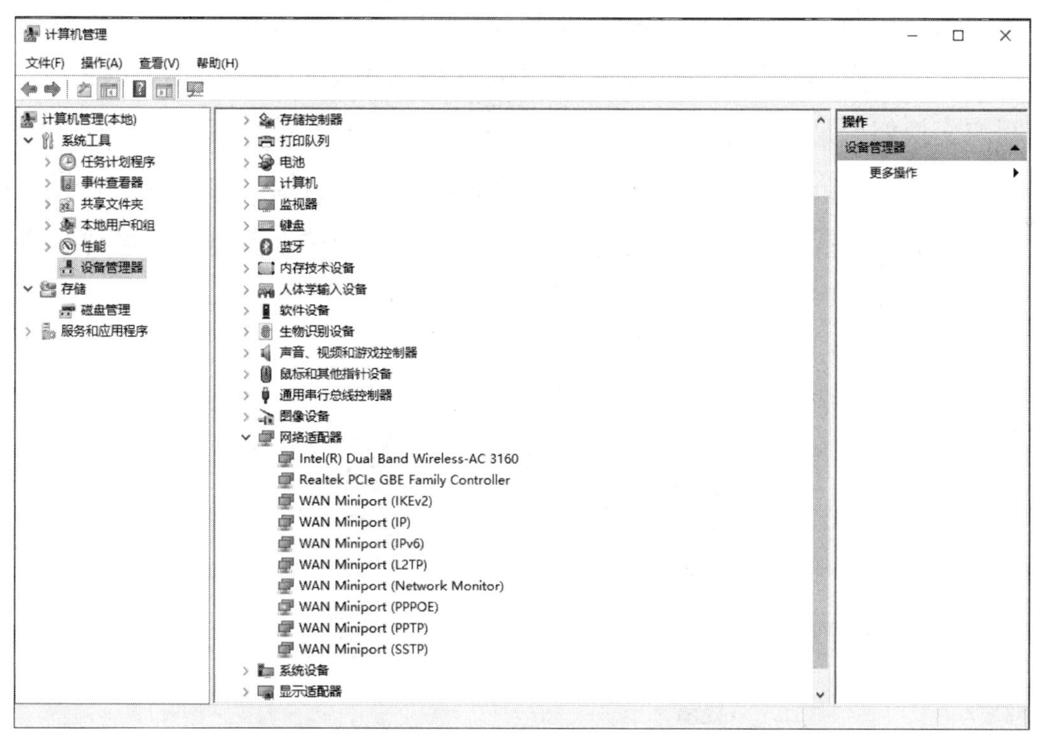


图 3-41　检测网卡

如果在网卡标识的前面有一个“!”或“？”，表明网卡与计算机中其他设备在 I/O 地址或中断号上有冲突，可以重新设置中断号或 I/O 地址，或将该设备删除后重新安装驱动程序，现在的网卡即插即用的特性比较完善，一般不会出现这样的问题。

## 3.3.2 交换机

交换机又称为网络开关，是专门设计的、使计算机能够相互高速通信的独享带宽的网络设备。它属于集线器的一种，但是和普通的集线器在功能上有很大的区别。普通的集线器仅能起到数据接收发送的作用，而交换机则可以智能的分析数据包，有选择地将其发送出去。如图 3-42 所示就是一个局域网交换机。

图 3-42 固定端口千兆交换机

### 1. 交换与交换机

交换是根据通信两端传输信息的需要，用人工或设备自动完成的方式，将需要传输的信息送到符合要求的相应路由上的技术统称。交换与交换机最早起源于电话通信系统，如图 3-43 所示。中间的交换如果是人工进行的就是人工交换机，这种场景在现在的一些展示解放初期的电影中还能看到，一方拿起话筒一阵猛摇，局端是一排插满线头的机器，戴着耳麦的话务员接到连接要求后，将线头插在相应的出口，为两个用户端建立起连接，直到通话结束。不过，由于现在早已普及程控交换机，图中的交换过程是自动完成的。

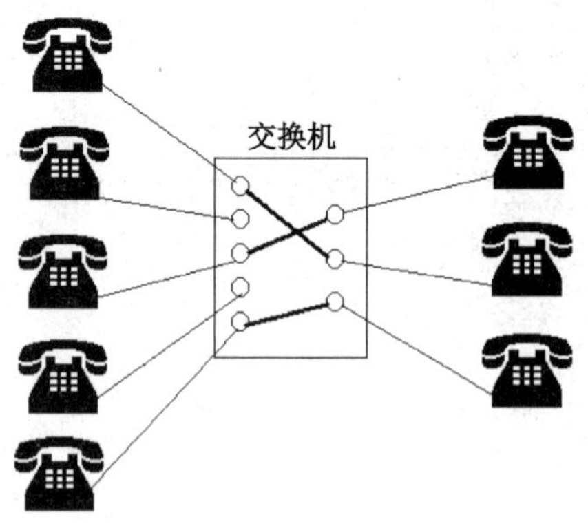


图 3-43 交换原理示意图

在计算机网络系统中，交换概念的提出主要是为了改进共享工作模式。集线器就是一种共享设备，一般集线器对数据包的处理，都是简单地将数据包复制并重制后，送往目前连接该集线器的各项设备上，因此数据包充斥在整个连通的网络中，而且同时仅有一组数据交换的信号。如果整个网络内部数据传输负载相当大，那么将造成整个区域内的带宽被各式各样的数据包所占据，因而容易发生冲突，同时导致网络传输的速率明显降低与不足。这也是中继器所遭遇的问题。

交换机拥有一条带宽很高的背部总线和内部交换矩阵，所有的端口都挂接在这条背部总线上，控制电路接收到数据包后，处理端口会查找内存中的地址对照表以确定目的地址挂接在哪个端口上，通过内部交换矩阵迅速地将数据包传送到目的端口，如果目的地址在地址表中不存在，就将数据包发往所有的端口，接收端口回应后，交换机将把它的地址添加到内部地址表中。

### 2．交换机的分类

从广义上讲，交换机分为两种：广域网交换机和局域网交换机。广域网交换机主要应用于电信领域，提供通信用的基础平台。而局域网交换机则应用于局域网络，用于连接终端设备。从传输介质和传输速度上可以分为以太网交换机、快速以太网交换机、千兆以太网交换机、FDDI 交换机、ATM 交换机和令牌环交换机等。按照最广泛的普通分类方法，局域网交换机可以分为工作组交换机、部门级交换机和企业级交换机三类。这三类交换机的特点如下。

（1）工作组交换机。

工作组交换机是最常见的一种交换机，其特征是端口数量少，为信息点小于 100 台的计算机联网提供交换环境，对带宽的要求不高，网络的扩展性不高，一般为固定配置而非模块化配置。工作组交换机的背板带宽比较低，每一个包中的物理地址相对简单地决策信息的转发。它主要用于办公室、小型机房、多媒体制作中心、网站管理中心业务受理较为集中的业务部门等。在传输速率上，工作组交换机大都提供多个具有 10/100Mbps 自适应能力的端口。

（2）部门级交换机。

部门级交换机可以是固定配置，也可以是模块配置，一般有光纤接口。与工作组交换机相比，部门级交换机具有较为突出的智能型特点，支持基于端口的 VLAN，可以实现端口管理，采用全双工、半双工传输模式，可以对流量进行控制，有网络管理功能，可以通过计算机的 232 口或经过网络对交换机进行配置、监控和测试。一般情况下，部门级交换机的信息点小于 300，主要用于小型企业、大型机关，端口速率基本上为 100Mbps 及以上。

（3）企业级交换机。

企业级交换机属于高端交换机，它采用模块化的结构，可作为网络骨干构建高速局域网，企业级交换机的信息点在 500 个以上。企业级交换机可以提供用户化定制、优先级队列服务和网络安全控制，并能很快适应数据增长和改变的需要，从而满足用户的需求。对于有更多需求的网络，企业级交换机不仅能传送超大容量的数据和控制信息，更具有硬件冗余和软件可伸缩性特点，保证网络的可靠运行。企业级交换机仅用于大型网络，且一般作为网络的骨

图 3-44　模块化交换机

干交换机。

此外根据交换机的结构可分为固定端口交换机和模块化交换机(也称机箱插槽式交换机)。如图 3-42 所示即为固定端口的交换机，常见有 8 口、16 口、24 口和 48 口交换机；如图 3-44 所示则为模块化交换机，模块化交换机具有较大的灵活性和可扩展性，它能提供一系列扩展模块，如千兆以太网模块、ATM 模块、快速以太网模块等，所以能够将具有不同协议、不同拓扑结构的网络连接起来。用户可根据需求合理配置模块，但其价格要贵得多，一般作为骨干交换机来使用。

### 3. 交换机的工作过程

同 Hub 类似，交换机将网络中的节点集中到以它为核心的中心节点，但不同之处在于，交换机能通过对 MAC 地址识别，完成封装转发数据帧的功能。Hub 工作时，对其转发的数据不做了解，而交换机可以“学习”MAC 地址，并把其存放在内部地址表中，通过在数据帧的发送者与目标接收者之间建立临时的交换路径，使数据帧由源地址到达目的地址，处理对象是数据帧（Frame）。

在交换机的内存（RAM）中，存放着一张 MAC 地址表，记录的是 MAC 地址与交换机端口号的对应关系等信息，交换机的工作是围绕着这个 MAC 地址表来进行的。

下面我们来了解一下交换机的工作过程，在一台交换机才上电或重启后，它的 MAC 地址表为空，即不存在任何一条 MAC 地址与端口号对应的记录。

交换机在转发一个数据帧的时候，会将数据帧部分或者全部读入内存中，并识别数据帧的源、目的 MAC 地址，这个步骤，我们称为缓存。如图 3-45 所示，交换机初始化，MAC 地址表为空。这时，主机 C 发送一个数据包给主机 D，通过缓存这个帧，交换机了解到这个帧的源 MAC 地址为：33-33-33-33-33-33，目标 MAC 地址为：44-44-44-44-44-44。

接着，交换机在 MAC 地址表中查找是否存在所接收帧的源 MAC 地址，如果不存在，则在 MAC 地址表中加上这个 MAC 地址与对应接收端口的记录，这个过程我们称为学习。本例中交换机记录下 C 的 MAC 地址以及接收帧的端口 E1。

然后，交换机在 MAC 地址表中查找是否存在目标 MAC 地址的记录，如果不存在，说明交换机还未学到这个地址，只能向其他所有接口发送这个帧，这个过程称为扩散，如图 3-46 所示。通过扩散，处于交换机各个接口的所有网段都收到这个帧，其中包括正确的目的地 D 主机，这个同 Hub 网络工作过程很接近，除了 D 主机以外，其他主机会将这个帧丢弃。

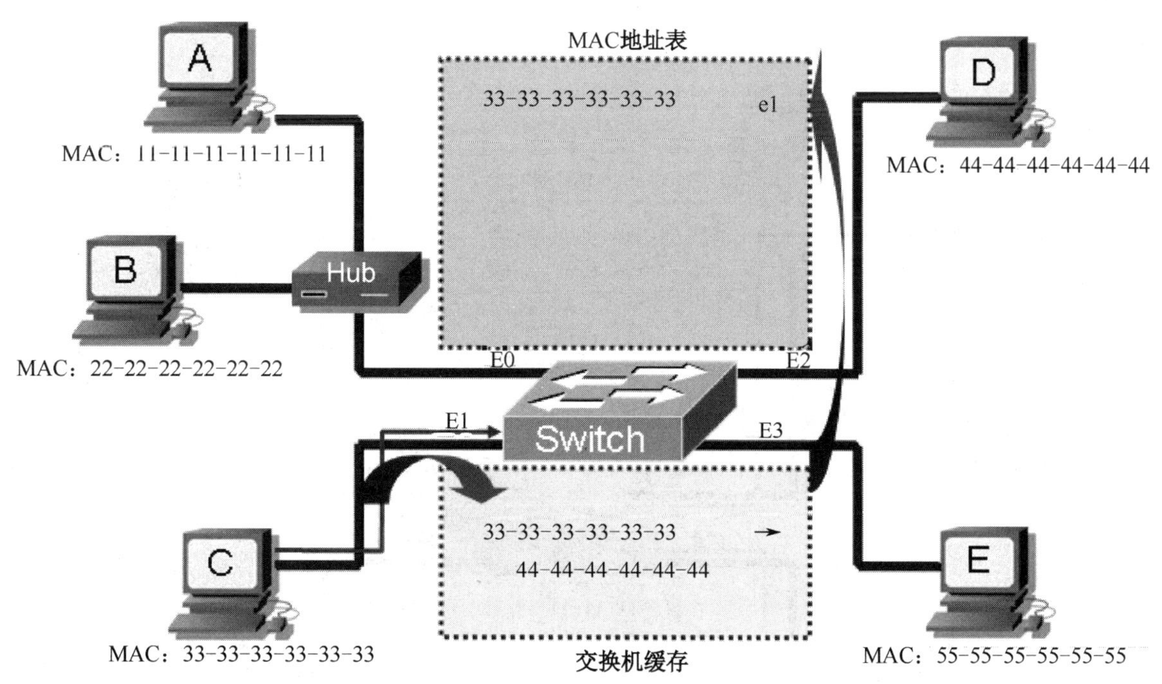


图 3-45　缓存与学习

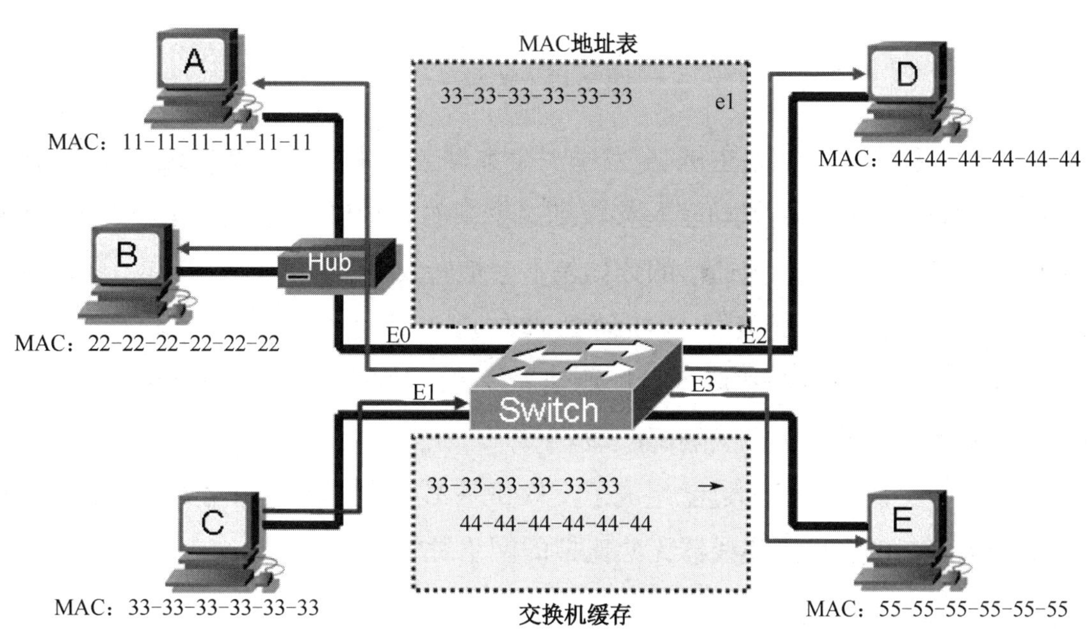


图 3-46　扩散

通过一段时间的学习后，交换机会学习到整个网络的 MAC 地址情况，如图 3-47 所示，这时候，我们称交换机的 MAC 地址表稳定。从图中可以看出，如果交换机级联着交换机或是 HUB 的话，很可能会产生多个 MAC 地址对应于同一个端口的记录。这时，如果 A 发送一个数据包到 C，交换机从 MAC 地址表中查到 C 位于 E1 端口，因此在交换机内部建立起 E0 端口与 E1 端口的临时性逻辑交换通道，数据包将只通过 E1 端口向外发送，这个过程称为转发。如果同一时刻，主机 D 发送一个数据包给主机 E，交换机可以为端口 E2 与 E3 另外建立一条

交换路径，同时进行数据的转发，通过这种方式，交换机连接设备互相之间不会因同抢资源造成冲突，线路的利用率大大提高。

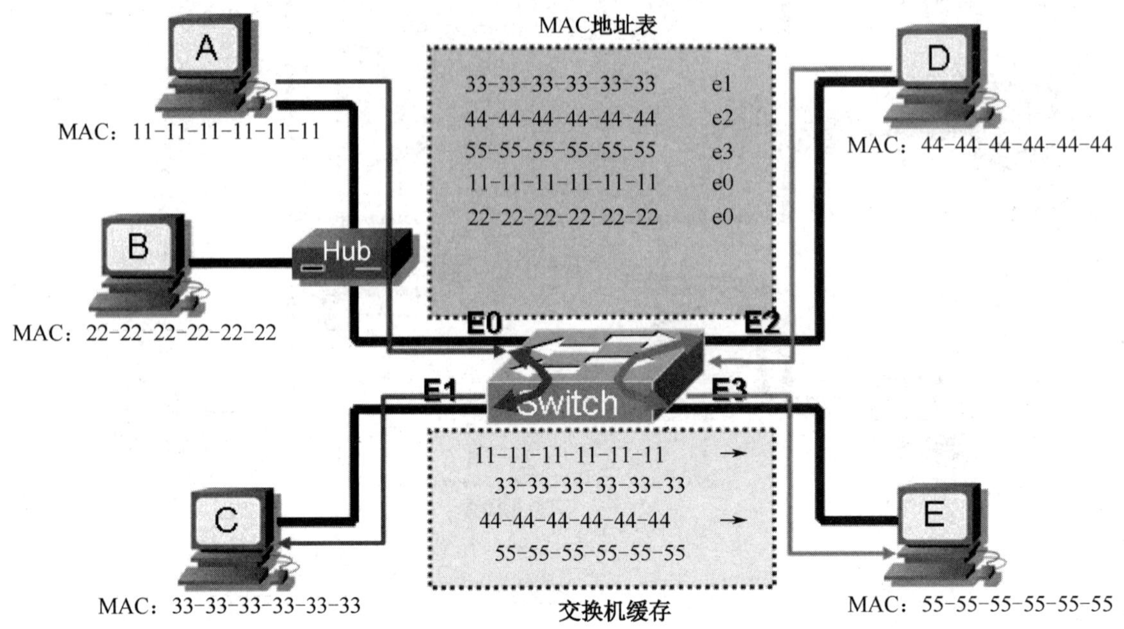


图 3-47　转发

另外，还有一种情况，如果主机 A 发送一个数据包给主机 B，交换机会发现目标 MAC 地址在 MAC 地址表中指定的端口正是接收到这个帧的源端口，交换机不会转发这个帧，这称为过滤。过滤使得同一网段内通信的数据包不会被转发到其他网段，节省了网络流量。

那么，对于广播包，交换机是如何处理的呢？广播包的目标 MAC 地址固定为 FF-FF-FF-FF-FF-FF，当交换机接收到目标地址为广播的帧时，它将向所有接口转发，即我们所说的扩散，或者说，交换机无法隔离广播。

缓存、学习、扩散、转发和过滤组成了交换机基本工作过程，相比集线器，交换机的工作显然要复杂得多，也提供了集线器无法比拟的网络性能。

#### 4．交换机的主要技术指标

交换机的基本技术指标较多，这些技术指标全面地反映了交换机的技术性能及其主要功能，是用户选购产品时的重要参考依据。其中主要的技术指标如下。

（1）端口数量。

端口是指交换机连接网络传输介质的接口部分。目前交换机的端口大多数都是 RJ-45 端口，外观上与集线器的端口一样，交换机的端口主要有 8 端口、16 端口、24 端口以及 12 端口。

（2）端口速率。

目前百兆交换到桌面已经是网络发展的一个趋势，因此，用户应尽量选择 10/100Mbps

自适应的交换机。每个端口独享 10 Mbps 或者 100Mbps 带宽。端口的实际速率并不只取决于交换机，它还取决于网卡。

（3）机架插槽数和扩展槽数。

机架插槽数是指机架式交换机所能安插的最大模块数；扩展槽数是指固定配置式带扩展槽交换机所能安插的最大模块数。

（4）背板带宽。

背板是整个交换机的交通干线，类似于计算机的总线，它的值越大，在各端口同时传输数据时，给每个端口提供的带宽也就越大，传输速率也就越大，交换机的性能也要高一些。一般情况下，每个端口平均分配的背板带宽需要在 100Mbps 以上。

（5）支持的网络类型。

一般情况下，固定配置式不带扩展槽的交换机仅能支持一种类型的网络，机架式交换机和固定配置式带扩展槽的交换机可以支持一种以上的网络。一台交换机所支持的网络类型越多，其可用性和可扩展性越强。

（6）支持的物理地址数量。

连接到网络中的每个端口或设备都需要一个物理地址，交换机能够记住在端口的计算机网卡的物理地址，但是数量有一定的限制。一个交换机支持的物理地址数量反映了其能连接的最大节点数。

（7）最大可堆叠数。

"可堆叠"是指交换机可以通过堆叠模块，将两台或两台以上的交换机逻辑上合并成一台交换机，相当于扩展了端口数量，背板带宽也同步扩展。此参数说明了一个堆叠单元中所能提供最大端口密度与信息点的连接能力。堆叠与级联不同，堆叠相当于并联电路，级联相当于串联电路。

（8）可网管。

可网管交换机是指符合 SNMP 规范（简单网络管理协议）、能够通过软件手段进行诸如查看交换机的工作状态、开通或封闭某些端口等管理操作的交换机。

（9）最大 SONET 端口数。

SONET（同步光传输网络）是一种高速同步传输网络规范，最大速率可达 2.5Gbps。一台交换机的最大 SONET 端口数是指这台交换机的最大传输的 SONET 接口数。

（10）支持的协议和标准。

交换机支持的协议和标准内容，直接决定了交换机的网络适应能力。

### 5．交换机的堆叠

交换机的堆叠是指将一台以上的交换机用专门的堆叠模块和堆叠联结电缆连接，组合起来共同工作，以便在有限的空间内提供尽可能多的端口，多台交换机经过堆叠形成一个堆叠单元，可以看成一台交换机，简化了网络的管理，同时，堆叠的交换机之间的带宽远大于级联交换机之间的带宽。目前流行的堆叠模式主要有两种：星形模式和菊花链模式。

（1）星形堆叠。这种模式的堆叠，需要提供一个独立的或者集成的高速交换中心（堆叠中心），一般是一台特别的交换机，称为堆叠主机，这样所有的堆叠交换机就可以通过专用的（也可是通用高速端口）高速堆叠端口上行到统一的堆叠中心。由于涉及专用总线技术，线缆长度一般不能超过 2m，如图 3-48 所示。因此，星形堆叠模式下，所有堆叠的交换机的位置需要局限在一个很小的空间之内。

（2）菊花链式堆叠。菊花链式堆叠是一种基于级联结构的堆叠技术，对交换机硬件没有特殊要求，通过相对高速的端口串接和软件的支持，最终实现构建一个多交换机的层叠结构，是目前最常见的交换机堆叠方式，连接方式如图 3-49 所示。

图 3-48　星形堆叠

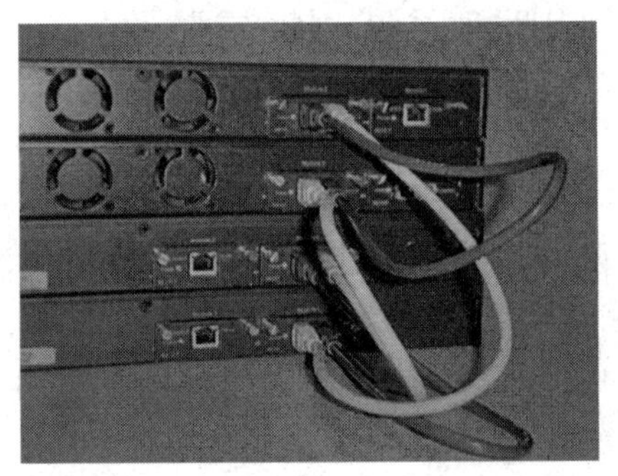

图 3-49　菊花链式堆叠

堆叠与级联这两个概念既有区别又有联系。堆叠可以看作是级联的一种特殊形式。它们的不同之处在于：级联的交换机之间可以相距很远（在媒体许可范围内），而一个堆叠单元内的多台交换机之间的距离非常近，一般不超过几米；级联一般采用普通端口，而堆叠一般采用专用的堆叠模块和堆叠电缆。一般来说，不同厂家、不同型号的交换机可以互相级联，堆叠则不同，它必须在可堆叠的同类型交换机（至少应该是同一厂家的交换机）之间进行；级联仅仅是交换机之间的简单连接，堆叠则是将整个堆叠单元作为一台交换机来使用，这不但意味着端口密度的增加，而且意味着系统带宽的加宽。

### 3.3.3　网桥

在许多情况下，一个单位往往拥有许多个小的局域网，或者一个局域网由于通信距离受到限制而无法覆盖所有的节点，因而不得不使用多个局域网，而这多个局域网之间又需要进行通信，需要将它们连接起来，以实现局域网之间的通信。扩展局域网的常用方法是使用网桥。

### 1．网桥的基本功能

网桥又称为桥接器，是连接两个局域网的一种存储-转发设备，它可以将一个较大的局域网分割成为多个网段，或者将两个以上的局域网互联为一个逻辑上的局域网，使网络上的所有用户均可以访问服务器。简言之，网桥是指用以连接两个同构网的软件和硬件的总称。

网桥工作于数据链路层，独立于网络层协议，作为一个存储转发设备，网桥具有以下一些基本功能：

（1）能匹配不同端口的速率。

网络能把接收到的帧存储在存储缓冲区内，只要是端口串行链路能接受的传输速率，各端口间可以以不同的速率输入或输出帧。如输入端口为10Mbps，相应的输出端口可以以更高或更低的速率输出帧。

（2）对帧具有检测和过滤的作用。

网桥能对帧进行检测，对错误的帧予以丢弃，起到了对出错帧的防火墙作用，还可以对某些特定的帧进行过滤。

（3）网桥能扩大网络的地理范围。

网桥是一个有源的存储转发设备，不再受像CSMA/CD一类的介质访问机制的限制，使网络覆盖的地理范围扩大。

（4）提升带宽。

网桥可以通过分割网段提升带宽。

（5）连接不同传输介质的网络。

网络可以实现不同传输介质网络之间的互联，可以将同轴电缆以太网与双绞线以太网、以太网与令牌网进行连接。网桥安装简单，无须配置，安装后的网桥对任何网络用户都是透明的。

（6）学习功能。

当网桥接收到一个数据包时，它查看数据包的源地址并将该地址与路径表中的项对比，如果在其路径表中查不到，则网桥将新的源地址加到路径表中，这就是网桥对网络中地址的学习功能。这种能力意味着在不进行任何新的配置的情况下，网桥可以根据学习到的地址重新配置网络。

### 2．网桥的工作原理

最简单的网桥有两个端口，复杂些的网桥可以有更多的端口。网桥的每个端口与一个网段相连，网段就是一个普通的局域网。如图3-50所示为出一个网桥的工作原理，图中所示的网桥，端口1与网段A相连，端口2与网段B相连。

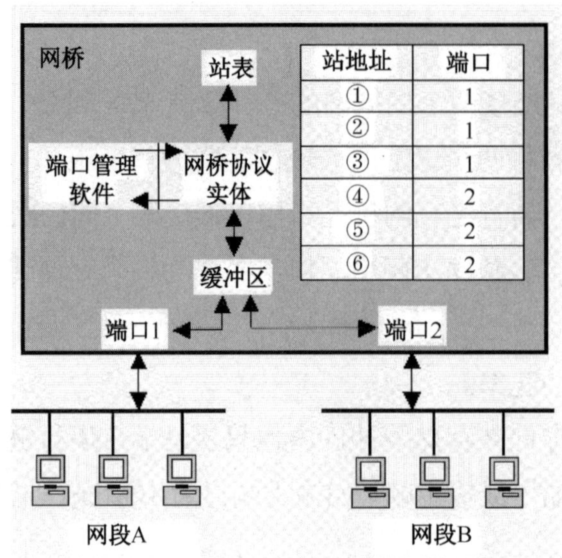


图 3-50 网桥的工作原理

网桥从端口接收到网段传送的各种帧，每当收到一个帧时，就先放在其缓冲区中。若此帧未出现差错，且与欲发往目的站地址属于另一个网段，则通过查找站表，将收到的帧送往对应的端口转发出去，否则，就丢弃此帧。仅在同一网段中通信的帧，不会被网桥转发到另一个网段去。如：假设网段 A 的 3 个站的地址分别为①、②、③，而网段 B 的 3 个站的地址分别为④、⑤、⑥。如果网桥的端口 1 接收到站①发送给站②的数据帧，通过查找站表，得知此帧应送回端口 1。这表明此帧属于一个网段内的通信帧，于是网桥丢弃此帧；如果端口 1 收到站①发送给站⑤的数据帧，则在查找站表后，将此帧送到端口 2 转发给网段 B，再传给站⑤。网桥是通过内部的端口管理软件和网桥协议实体来完成上述的操作。

### 3. 网桥的分类

网桥分为内桥、外桥和远程桥三类。

（1）内桥。

内桥是文件服务器的一部分，它在文件服务器中，利用不同网卡把局域网连接起来，内桥结构如图 3-51 所示。

（2）外桥。

外桥不同于内桥，是独立于被连接的网络之外的、实现两个相似的不同网络之间连接的设备，通常将连接在网络上的工作站作为外桥。外桥工作站可以是专用的，也可以是非专用的。外桥结构如图 3-52 所示。

（3）远程桥。

远程桥是实现远程网之间连接的设备，通常是用调制解调器与通信媒体连接，如用电话线实现两个局域网的连接。远程桥结构如图 3-53 所示。

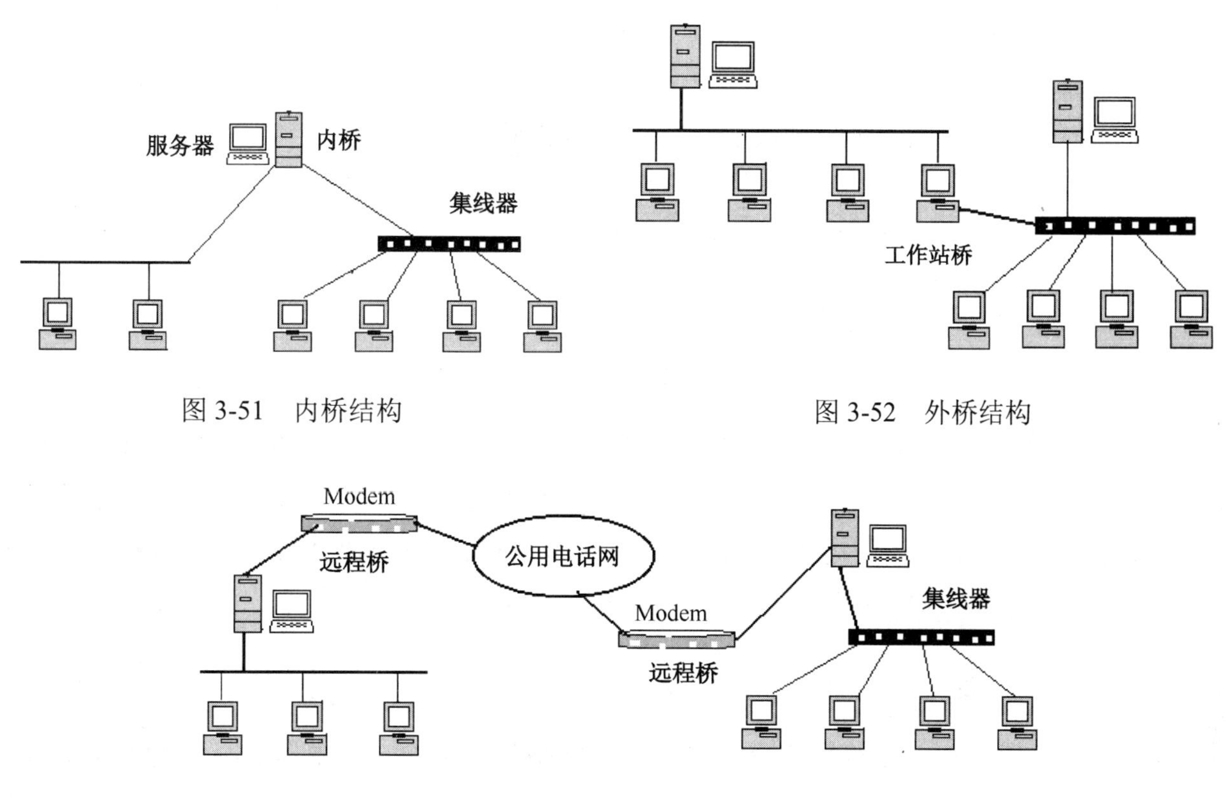


图 3-51　内桥结构

图 3-52　外桥结构

图 3-53　远程桥结构

## 3.4 网络层及上层设备

网络层是通信子网的最高层，是高层与低层协议之间的界面层。主要用于控制通信子网的操作，是通信子网与资源子网的接口。网络层关系到通信子网的运行控制，体现了网络应用环境中资源子网访问通信子网的方式。网络层设备主要是路由器。

### 3.4.1 路由器

路由器的概念出现于 20 世纪 70 年代，但是由于当时的计算机网络都是非常简单的网络，因此，路由器并没有引起很大的重视。随着网络技术的发展，尤其是近十年来，由于大规模的计算机互联网络迅速发展，路由器在计算机网络互联应用领域得到了很好的应用，为因特网的普及做出了应有的贡献。

#### 1. 路由器的概念

路由器是网络层的中继系统。路由器是一种可以在速度不同的网络和不同媒体之间进行数据转换的，基于在网络层协议上保持信息、管理局域网至局域网的通信，适用在运行多种网络协议的大型网络中使用的互联设备，如图 3-54 所示。

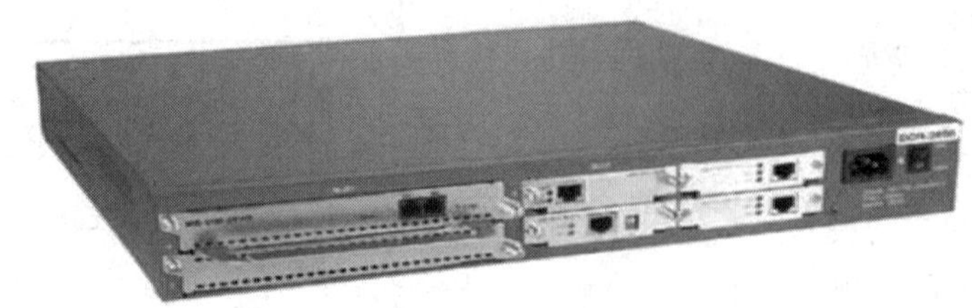

图 3-54　路由器

路由器具有判断网络地址和选择网络路径的功能，它能在多网络互联环境中建立灵活的连接，可用完全不同的数据分组和介质访问方法连接各种子网。它只接收源站或其他路由器的信息，不关心各子网所使用的硬件设备，但要求运行与网络层协议相一致的软件。作为网络层设备，它的功能比网桥强，它除了具有网桥的全部功能外，还具有路由选择的功能。

**2．路由器的功能**

路由器最主要的功能是路径选择。对于路径选择问题来说，路由器是在支持网络层寻址的网络协议及其结构上进行的，其工作是保证把一个进行网络寻址的报文传送到正确的目的网络中。完成这项工作需要路由信息协议支持。

路由信息协议简称路由协议，其主要的目的是在路由器之间保证网络连接。每个路由器通过收集到的其他路由器的信息，建立起自己的路由表以决定如何把其所控制的本地系统的通信报表传送到网络中的其他位置。

路由器的功能还包括过滤、存储转发、流量管理、媒体转换等，其基本功能如下。

（1）连接功能。

路由器能支持单段局域网间的通信，并可提供不同网络类型（如局域网或广域网）、不同速率的链路或子网接口，如在连接广域网时，可提供 X.25、FDDI、帧中继、SMDS 和 ATM 等接口。另外，通过路由器，可以在不同的网段之间定义网络的逻辑边界，从而将网络分成各自独立的广播网域。路由器也可用来作流量隔离以实现故障的诊断，并将网络中潜在的问题限定在某一局部，避免扩散到整个网络。

（2）网络地址判断、最佳路由选择和数据处理功能。

路由器为每一种网络层协议建立并维护路由表。路由表可以由人工静态配置，也可利用距离向量或链路状态路由协议来动态产生。在路由表生成之后，路由器要判别每帧的协议类型，取出网络层的目的地址，并按指定协议路由表中的数据决定数据的转发与否。

路由器还可根据链路速率、传输开销、延迟和链路拥塞情况等参数，来确定最佳的数据包转发路由。

在数据处理方面，其加密和优先级等处理功能可有效地利用宽带网的带宽资源；它的数据过滤功能，可限定对特定数据的转发，发现所不支持的协议数据包、以未知网络为信宿的数据包和广播信息等，从而起到了防火墙的作用，避免了广播风暴的出现。但由于路由器需依靠多帧操作，增加了传输延时，与相对简单的网桥相比，数据传输的实时性方面的性能要相对差些。

（3）设备管理功能。

由于路由器工作在 OSI 第三层，因此可以了解更多的高层信息，路由器可以通过软件协议本身的流量控制参量来控制所转发的数据的流量，以解决拥塞问题；还可以支持网络配置管理、容错管理和性能管理。

除此之外，路由器还可支持复杂的网络拓扑结构。路由器对网络拓扑结构可不加限制，甚至对冗余路径和活动环路拓扑结构也不加限制。而路由器能够执行相等开销路径上的负载平衡操作，以便最佳地利用有效信道。

### 3．路由器的种类

根据不同的划分方法，路由器可以分成不同的种类。

（1）按照协议来分，路由器可以分为单协议路由器和多协议路由器。

单协议路由器仅支持某一特定的协议，其使用范围受到限制，仅仅充当了一个分组转换器；多协议路由器不仅具有分组转换功能，它还通过一个协议多路转换设备驱动程序来检测进行分组中的网络层协议的身份，从中找到的数值将被通知给协议多路转换器，以做进一步处理。

（2）按照使用场所来分，路由器可以分为本地路由器和远端路由器。

本地路由器用于连接网络传输媒体；远端路由器主要是用于连接远程传输媒体，实现远端工作组和个人进入骨干网。它所提供的接口必须与远距离传输媒体相兼容。一般由一个局域网接口、两个以上的广域网接口及两三个网络层协议所组成。

此外，还可以根据路由器的技术特点和应用特点，将路由器分为骨干级路由器、企业级路由器和接入级路由器。其中，接入级路由器可以使得以家庭和小型企业为主的接入网络连接到某个因特网服务商（ISP）；企业级路由器则是连接一个校园或企业内部成千上万台计算机的中心设备；骨干级路由器所支持的终端系统往往不能直接被访问，但却能起到连接长距离骨干网络上 ISP 和企业网络的重要作用。

### 4．路由器的配置

路由器在网络中的位置一般处于内外网的连接处，对内端口接入内部的网络，对外端口接入外部的网络；它不像集线器那样接起来就可以使用，必须经过正确的配置才能发挥其效力。

通过路由器上的管理配置端口将路由器与计算机连接起来，通过“超级终端”中“Hypertrm”应用程序登录路由器，为路由器设置用户名和密码，并为各端口设置相应的 IP 地址、使用的协议等。完成后可通过局域网用 Telnet 命令登录路由器进行配置。路由器常用的配置命令如表 3-6 所示

表 3-6　路由器配置常用命令　（不同路由器可能会有所不同）

| 任　　务 | 命　　令 |
|---|---|
| 登录远程主机 | telnet hostname　(or IP address ) |
| 网络侦测 | ping hostname　(or IP address ) |
| 路由跟踪 | trace hostname　(or IP address ) |
| 进入特权命令状态 | enable |
| 退出特权命令状态 | disable　(OR exit) |
| 进入设置对话状态 | setup |
| 进入全局设置状态 | config terminal |
| 退出全局设置状态 | end |
| 进入端口设置状态 | interface type slot/number |
| 进入子端口设置状态 | interface type number.subinterface [point-to-point or multipoint] |
| 进入路由设置状态 | router *protocol* |
| 退出局部设置状态 | exit |
| 查看版本信息 | show version |
| 查看运行设置 | show running-config |
| 查看开机设置 | show startup-config |
| 显示端口信息 | show interface type slot/number |
| 显示路由信息 | show ip router |
| 设置路由器名 | hostname name |
| 设置访问用户 | username username |
| 设置登录密码 | password password |
| 设置特权密码 | enable secret password |
| 设置静态路由 | ip route destination subnet-mask next-hop |
| 设置 IP 地址 | ip address address subnet-mask |
| 启动 IP 路由 | ip routing |
| 端口设置 | interface type slot/number |
| 激活端口 | no shutdown |

### 5．路由器与网桥的比较

由于路由器工作在网络层，它处理的信息量比网桥要多，因此处理速度比网桥慢。但路由器的互联能力强，它可以执行复杂的路由选择算法。可以从以下几个方面比较。

（1）网桥工作在数据链路层，用网桥互联的两个网络在数据链路层以下可以是不相同的；路由器工作在网络层，用路由器互联的两个网络在网络层以下可以是不相同的，即路由器的

互联能力比网桥强。

（2）网桥能够通过路由表，根据MAC子层的地址为MAC帧选择路径，转发或过滤MAC帧；路由器是通过路由表，根据分组中包含的网络层地址为分组选择路径，但它并不是使用路由表找到其他网络中指定设备的地址，而是依靠其他的路由器来完成任务的。当一个网络向另一个网络发送信息包或帧时，路由器丢弃了外层，重新打包重新传输数据，接收端的路由器重新将数据组成适合本网络的信息包或帧，这样可以使路由器比网桥更有效地传输信息，从而较少使用昂贵的长途线路。

（3）网桥与高层协议无关，它把几个物理层网络连接起来，提供给用户的仍然是一个逻辑网络，用户根本不知道网桥的存在；路由器是网络层设备，用户需要为它分配网络地址，并在应用软件中使用这些地址参数。

（4）路由器在安装时有许多初始配置，所以它的安装比较复杂。与网桥不同，路由器是与协议相关的，网间连接中每一种高层协议必须分开配置，必须为一种协议提供一个单独协议的路由器。网络层以下的低层协议不能使用路由器。

### 3.4.2 网关

网关又称为信关，它是工作在互联网络中OSI传输层上的设施，它不一定是一台设备，有可能是在一台主机中实现网关功能的一个软件，多数网关是用来互联网络的专用系统。作为专用计算机的网关，能实现具有不同网络协议的网络之间的连接，所以网关可以这样描述：不相同的网络系统互相连接时所用的设备或节点。

网关的作用是使处于通信网上采用不同高层协议的主机仍然可以互相合作，从而完成各种分布式应用。虽然网关工作于OSI7层模型的传输层，实际上网关使用了所有的7个层次，在所有的互联设备中最为复杂。

假定两个主机的高层协议中传输层协议不相同，为了使两个主机能通信，就要在传输层上做协议转换。如果所用的通信子网不同，则还要对低层协议进行转换。对传输层的协议转换可以包括协议分组的重新装配，长数据的分段、地址格式的转换以及对操作规程的适配等。这些功能都是通过网关实现的，网关在这两个网中分别作为一个网络客户。在实际网络互连中，协议的转换并不一定是一层一层转换的，这就类似于OSI各层的实现，在实现过程中不一定要有明显的分层服务界面，只要对外界提供符合一定规则的协议动作即可。此外，不同的网络协议之间的各个协议层不一定是一一对应的，因此很可能从应用层开始一直到传输层都需要进行协议转换。

网络中有两种类型的网关，第一种类型的网关被称为协议转换器，它负责转换两种完全不同的协议体系。第二种类型的网关是用来将网络连接到公共网络的路由器，典型的公共网

络是因特网。常见的网关有：

电子邮件网关。通过这种网关可以从一种类型的邮件系统向另一种类型的邮件系统传输数据。电子邮件网关允许使用不同电子邮件系统的人相互收发邮件。

因特网网关。这种网关用于管理局域网和因特网间的通信。因特网网关可以限制某些局域网用户访问因特网，或者限制某些因特网用户访问局域网，防火墙可以看作是一种因特网网关。

局域网网关。通过这种网关，运行不同协议或运行于不同层上的局域网网段间可以相互通信。允许远程用户通过拨号方式接入局域网的远程访问服务器可以看作局域网网关。

IP 电话网关。实现公用电话网和 IP 网的接口，是电话用户使用 IP 电话的接入设备。

## 本章小结

本章所介绍的是计算机网络中常用的网络设备，计算机网络的组建离不开这些网络设备，从网络传输介质到人们常用的 Modem、网卡、集线器等，正是这些网络设备构建出今天丰富多彩的网络世界。

网络传输介质最常用的是双绞线、同轴电缆。在普通计算机网络中，对传输介质的选择，一般要考虑网络结构、实际需要的通信容量、网络对可靠性的要求和价格。同轴电缆抗干扰性强，但价格高于双绞线；双绞线的显著特点是价格便宜，但信道带宽较窄；光纤具有频带宽、传输速率高、体积小、重量轻、衰减小、误码率低、抗干扰性强等优点，但成本较高；无线传输介质的保密性和抗干扰性不好，如果得到很好的解决，无线传输将会成为网络传输介质的主流。

物理层是开放系统互连参考模型中的最低层，主要实现对物理链路的建立、保持和拆除的功能。调制解调器、集线器和中继器是工作在物理层上的网络设备。调制解调器主要实现数/模之间的转换；中继器又称为“转发器”，主要作用是对信号进行放大、整形，使衰减的信号得以再生，并沿着原来的方向继续传播，在实际使用中主要用于延伸网络长度和连接不同网络；集线器是一个多端口的信号放大设备，主要用于星形以太网中。

数据链路层作为 OSI 模型的第二层，通过数据链路协议，把由位组成的数据帧从一个节点转送到相邻节点，为网络层提供透明的、正确有效的传输线路。工作于数据链路层的网络设备主要有网卡、交换机和网桥。网卡是网络接入设备，是单机与网络中其他计算机通信的桥梁，为计算机之间的数据通信提供了物理连接；交换机又称为网络开关，能够智能地分析数据包，有选择地将其发送出去，是使计算机能够相互高速通信的独享带宽的网络设备；网桥又称为桥接器，是连接两个局域网的一种存储-转发设备。

路由器是网络层的中继系统，可以在速度不同的网络和不同媒体之间进行数据转换的，是适用在运行多种网络协议的大型网络中使用的互联设备；网关又称为信关，它是工作在传输层上的设施，是不相同的网络系统互相连接时所用的设备或节点。

本章介绍了网络设备的相关知识及其工作原理，是学习网络构建及网络维护的基础，很好地掌握网络设备的基本知识，可以为今后计算机网络相关实践课程打下良好的基础。

## 本章练习

### 一、选择题

1．相比有线网络而言，无线网络更加（　　）。

A．稳定　　B．方便　　C．高速　　D．便宜

2．为实现计算机网络的一个网段的通信电缆长度的延伸，应选择的网络设备是（　　）。

A．网桥　　B．中继器　　C．网关　　D．路由器

3．交换机端口可以分为半双工与全双工两类。对于 100Mbps 的全双工端口，端口带宽为（　　）。

A．100Mbps　　B．200Mbps　　C．400Mbps　　D．800Mbps

4．交换机端口可以分为半双工与全双工两类。对于 100Mbps 的全双工端口，端口速率为（　　）。

A．100Mbps　　B．200Mbps　　C．400Mbps　　D．800Mbps

5．普通交换机工作在 OSI 模型的（　　）。

A．物理层　　B．数据链路层　　C．网络层　　D．传输层

6．在下列传输介质中，错误率最低的是（　　）。

A．同轴电缆　　B．光缆　　C．微波　　D．双绞线

7．计算机网络使用的通信介质包括（　　）。

A．电缆、光纤和双绞线　　B．有线介质和无线介质

C．光纤和微波　　D．卫星和线缆

8．网卡属于计算机的（　　）。

A．显示设备　　B．存储设备　　C．打印设备　　D．网络设备

9．下列设备中工作在 OSI 参考模型四层以上的是（　　）。

A．网桥　　B．交换机　　C．网关　　D．路由器

10. 网桥的功能是（　　）。

A. 网络分段　　B. 隔离广播

C. LAN 之间的互联　　D. 路径选择

11. 传输介质是通信网络中发送方和接收方之间的（　　）。

A. 物理通路　　B. 逻辑通路　　C. 虚拟通路　　D. 数字通路

12. 路由器是一种用于网络互连的计算机设备，但路由器不具备的功能是（　　）。

A. 路由功能　　B. 多层交换

C. 支持两种以上的子网协议　　D. 存储、转发、寻径功能

13. 在双绞线、同轴电缆和光纤中，抗干扰能力最强的是（　　）。

A. 双绞线　　B. 基带同轴电缆

C. 宽带同轴电缆　　D. 光纤

14. 在双绞线、同轴电缆和光纤中，误码率最低的是（　　）。

A. 双绞线　　B. 基带同轴电缆

C. 宽带同轴电缆　　D. 光纤

15. 中继器属于 OSI 模型的（　　）层设备。

A. 第一层　　B. 第二层　　C. 第三层　　D. 第四层

16. 集线器的上行链路端口的功能是（　　）。

A. 用它与网络服务器相连　　B. 用它与最远的工作站相连

C. 用它与另外一个集线器相连　　D. 用它与路由器相连

17. 智能型集线器在某些方面与普通型集线器不同，它可以执行下列（　　）。

A. 重新产生被衰减的信号　　B. 提供扩展端口

C. 提供网络管理功能　　D. 可以与其他集线器相连

18. 与集线器相比，下面（　　）是交换机的优点。

A. 交换机能够提供网络管理信息

B. 交换机能够更有效地从一个网段向另一个网段传输数据

C. 交换机能够给某些节点分配专用信道

D. 交换机能够在数据冲突发生率较高时提醒网络管理员

19. 路由器的主要功能是（　　）。

A. 重新产生衰减了的信号

B. 把各组网络设备归并进一个单独的广播域

C. 选择转发到目标地址所用的最佳路径

D. 向所有网段广播信号

20．地球同步卫星运行于距地面约36000km的太空中，它可以覆盖地球（　　）以上的地区。

A．1/4　　B．1/2　　C．3/4　　D．1/3

21．为了克服衰减，获得更远的传输距离，在数字信号的传输过程中可采用（　　）。

A．中继器　　B．网桥　　C．调制解调器　　D．路由器

22．某种中继设备提供链路层间的协议转换，在局域网之间存储和转发帧，这种中继设备是（　　）。

A．中继器　　B．网桥　　C．网关　　D．路由器

23．某种中继设备提供传输层及传输层以上各层之间的协议转换，这种中继设备是（　　）。

A．中继器　　B．网桥　　C．网关　　D．路由器

24．从OSI协议层来看，负责对数据进行存储转发的网桥属于（　　）范畴。

A．网络层　　B．数据链路层　　C．物理层　　D．传输层

25．从OSI协议层来看，用以实现不同网络间的地址翻译、协议转换和数据格式转换等功能的路由器属于（　　）范畴。

A．网络层　　B．数据链路层　　C．物理层　　D．传输层

26．某个设备像一个多端口中继器，它的每个端口都具有发送和接收数据的功能，这个设备是（　　）。

A．网桥　　B．中继器　　C．集线器　　D．路由器

27．在计算机局域网的构件中，本质上与中继器相同的是（　　）。

A．网络适配器　　B．集线器　　C．网卡　　D．传输介质

28．双绞线由两条相互绝缘的导线绞合而成，下列关于双绞线的叙述，不正确的是（　　）。

A．它既可以传输模拟信号，也可以传输数字信号

B．安装方便，价格较低

C．不易受外部干扰，误码率较低

D．通常只用作建筑内局域网的通信介质

29．在OSI七层结构中，网桥处在（　　）。

A．物理层　　B．数据链路层　　C．网络层　　D．传输层

30．下列不属于无线网络传输介质的是

A．双绞线　　B．无线电波　　C．红外线　　D．微波

## 二、填空题

1．目前网络中使用的传输介质主要有__________、____________、____________等。

2．传输介质的主要特性有_________、_________、_________、____________、_________和____________等。

3. 双绞线通常由两对或更多对相互缠绕在一起的导线组成，其目的是消除或减少_______和_______。

4．根据双绞线是否有屏蔽层，双绞线可分为_______________和_______________。

5．屏蔽双绞线是由成对的____________组成，在实心电缆上包围着一层用________编织的屏蔽层。

6．非屏蔽双绞线的外皮上标识了“CATEGORY 5e CABLE”，其含义是__________。

7．直通线缆主要用于__________、__________、___________、___________、___________之间的连接。

8．按照光线在光缆中的传输方式，可以将光纤分为_________和_________两类。

9．无线传输介质主要有___________、_________、___________三种。

10．从抗强电干扰角度出发，传输介质中_________的性能最高。

11．常见的无线传输介质主要有____________、____________、____________和____________等。

12．红外线技术广泛地应用在___________、____________等家用电器的遥控器中，在计算机系统中更多的应用集中于外设，如_________、____________等。

13．中继器是一种简单的网络互联设备，工作于 OSI 的__________。它主要负责在两个节点的物理层上按位____________，完成信号的复制、调整和放大功能。

14．按照管理方式的不同，集线器可以分为_____________和_______________两种。

15．网卡从结构上看主要有__________、__________、_________、____________和____________五个部分构成。

16．按照最广泛的普通分类方法，交换机可以分为____________、___________和_____________三类。

17．交换机中数据交换方式主要有：___________、___________和__________。

18．网桥可以分为__________、______________和___________三种。

19．路由器的主要功能有__________、___________和_____________。

20．常见的网关有___________、___________、_________和_____________。

## 三、简答题

1．传输介质的评价主要需要考虑哪些因素？

2．屏蔽双绞线和非屏蔽双绞线的主要差异是什么？

3．10Base-T 中的各段内容表示含义是什么？

4．单模光纤与多模光纤在性能上的主要区别是什么？

5．简述几种无线传输介质的区别。

6．中继器的主要功能是什么？

7．集线器的主要功能是什么？主要应用于什么样的网络中？

8．简述网卡的结构。

9．网卡的性能指标主要有哪些？

10．一台计算机只能安装一个网卡吗？

11．简述交换机的工作原理。

12．简述网桥的工作原理。

13．简述路由器的工作原理。

14．简述网关的工作原理。

15．简述路由器与网桥的区别。

16．因特网网关的主要作用是什么？

CHAPTER4 第 4 章

# 局域网技术

局域网技术是当前计算机网络研究与应用的一个热点问题，也是目前发展最快的领域之一。目前局域网技术已经在企业、机关、学校及家庭中得到了广泛的应用。人们在日常的工作、学习、生活中接触到的计算机网络基本上都是局域网。

## 4.1 局域网概述

局域网是小型计算机和微型计算机普及与推广之后发展起来的，是目前应用最为广泛的一种重要的计算机网络。由于局域网具有组网灵活、成本低、应用广泛、使用方便、技术简单等特点，其已经成为当前计算机网络技术领域中最活跃的一个分支。

### 4.1.1 局域网的主要特征

局域网的名字本身就隐含了这种网络在地理范围上的局域性。由于较小的地理范围的局限性，局域网具有很高的传输速率。

#### 1. 局域网的概念

由于局域网技术发展迅速，所以很难给局域网下一个确切的定义。通常这样认为：局域网是指在有限的地理区域内构建的计算机网络，按照 IEEE 对局域网所下的定义：局域网是一个允许很多彼此独立的计算机在适当的区域内、以适当的传输速率直接进行沟通的数据通信系统。局域网是最基本的计算机网络形式，只涉及了 OSI 参考模型的低 3 层的协议。

#### 2. 局域网的主要特征

局域网通常被限制在中等规模的地理区域内，采用具有从中等到较高的数据传输速率和较低误码率的物理通信信道。具体来说，局域网具有以下主要特点：

（1）局域网覆盖的地理范围小，如一个房间、一幢大楼、一座工厂、一所学校、一个社区，其地理覆盖范围通常不超过 10km。

（2）通信速率较高。局域网具有较高数据传输速率，一般不小于 10Mbps，以目前的技术看，速率可达 10000Mbps，局域网中数据传输质量高，误码率低。

（3）局域网通常为一个单位所有。由于局域网的小范围分布和高速传输，使它适用于对一个部门或一个单位的管理。这样，局域网的所有权可以归某一个单位所有，为单位内部使用，它不需要由国家通信部门参与管理。

（4）便于安装和维护，可靠性高。局域网的安装比较简单，扩充也很容易，在大量采用的星形局域网中，可以随时增加站点。而且，在某些站点出现故障时，整个网络可以正常工作。局域网可以构成分布式处理系统，故障站点的计算任务可以移至别的站点进行处理。

（5）如果采用宽带局域网，则可以实现对数据、语音和图像的综合传输；在基带网（窄带网）上，采用一定的技术，也能实现语音和静态图像的综合传输，可以为办公自动化提供数据传输上的支持。

（6）协议只涉及通信子网的内容。局域网协议模型只包含 OSI 参考模型低三层（即通信子网）的内容，但其介质访问控制比较复杂，所以局域网的数据链路层分为 LLC 子层和 MAC 子层。

### 4.1.2 局域网地址

局域网地址被定义在 MAC 层，称为物理地址。IEEE 802 为每个站规定了一个 48 位的全地址，当一个站搬移到另一个局域网中时，并不改变其全局地址。在 48 位地址中，高 24 位由 IEEE 分配，世界上凡是生产局域网网卡的厂家都必须向 IEEE 购买相应的高 24 位地址，该地址被称为地址块或厂家代码。而低 24 位地址则有 3 种分配方式，即固定方式（由厂家分配）、可配置方式和动态配置方式。

对于共享同一介质的局域网来说，物理地址除了指明数据发送和接收的网卡之外，还可以过滤那些不属于本主机接收而又必须处理的数据帧信息。后者的意思是，网络接口卡把自己的物理地址和所接收的数据帧的物理地址进行比较，仅当两者匹配时，才将该数据帧送入本机内存或缓冲区进行接入处理，否则，就将其抛弃。对于局域网来说，物理地址还可以被设置成广播方式的形式。即在物理地址中设置相应的广播标识，此时，所有收到具有该标识的数据帧的计算机都把该帧复制给主机操作系统。

不同厂商的产品使用不同的配置方法和参数，来配置网络接口卡的物理地址并使其具有过滤或广播功能。这些配置方法大致可以分为以下 3 种。

（1）固定方式。

固定方式的物理地址取决于网络接口卡制造商。制造商在设计制造这些网络接口卡时已经为它们设置了相应的物理地址。这些物理地址是不能改变的，除非该网卡被更换。

（2）可配置方式。

可配置方式提供一个用户可以进行物理地址配置的软件接口。用户可以使用交互式命令方式进行配置，也可以通过设置 EPROM 内的程序方式进行配置。一般来说，网络接口卡在第一次安装时进行交互式命令配置，以后则可由网络管理系统用命令自动获得。

（3）动态配置方式。

动态配置方式是一种自动地对物理地址进行修改和管理的方式。当相应的网络被启动时，动态配置程序将会随机地为每个网卡设置一个互不冲突的物理地址。

固定方式的优点是用户使用起来较为方便，因为用户一般不愿意深入太多的硬件细节。然而这种方式却缺乏灵活性。可配置方式可使物理地址控制在一个较小范围内，但安全性不高，且容易引起地址冲突。动态配置方式具有两个长处，一是不需要硬件厂商为相应的设备分配地址，二是具有较好的灵活性。此外，由于每次网络启动时物理地址都会被重新配置，因而地址的安全性也较高。但由于动态配置的地址是随机生成的，在每次给一个设备配置物理地址之前，都必须和同一网中其他物理地址相比较，以检查是否有地址冲突存在，因而要消耗较多的处理时间。

### 4.1.3 局域网的网络模式

不同的网络模式，其工作特点和所提供的服务是不同的，因此用户应当根据所运行的应用程序的需要，选择合适的网络模式。

局域网在发展进程中的几种网络模式分别有以下几种系统结构。

- 对等网络系统结构。
- 客户机/服务器系统结构。
- 专用服务器模式。

#### 1. 对等网络结构系统

对等网络是指网络上每台计算机的地位都是平等的或者是对等的。没有特定的计算机作为服务器。在 Windows 系列操作系统中，对等网络又称为工作组网络（Workgroup）。

（1）对等网。

对等网也可以说是不要服务器的局域网，它是一个分布式网络系统。在对等网中资源和管理是分散在网络中的各个工作站上的，网络中的每一台计算机之间不是“服务器/工作站”

的关系，也不是“客户机 / 服务器”的关系，在对等网上各台计算机都有相同的功能，没有主从之分，网络上任意的节点计算机既可以作为网络服务器为其他计算机提供资源，也可以作为工作站，给其他计算机分享资源。它们之间是对等的，充分利用了点到点通信的功能。

在对等网中，各工作站除共享文件外，还可以共享打印机。对等网上的打印机可被网络上的任一节点使用，如同使用本地打印机一样方便。因为对等网不需要专门的服务器来做网络支持，也不需要其他组件来提高网络的性能。

（2）对等网络的规划。

对等网络的规划一般比较简单，通常采用如图 4-1 所示的星形结构或如图 4-2 所示的总线型结构。

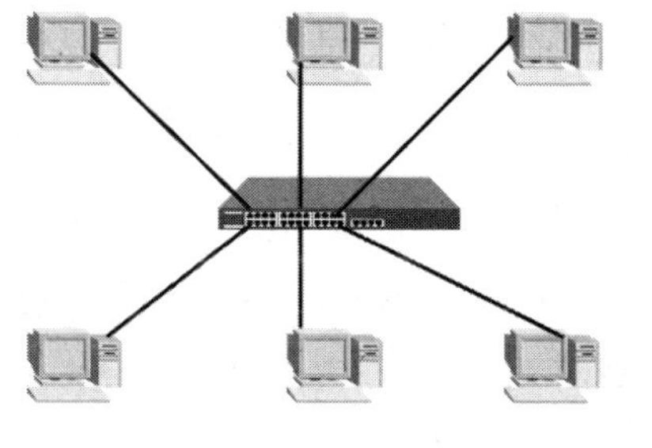

图 4-1　星形结构对等网

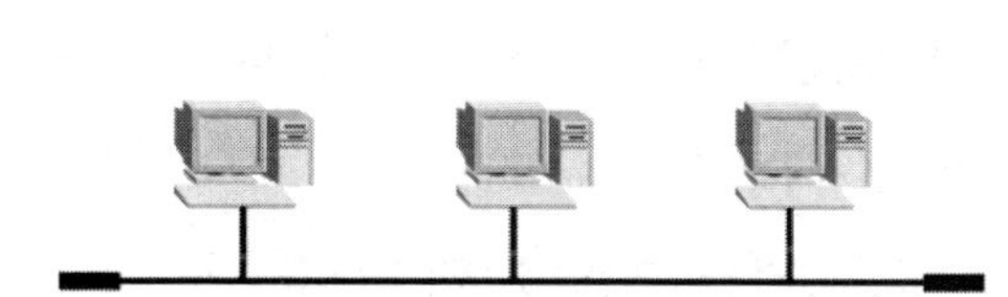

图 4-2　总线型结构对等网

目前，多采用星形拓扑结构。

星形结构对等网用户要选购的硬件包括：①交换机；②每台上网的计算机购置一块带有 RJ-45 接口的网卡；③每台上网的计算机购置一条末端装有 RJ-45 接头的双绞线，双绞线的长度视计算机与交换机的距离而定，一般在 100m 以内。

（3）对等网的适用场合。

对等网非常适用于小型办公室、实验室和家庭等小规模网络，通常对网络中计算机工作站的要求是，最好不超过 10 台计算机，超过 10 台计算机以后，对等网的维护会变得十分困难。所以当用户的计算机数量不多并以资源共享为主要目的时，建议采用对等网网络结构。

（4）对等网的特点。

① 主机地位相等。在对等网络中的每一台计算机，当要使用网络中的某种资源时它就是客户机，当它为网络的其他用户提供某种资源时，就成为服务器，所以在对等网络中的计算机既可作为服务器也可作为客户机。实际上在网络中所有的打印机、光驱、硬盘、甚至软驱和调制解调器都能进行共享。

② 管理方便。对等网络中每台计算机都有绝对的自主权，自行管理自己的资源和账户，用户自行决定资源是否共享，其管理方式是分散的。但也因此安全性较差，复杂的网络管理功能，如安全的远程访问等无法实现。

③ 成本低廉。对等网不需要专用服务器，不需要功能强大的交换设备，系统配置简单，维护费用低。

在用户对网络功能和服务要求不高的小型局域网建设中，对等网络可以满足用户的需要，如办公室、家庭和游戏厅等小规模网络。

### 2. 客户机/服务器网络结构

客户机/服务器网络（C/S）是以服务器为中心的网络模型，也称为主/从结构网络。在20世纪90年代相当流行，这种网络模型价格低廉，资源共享灵活简单，有良好的可扩充性。

（1）客户机/服务器网络。

客户机/服务器网络结构是在专用服务器结构的基础上发展起来的。随着局域网的不断扩大和改进，在局域网的服务器中共享文件、共享设备的服务仅仅是典型应用中很小的一部分。网络技术的发展使得文件服务器也可以完成一部分应用处理工作。每当用户需要一个服务时，由工作站发出请求，然后由服务器执行相应的服务，并将服务的结果送回工作站。这时，工作站已不再运行完整的程序，其身份也自然从“工作站”变为“客户机”。局域网中需要处理的工作任务分配给客户机端和服务器端共同来完成。

（2）客户机/服务器网络的规划。

客户机/服务器网络的规划，通常采用如图4-3所示的星形拓扑结构，使用专用的服务器为网络用户提供服务。服务器有文件服务器、应用服务器等。服务器是局域网中的核心设备，一般由高档的计算机或专用服务器来担任。它有大容量的内存和硬盘，以及高速的CPU，服务器上安装有网络操作系统，用户可以共享服务器上的网络资源。

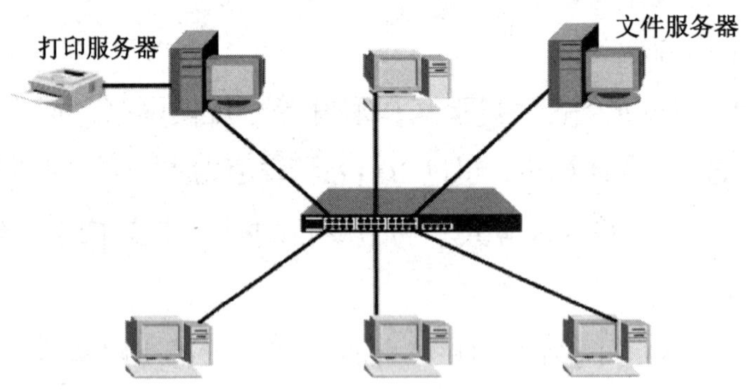


图4-3　客户机/服务器网络结构

星形结构客户机/服务器网络用户要选购的硬件包括：

① 服务器。

② 交换机。

③ 每台上网的计算机购置一块带有RJ-45接口的网卡。

④ 每台上网的计算机购置一条末端装有 RJ-45 接头的双绞线，双绞线的长度视计算机与交换机的距离而定，一般在 100m 以内。

（3）适用场合。

C/S 结构具有广泛的适用性，因此被应用于各种安全性能要求较高的、便于管理的、具有各种计算机档次的中小型单位。如公司的办公网络、工商企业网、校园网和园区网等。

（4）客户机 / 服务器网络（C/S）的特点。

① 分工明确。

在客户机 / 服务器网络中，网络中计算机分工明确。服务器就是负责网络资源的管理和提供网络服务的，客户机向服务器请求服务和访问共享资源。明确分工便于将重要的数据集中，使访问变得更加方便和安全，而且可以提供强大的网络服务。这是对等网无法做到的。

② 集中式管理。

这种网络中服务器承担集中式网络管理的工作，从用户身份的验证到资源访问控制都是在服务器上进行的，网络管理更加方便和专业。客户机不需要进行网络管理工作，只需要关注网络的使用。

③ 可扩充性好。

客户机 / 服务器网络的可扩充性优于对等网。在对等网络中，添加一台主机，由于对资源控制的需要，可能需要在网络中每台主机上都进行一定的配置；在客户机 / 服务器网络中，当需要增加主机时，不需要重新设计，直接加挂计算机就可以。

### 3．专用服务器模式

在局域网中，服务器是网络的核心。一般情况下，大多数网络都有一个或多个指定的服务器，这个服务器只作为资源的提供者或者网络的管理者，而并不作为一个客户或者工作站。在这种情况下，服务器可以为客户提供功能强大、响应迅速的服务，并可以为网络资源提供完善的安全措施。同时，客户端计算机并不提供任何共享的资源和服务，它仅仅是作为一个客户来访问服务器的资源。

服务器的网络具有易于管理、较好的安全性、有效地实现备份和冗余、有利于降低客户端设备的要求等优点。

在一个服务器上，可以同时提供多个不同的服务。但是，在网络设计时，要根据服务器的处理能力、网络数据传送等情况，确定合理的配备，做到成本与效益的平衡。

作为专用服务器的设备通常是一台高性能、高可靠性的微机、小型机或大型机。每个服务器一般要配置一个或多个可调整的大容量磁盘存储器。磁盘存储器中要存放网络的文件系统、各个用户的应用程序、数据文件等，如果磁盘容量不够时，还可以增加磁盘。

服务器上运行的网络操作系统是负责处理各工作站提出的服务请求。所以服务器还必须

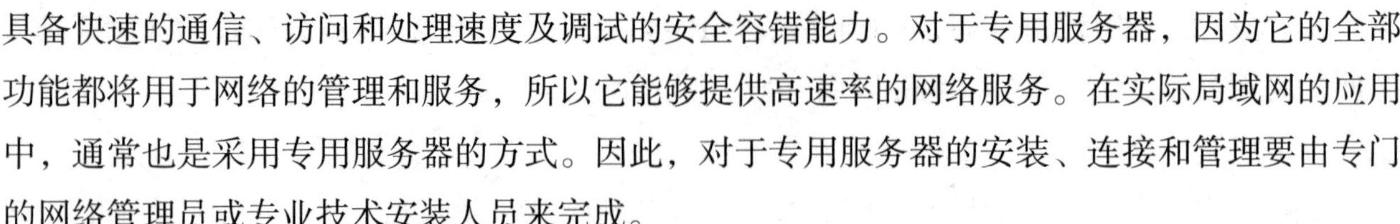

具备快速的通信、访问和处理速度及调试的安全容错能力。对于专用服务器，因为它的全部功能都将用于网络的管理和服务，所以它能够提供高速率的网络服务。在实际局域网的应用中，通常也是采用专用服务器的方式。因此，对于专用服务器的安装、连接和管理要由专门的网络管理员或专业技术安装人员来完成。

## 4.1.4 以太网

世界上第一个以太局域网是 1972 年由罗伯特·梅特卡夫和施乐公司帕洛阿尔托研究中心的同事们开发的实验系统，目的是将办公室中的工作站与昂贵的主计算机连接起来，以便让工作站分享主计算机资源和其他昂贵的外设。之所以称为以太网，是借用“以太”来描述以太网络的特征——物理介质将信号传播到网络的每一个角落。

### 1. 以太网标准

美国电子电气工程师协会（IEEE）在制定局域网标准中起了很大的作用，许多 IEEE 802 标准已成为 ISO 国际标准。

现在 IEEE 802 模型的标准从 IEEE 802.1～IEEE 802.23，以下是其中的几个：

- IEEE 802.1：网间互连。
- IEEE 802.3：定义了以带冲突检测的多路访问载波侦听为特点的新局域网标准。
- IEEE 802.3 i：定义了 10 Base-T 介质访问控制方法与物理层技术规范。
- IEEE 802.3 u：定义了 100 Base-T 介质访问控制方法与物理层技术规范。
- IEEE 802.3 z：定义了 1000 Base-X 介质访问控制方法与物理层技术规范。
- IEEE 802.8：定义了光纤技术介质访问控制方法与物理层技术规范。
- IEEE 802.11：定义了无线（Wireless）局域网 WLAN 介质访问控制方法与物理层规范。

### 2. 以太网的介质访问控制方法——带冲突检测的载波侦听多路访问

冲突检测/载波侦听是以太网中采用的介质访问控制方法，它的控制规则是各用户之间采用竞争方法抢占传输介质以取得发送信息的权利。

- CS—载波侦听：每个节点监视网络状况，确定是否有其他节点在发送数据。
- MA—多路访问：网络中的多个节点可能试图同时发送数据。
- CD—冲突检测：每个节点通过比较自己发送的信息是否受损来检测信号的冲突。

冲突检测/载波侦听介质访问控制的工作过程如下。

① 发送信息的站点首先“侦听”信道，看是否有信号在传输，如果发现信道正忙，就继续侦听。

② 如信道空闲，就可以立即发送数据；注意此时可能有两个或更多个站点同时都在侦听并发现信道空闲，而在信道空闲后有可能同时发送数据。

③ 发送信息的站点在发送过程中同时监听信道，检测是否有冲突发生。发生冲突的结果是双方的数据都受损。

那么如何判断发生了冲突？发送方通过接收信道上的数据并与发送的数据进行比较，就可以判断是否发生了冲突。

④ 当发送方检测到冲突后，就立即停止该次数据的传输，并向信道上发长度为 4 字节的“干扰”信号，以确保其他站点也发现该冲突。然后，再等待一段时间再尝试发送。

目前，常见的局域网中，一般都采用 CSMA/CD 访问控制方法的逻辑总线型网络，用户只要使用 Ethernet 网卡，就具备此种功能。

### 3．主要的以太网络

（1）10Mbps 以太网。

10Mbps 以太网技术主要有 10Base 5、10Base 2、10Base-T 和 10Base-F 四种类型。

① 10Base 5。

这种以太网称为粗缆以太网，采用基带传输，使用总线型拓扑结构，传输介质为粗同轴电缆，每一段电缆的最大长度为 500m。因为其构建成本较高，网络维护比较困难，目前 10Base-5 的应用越来越少了。

② 10Base 2。

这种以太网称为细缆以太网，采用基带传输，使用总线型拓扑结构，传输介质为细同轴电缆，每一段电缆的最大长度为 185m。网络安装简单，电缆线也比较便宜，成本较低，但连接的长度较短，网络可靠性不高，如果总线出了问题，则整个网络都不能工作，且断网后网络故障点难以查找。

③ 10Base-T。

1990 年，IEEE 制订出星形网 10Base-T 的标准 802.3i。10 表示传输速率为 10Mbps，“T”表示 Twist（绞合），即使用双绞线（3 类、5 类或超 5 类），使用 4 对线中的 2 对双绞电缆，一对用于发送数据，另一对用于接收数据。10Base-T 每段的距离限制为 100m。

10Base-T 以太网采用星形拓扑结构，中央节点是一个集线器 Hub，每个节点把数据传输到中央节点，中央节点再传输到每一个节点。

④ 10Base-F。

10Base-F 是 10Mbps 光纤以太网，使用 62.5μm/125μm 多模光纤介质和 ST 标准介质连接器，通过多模光纤介质和 ST 连接器把网络站点与光纤集线设备相连，组成光纤以太网，具

有传输距离长、安全可靠等优点。使用2芯光纤，一芯用于发送，另一芯用于接收，最大传输距离为2km。

（2）快速以太网（Fast Ethernet）——100Base-TX。

随着以太网技术的不断发展，出现了数据速率达到100Mbps的以太网，被称为快速以太网。其中最重要的技术是100Base-TX和100Base-FX。

100Base-TX基于IEEE802.3U标准，是使用两对UTP或STP接线的100Mbps的基带快速以太网规范。一对用于发送数据，另一对用于接收数据。100Base-TX 每段的距离限制为100m。采用以太网交换机，比原来的集线器能够更有效地进行数据传输。

100Base-FX是使用多模光纤作为传输介质的。出现100Base-FX不久就出现了吉比特的光纤和铜线传输标准，所以现在100Base-FX标准并没有被广泛使用，而100Base-TX标准则得到了广泛使用。

（3）千兆以太网。

1998年IEEE802.3z委员会通过了1000Base-X标准，该标准将光纤上的数据传输率提升到1Gb/s，所以千兆以太网又称为吉比特以太网，其具有较长的传输距离和较好的抗干扰性，选择设备也非常丰富，现已进入市场，是当前最受欢迎的网络技术之一。1000Mbps以太网技术主要有1000Base-SX、1000Base-LX、1000Base-CX三种类型。

① 1000Base-SX。

1000Base-SX 是一种在收发器上使用短波激光作为信号源的媒体技术，收发器上的光纤激光传输器的激光波长为770～860nm。支持62.5μm/125μm和50μm/125μm两种多模光纤介质，不支持单模光纤。对62.5μm多模光纤，在全双工模式下最大传输距离为275m，对50μm多模光纤，在全双工模式下最大传输距离为550m。使用SC标准光纤连接器。

② 1000Base-LX。

1000Base-LX 是一种在收发器上使用长波激光作为信号源的媒体技术，收发器上的光纤激光传输器的激光波长为1270～1355nm。支持62.5μm/125μm和50μm/125μm两种多模光纤介质，也支持单模光纤。在使用多模光纤且在全双工模式下最大传输距离为 550m，对9μm/125μm单模光纤，在全双工模式下最大传输距离为5km。使用SC标准光纤连接器。

③ 1000Base-CX。

1000Base-CX 是短距离铜线千兆以太网标准，它使用一种特殊规格的屏蔽双绞线，双绞线的特性阴抗为150Ω，最大传输距离为25m。连接双绞线的连接器是9针的D型连接器或8针带屏蔽光纤信道2型连接器。

### 4.1.5 网络操作系统

网络操作系统实际上是程序的组合，是在网络环境下用户与网络资源之间的接口，用以实现对网络资源的管理和控制。它是一种能够利用网络低层提供的数据传输功能，为高层网络用户提供共享资源管理等网络服务功能的系统软件的集合。目前局域网中主要存在以下几类网络操作系统：

#### 1. Windows 类

对于这类操作系统相信用过计算机的人都不会陌生，这是全球最大的软件开发商Microsoft（微软）公司开发的。微软公司的 Windows 系统不仅在个人操作系统中占有绝对优势，它在网络操作系统中也是具有非常强劲的力量。这类操作系统配置在整个局域网配置中是最常见的，但由于它对服务器的硬件要求较高，且稳定性能不是很高，所以微软的网络操作系统一般只是用在中低档服务器中，高端服务器通常采用 UNIX、Linux 或 Solairs 等非 Windows 操作系统。在局域网中，微软的网络操作系统主要有：Windows 2000 Server/Advance Server、Windows Server 2003/ Advance Server 及 Windows 2008 系统等，工作站系统可以采用任一Windows 或非 Windows 操作系统，包括个人操作系统，如 Windows 9x/ME/XP/7 等。

#### 2. NetWare 类

NetWare 操作系统虽然远不如早几年那么风光，在局域网中也已失去了当年雄霸一方的气势，但是 NetWare 操作系统仍以对网络硬件的要求较低（工作站只要是 286 计算机就可以了）而受到一些设备比较落后的中、小型企业，特别是学校的青睐。人们一时还忘不了它在无盘工作站组建方面的优势，更忘不了它那毫无过分需求的大度。因为它兼容 DOS 命令，其应用环境与 DOS 相似，经过长时间的发展，具有相当丰富的应用软件支持，技术完善、可靠。目前常用的版本有 3.11、3.12、4.10、4.11、5.0 等中英文版本，NetWare 服务器对无盘站和游戏的支持较好，常用于教学网和游戏厅。目前这种操作系统的市场占有率呈下降趋势，这部分的市场主要被 Windows 和 Linux 系统瓜分了。

#### 3. UNIX 系统

目前常用的 UNIX 系统版本主要有：UNIX SUR 4.0、HP-UX 11.0，SUN 的 Solaris 8.0 等。支持网络文件系统服务，提供数据等应用，功能强大，由 AT&T 和 SCO 公司推出。这种网络操作系统稳定和安全性能非常好，但由于它多数是以命令方式来进行操作的，不容易掌握，特别是初级用户。正因如此，小型局域网基本不使用 UNIX 作为网络操作系统，UNIX 一般用于大型的网站或大型的企业、事业单位的局域网中。UNIX 网络操作系统历史悠久，其良

好的网络管理功能已被广大网络用户所接受，拥有丰富的应用软件的支持。目前 UNIX 网络操作系统的版本有：AT&T 和 SCO 的 UNIXSVR 3.2、SVR 4.0 和 SVR 4.2 等。UNIX 是针对小型机主机环境开发的操作系统，是一种集中式分时多用户体系结构。因其体系结构不够合理，UNIX 的市场占有率呈下降趋势。

### 4.1.6 局域网的组成

计算机网络系统是由网络硬件系统和网络软件系统两部分组成的，局域网也不例外。从局域网的物理组成来看，局域网的基本硬件主要有：服务器、工作站、网络接口卡、传输介质、集线设备等；局域网的软件系统主要有：网络操作系统、工作站软件、网卡驱动程序、网络应用软件、网络管理软件、网络诊断备份软件等。

#### 1. 局域网的硬件系统

（1）服务器。

在网络中提供服务资源并起服务作用的计算机称为服务器。根据服务器所提供服务的不同，可以把服务器分为文件服务器、打印服务器、应用系统服务器等。文件服务器是用来管理用户的文件资源，它能同时处理多个客户机的访问请求，文件服务器对网络的性能起着非常重要的作用；打印服务器是负责处理网络用户的打印请求，普通打印机和运行打印服务程序的计算机相连，共享该打印机后这台计算机就成为打印服务器；应用系统服务器是运行客户机／服务器应用程序的服务器端软件、保存大量信息供用户查询的服务器。

为了充分发挥高性能服务器的潜力和节省开支，通常将几种网络服务器合二为一，从而使一台计算机执行多种网络服务功能，成为局域网的运行控制中心，一个局域网中至少要有一台计算机作为文件服务器使用。

由于服务器是整个网络的中心，网络操作系统的核心部分在服务器上装载并运行，同时又要管理网络上的各种资源和网络通信，为网络中的工作站提供各类网络服务，这就需要很高的运行安全可靠性，责任重大，因而往往选用高档计算机或是专用服务器设备来充当，并配有相应的不间断电源（UPS）来保证在突然停电情况下仍能工作一段时间的能力，并通过网络通知各工作站用户做适当处理，从而使网络数据和用户工作不受损失。

（2）工作站。

连接到网络中的计算机被称为工作站。工作站是网络用户最终的操作平台。用户在工作站上通过向文件服务器注册登录，向文件服务器申请网络服务。

工作站一般不用来管理共享资源，但必要时也可以将工作站的外设设置为网络共享设备，从而具有某些服务器的功能。

如果工作站没有硬盘也没有软驱，但有处理器，这种工作站只有上网后才能工作，这种没有任何存储器的工作站称为无盘工作站。

（3）网络接口卡。

网络接口卡简称网卡，又称为网络适配器，它是计算机与传输介质之间的物理接口。它一方面负责将发送给其他计算机的数据转变成能够在传输介质上传输的信号发送出去，另一方面又要负责通过传输介质接收信号，并且通过网卡把接收到的信号转换成可以被计算机识别的数据。

局域网中的任何一台计算机，包括服务器和工作站，都要在其扩展槽中插入一块网络接口卡。它一方面通过总线接口与计算机相连，另一方面又通过电缆接口与网络传输媒介相连，从而实现服务器与服务器、服务器与工作站、工作站与工作站等的相互通信，实现局域网络标准中物理层和数据链路层的功能。

（4）集线设备。

局域网中的集线设备主要有交换机和集线器两种，集线器主要用于共享式局域网中，交换机主要用于交换式局域网中。集线器简称 Hub，是一种最常用的有源的、能够对数据信号进行整形再生的、应用于星形拓扑结构的网络设备。集线器一般有 8 个、16 个或 24 个端口，通过这些端口可以把计算机连接起来。集线器是一个集中式、广播式的中继器设备，当其中某个连接端口接收到信号数据包后，便将这个数据包的内容进行整形再生，复制到每个连通的连接端口上，送往目前连接该集线器的各项设备上。使用集线器可以提高网络的稳定性和可靠性，改善网络的管理和维护。交换机又称为网络开关，是专门设计的、使计算机能够相互高速通信的独享带宽的网络设备。它属于集线器的一种，但是和普通的集线器在功能上有很大的区别。普通的集线器仅能起到数据接收发送的作用，而交换机则可以智能地分析数据包，有选择地将其发送出去。

（5）通信介质。

通信介质是用来连接计算机与计算机、计算机与集线器等的媒介。它可以是同轴电缆、双绞线、光缆，也可以是无线介质。使用何种通信介质一般取决于网络资源类型和网络体系结构。如同轴电缆常用于总线结构的网络、光缆常用于光纤环网等。

### 2．局域网的软件系统

局域网的软件系统主要由网络操作系统、工作站软件、网卡驱动程序等部分组成。

（1）网络操作系统。

网络操作系统 NOS 运行在服务器上，负责处理工作站的请求，控制网络用户可用的服务程序和设备，维持网络的正常运行。

（2）工作站软件。

工作站软件运行在工作站上，处理工作站与网络间的通信，与本地操作系统一起工作，一些任务分配给本地操作系统完成，一些任务交给网络操作系统完成。

（3）网卡驱动程序。

网卡驱动程序是网络硬件专用的，一般随网卡一起提供，工作站或服务器上的网卡必须经过驱动才能正常工作。

（4）网络应用软件。

网络应用软件是专门为在网络环境中运行而设计的，网络版应用程序允许多个用户在同一时刻访问、操作、使用，它是网络文件资源共享的基础。

（5）网络管理软件。

网络管理软件一部分包含在网络操作系统中，但大部分独立于操作系统，需要单独购买。它能监测网络上的活动并收集网络性能数据，并能根据数据提供的信息来微调和改善网络性能。

## 4.2 小型局域网构建

随着计算机网络技术、现代通信技术的飞速发展以及计算机的大量普及，各种不同类型的局域网在我们日常生活中大量地组建，为人们的生活带来了便利。家庭、学校、社区、公司都可以看到局域网的身影。这些网络中，最常见的是规模较小的公司的对等网络。

### 4.2.1 构建小型对等网络

对等网络一般适用于家庭或小型办公室中的几台或十几台计算机的互联，不需要太多的公共资源，只需简单的实现几台计算机之间的资源共享即可（说明：在不同的操作系统环境下，设置方法会有些差异，本例以 Windows XP 系统为例）。对等网的组建通常需要做以下几个方面的工作：

（1）选择拓扑结构。

在组建对等型网络时，用户可选择总线型网络结构或星形网络结构，若要进行互联的计算机在同一个房间内，可选择总线型网络结构；若要进行互联的计算机不在同一个区域内，分布较为复杂，可采用星形网络结构，通过集线设备实现互联。但为了方便管理与组建，现在通常使用星形网络结构，如图 4-4 所示。

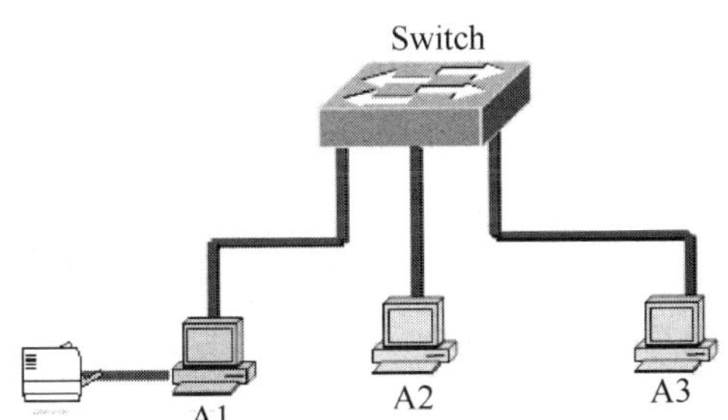


图 4-4　对等网的拓扑结构

（2）准备硬件设备。

一般情况下，对等网的规模非常小，需要使用的硬件设备也不会很多，在一个小型办公网络中，可能使用到的硬件除了正常的办公计算机及打印机外，还需要使用 1～2 台交换机及一定数量的网络连接线缆。

（3）规划 IP 地址。

IP 地址可以分为私有 IP 地址和公有 IP 地址。直接与因特网相连的所有主机都必须有唯一的公有 IP 地址。只要网络中的主机不直接连接到因特网，它们便可使用私有地址，因此多个网络可以使用相同的私有地址集。在局域网中 IP 地址通常使用 192.168.×.0 段的 C 类网络地址，根据网络中计算机的数量情况，用户自行规划主机地址，规划时可以参照表 4-1 进行。

表 4-1　规划 IP 地址

| 计　算　机 | IP　地　址 | 子 网 掩 码 |
|---|---|---|
| A1 | 192.168.0.1 | 255.255.255.0 |
| A2 | 192.168.0.2 | 255.255.255.0 |
| A3 | 192.168.0.3 | 255.255.255.0 |
| A4 | 192.168.0.4 | 255.255.255.0 |
| A5 | 192.168.0.5 | 255.255.255.0 |
| … | … | … |

（4）硬件连接。

硬件连接是用直通网线将计算机与交换机连接起来，以实现计算机间的物理连接。

（5）配置网络属性。

网络连接的属性内容比较多，在这里主要是设置 IP 地址，以方便网络通信。

选中桌面上的“网上邻居”图标，右击，在弹出的快捷菜单中选择“属性”命令，打开“网络连接”对话框，在此对话框中选中“本地连接”图标，右击，在快捷菜单中选择“属性”命令，打开“本地连接”的属性对话框，如图 4-5 所示。

在“此连接使用下列项目”列表中选中“因特网协议”项，单击“属性”按钮，打开属性页，在此对话框中设置计算机的 IP 地址和子网掩码，如图 4-6 所示。设置完成后单击“确定”按钮退出。按照规划好的 IP 地址采用同样的方法设置其他计算机的 IP 地址。

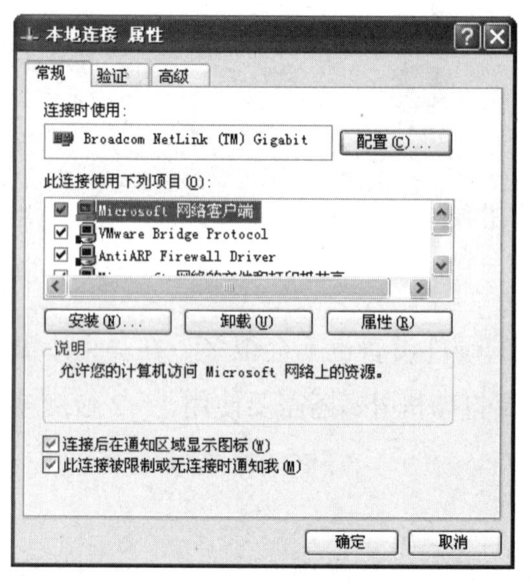

图 4-5　“本地连接”属性

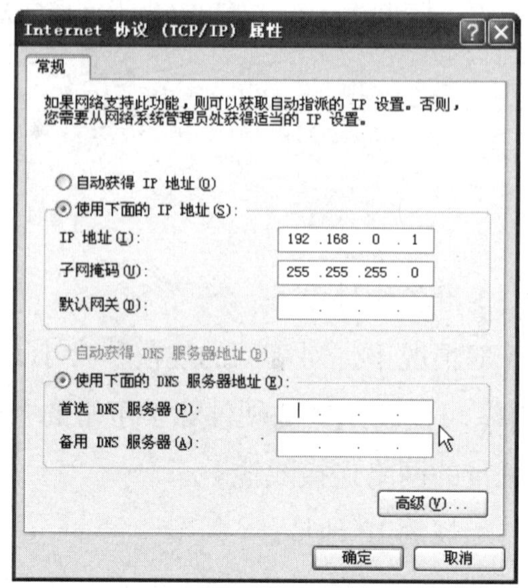


图 4-6　“TCP/IP”属性

在计算机 A2 上单击“开始”菜单，选择“运行”命令，在打开的“运行”对话框中输入“cmd”进入命令控制界面。在提示符下输入 ping 192.168.0.1，检查网络连接情况，当出现图 4-7 所示界面时表明网络已经连通。

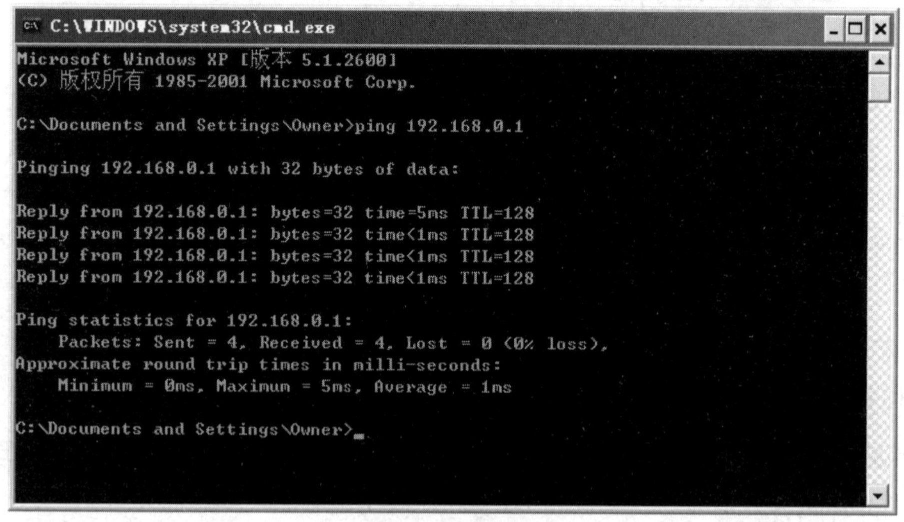


图 4-7　网络测试连通

（6）设置共享文件夹。

在对等型网络中，实现资源共享是其主要目的，设置共享文件夹是实现资源共享的常用方式，在 Windows XP 中，设置共享文件夹可执行下列操作：

① 双击“我的电脑”图标，打开“我的电脑”对话框。

② 选择要设置共享的文件夹，在左边的“文件和文件夹任务”窗格中单击“共享此文件夹”超链接，或右击要设置共享的文件夹，在弹出的快捷菜单中选择“共享和安全”命令。

③ 打开“文件夹属性”对话框中的“共享”选项卡，如图 4-8 所示。

④ 在“网络共享和安全”选项组中选中“在网络上共享这个文件夹”复选框，这时“共享名”文本框和“允许网络用户更改我的文件”复选框均变为可用状态。

⑤ 在“共享名”文本框中输入该共享文件夹在网络上显示的共享名称，用户也可以使用其原来的文件夹名称。

⑥ 若选中“允许网络用户更改我的文件”复选框，则设置该共享文件夹为完全控制属性，任何访问该文件夹的用户都可以对该文件夹进行编辑修改；若清除该复选框，则设置该共享文件夹为只读属性，用户只可访问该共享文件夹，而无法对其进行编辑修改。

⑦ 设置共享文件夹后，在该文件夹的图标中将出现一个托起的小手，表示该文件夹为共享文件夹，如图 4-9 所示。

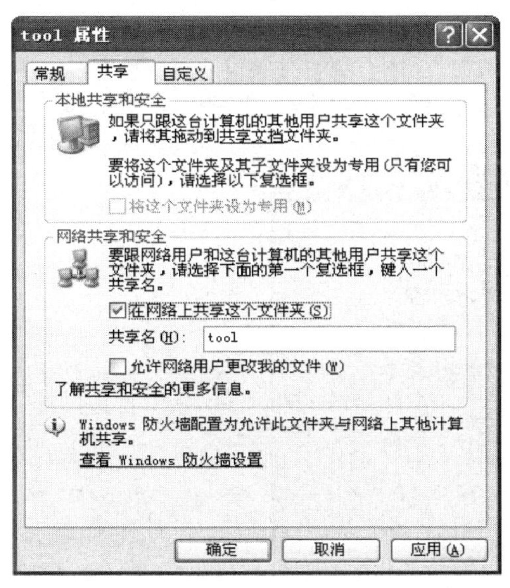


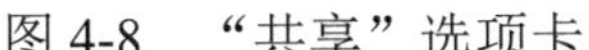
图 4-8　“共享”选项卡

图 4-9　共享文件夹

（7）打印机的安装与设置。

在网络中，用户不仅可以共享各种软件资源，还可以设置共享硬件资源，如设置共享打印机。要设置网络共享打印机，用户需要先将该打印机设置为共享，并在网络中其他计算机上安装该打印机的驱动程序。将打印机设置为共享，可执行下列操作：

① 单击“开始”按钮，选择“控制面板”命令，打开“控制面板”对话框。

② 在“控制面板之选择一个类别”对话框中单击“打印机和其他硬件”超链接，打开“打印机和其他硬件”对话框，如图 4-10 所示。

③ 在“选择一个任务”选项组中选择“查看安装的打印机或传真打印机”超链接，打开

“打印机和传真”对话框，如图 4-11 所示。

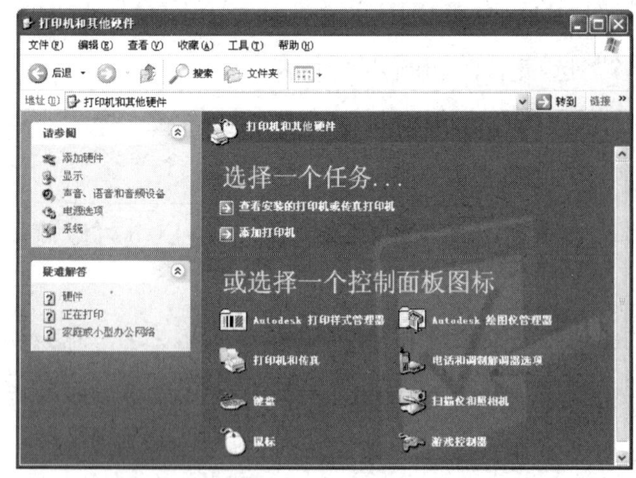


图 4-10 “打印机和其他硬件”对话框

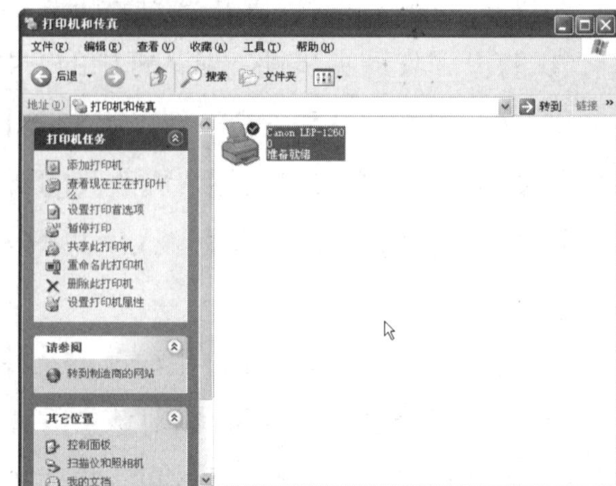


图 4-11 “打印机和传真”窗口

④ 在该对话框中选中要设置共享的打印机图标，在“打印机任务”窗格中单击“共享此打印机”超链接，或右击该打印机图标，在弹出的快捷菜单中选择“共享”命令。

⑤ 打开“Canon LBP-1260 属性”对话框中的“共享”选项卡，如图 4-12 所示。

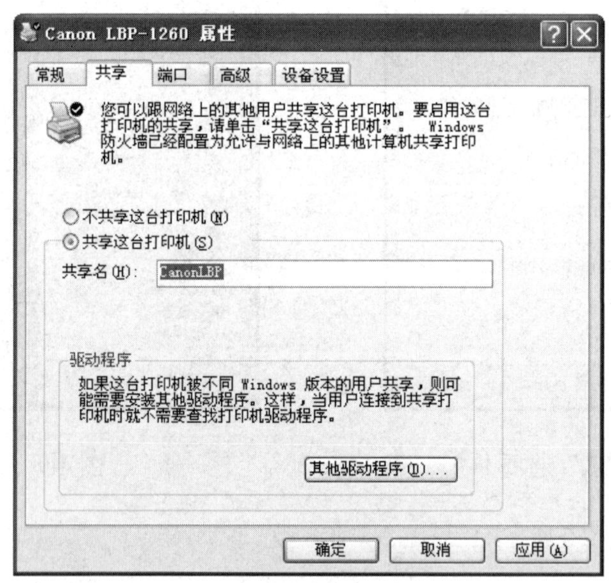


图 4-12 设置打印机共享

⑥ 在该选项卡中选中“共享这台打印机”选项，在“共享名”文本框中输入该打印机在网络上的共享名称。单击“确定”按钮，完成共享打印机的设置。

网络中的其他计算机如果要使用网络中共享的打印机，还需要在本机上安装共享打印机的驱动程序，安装方法如下。

① 打开网络中的其他一台计算机，打开控制面板中“打印机和传真”窗口，在打印机窗

口中单击“添加打印机”链接，系统将会给出“添加打印机向导”对话框。

② 在“添加打印机向导”中选择添加“网络打印机或连接到其他计算机的打印机”，如图 4-13 所示。

③ 单击“下一步”按钮，在“指定打印机”窗口中的“连接到 Internet、家庭或办公网络上的打印机”URL 的文本输入框中输入相应的地址和打印机名，如图 4-14 所示。

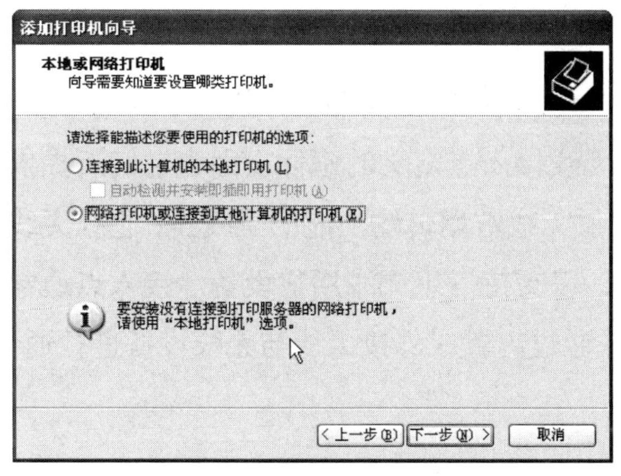


图 4-13 添加网络打印机

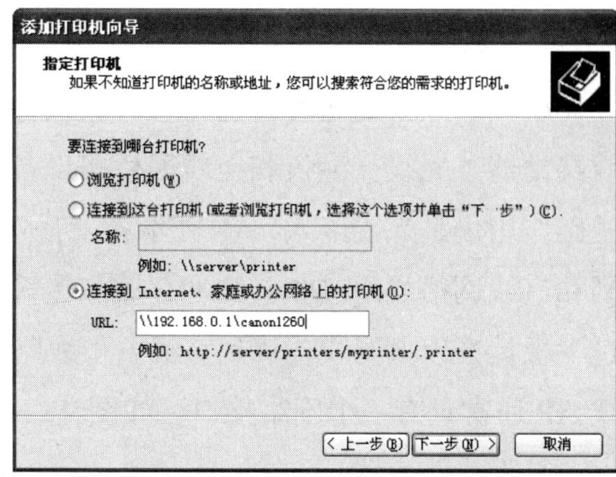


图 4-14 输入打印机的网络地址

④ 单击“下一步”按钮，连接有打印机的计算机会要求用户提供一个身份验证，如图 4-15 所示，输入对方计算机中已有的用户账号和密码并通过验证后，就可以安装打印机的驱动程序了。安装完成后，本机就可以使用网络中的打印机了。

图 4-15 安装打印机的验证信息

### 4.2.2 无线局域网

无线局域网是计算机网络与无线通信技术结合的产物，是以无线信道作为传输媒介的计算机局域网。从 20 世纪 70 年代开始，无线网络的发展已有 40 年的历史，但对无线网络并没有一个统一的定论。一般来讲，凡是采用无线传输媒体的计算机网络都可称为无线网。其传

输技术主要采用微波扩频技术和红外线技术两种，其中，红外线技术仅适用于近距离无线传输，微波扩频技术覆盖范围较大，是较为常见的无线传输技术。

### 1．无线局域网常用设备

一般说来，组建无线局域网需要用到的设备包括无线接入点、无线路由器、无线网卡和天线几种。

（1）无线接入点。

无线接入点就是通常所说的 AP，也被称为无线访问点。它是大多数无线网络的中心设备。无线路由器、无线交换机和无线网桥等设备都是无线接入点定义的延伸，因为它们所提供的最基础作用仍是无线接入。AP 在本质上是一种提供无线数据传输功能的集线器，它在无线局域网和有线网络之间接收、缓冲存储和传输数据，以支持一组无线用户设备。接入点通常是通过一根标准以太网线连接到有线主干线路上，并通过内置或外接天线与无线设备进行通信，无线 AP 通常只有一个网络接口，如图 4-16 所示。

（2）无线路由器。

无线路由器是一种带路由功能的无线接入点，它主要应用在家庭及小企业。无线路由器具备无线 AP 的所有功能，如支持 DHCP、防火墙、支持 WEP/WPA 加密等，除此之外还包括了路由器的部分功能，如网络地址转换（NAT）功能，通过无线路由器能够实现跨网段数据的无线传输，如实现 ADSL 或小区宽带的无线共享接入。

无线路由器通常包含一个若干端口的交换机，可以连接若干台使用有线网卡的计算机，从而实现有线和无线网络的顺利过渡，如图 4-17 所示。

图 4-16　无线 AP

图 4-17　无线路由器

（3）无线网卡。

使用无线网络接入技术的网卡可以统称为无线网卡，它们是操作系统与天线之间的接口，用来创建透明的网络连接。其接口一般有 USB、PCMCIA、PCI 和 Mini-PCI、CF/CFII 等形式，如图 4-18～图 4-20 所示。

图 4-18　USB 接口的无线网卡

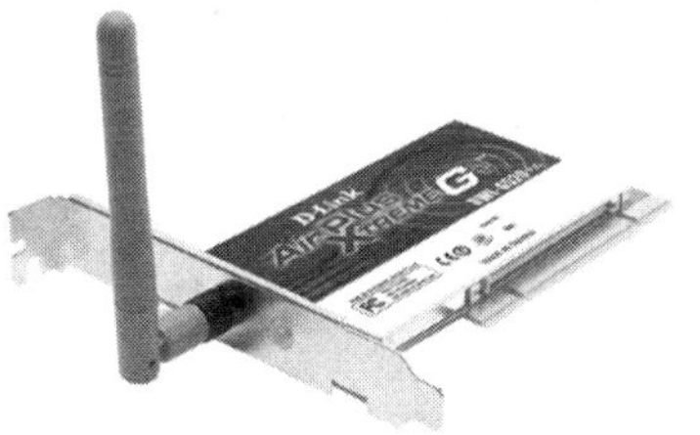


图 4-19　PCI 接口的无线网卡

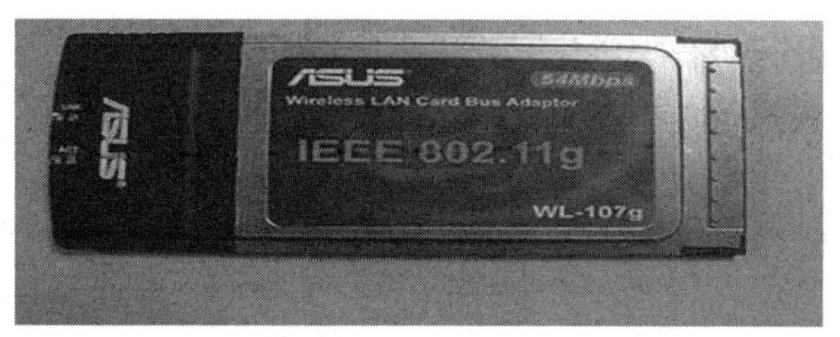


图 4-20　PCMCIA 接口无线网卡

Mini-PCI 无线网卡即是笔记本中内置式无线网卡，目前大多数笔记本均使用这种无线网卡，如图 4-21 所示。其优点是无须占用 PC 卡或 USB 插槽，老款的笔记本电脑是直接将芯片焊接在主板上的。

CF 无线网卡是应用在 PDA、PPC 等移动设备或终端上的网卡，其特点是体积很小且可直接在设备上插拔，如图 4-22 所示。目前的 CF 卡一般是 Type II（CFII）的接口。

图 4-21　Mini-PCI 无线网卡

图 4-22　CF 无线网卡

（4）天线。

无线天线相当于一个信号放大器，主要用来解决无线网络传输中因传输距离、环境影响等造成的信号衰减。与接收广播电台信号时在增加天线长度后声音会清晰很多相同，无线设备（如 AP）本身的天线由于国家对功率有一定限制，它只能传输较短的距离，当超出这个有限的距离时，可以通过外接天线来增强无线信号，达到延伸传输距离的目的。

### 2．无线局域网的组成结构

无线局域网采用单元结构，将各个系统分成许多单元，每个单元称为一个基本服务组，其余服务组的组成结构主要有两种形式：无中心拓扑结构和有中心拓扑结构。

无中心无线网络拓扑结构如图 4-23 所示，网络中任意两个站点间均可直接通信，一般采用公用广播信道，各站点可竞争公用信道，而信道接入控制协议大多采用 CSMA 类型的多址接入协议，一般适用于较小规模的网络。

有中心网络拓扑结构如图 4-24 所示，网络中要求有一个无线站点作为中心，其他站点通过中心 AP 进行通信。此种拓扑结构网络抗毁性差，中心站点的故障易导致整个网络瘫痪。

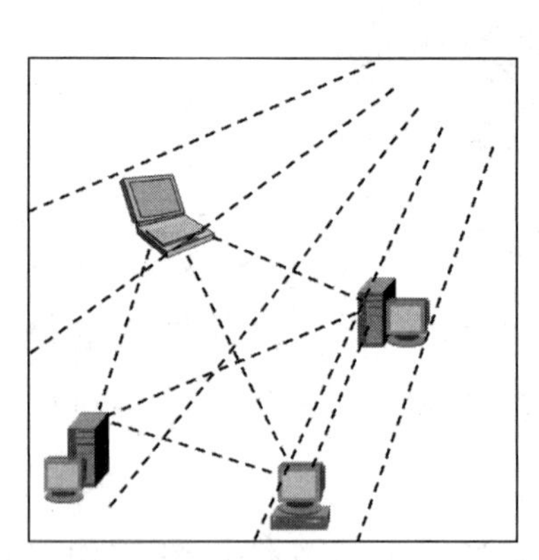

图 4-23　无中心无线网络拓扑结构

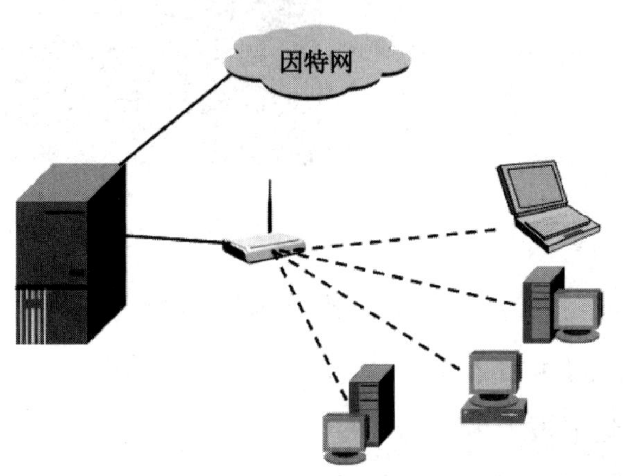


图 4-24　有中心网络拓扑结构

在实际无线网络组网中，常常将无线网络与有线主干网络结合起来，中心站点充当无线网络与有线主干网的桥接器（网桥），如图 4-25 所示。

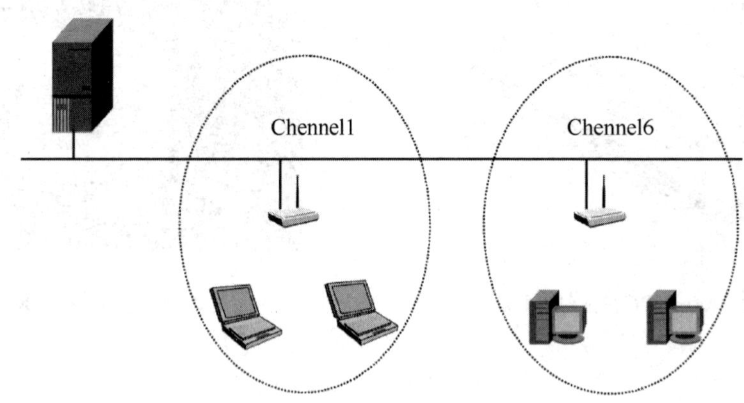


图 4-25　无线网络与有线主干网络结合

### 3．无线局域网的组建

WLAN 就是指不需要网线就可以通过无线方式发送和接收数据的局域网，只要通过安装无线路由器或无线 AP，在终端安装无线网卡就可以实现无线连接。要组建一个无线局域网，需要的硬件设备是无线网卡和无线接入点。

（1）组建家庭无线局域网。

在家里如果采用传统的有线方式组建局域网，会受到种种限制，例如，布线会影响房间的整体设计，而且也不雅观等。通过家庭无线局域网不仅可以解决线路布局，在实现有线网络所有功能的同时，还可以实现无线共享上网。下面我们将组建一个拥有两台计算机的家庭无线局域网。

① 选择组网方式。

家庭无线局域网的组网方式和有线局域网有一些区别，最简单、最便捷的方式就是选择对等网，即是以无线 AP 或无线路由器为中心，其他计算机通过无线网卡、无线 AP 或无线路由器进行通信。

② 硬件安装。

下面，我们以 TP-LINK TL-WR340G 无线宽带路由器、联想昭阳 E43G 笔记本自带无线网卡为例说明。

打开“设备管理器”对话框，可以看到“网络适配器”中已经有了安装的无线网卡。在 Windows XP 系统任务栏中会出现一个连接图标（在“网络连接”窗口中还会增加“无线网络连接”图标），右击该图标，选择“查看可用的无线网络”命令，在出现的对话框中会显示搜索到的可用无线网络，选中需要连接的网络，单击“连接”按钮即可连接到该无线网络中，如图 4-26 所示。

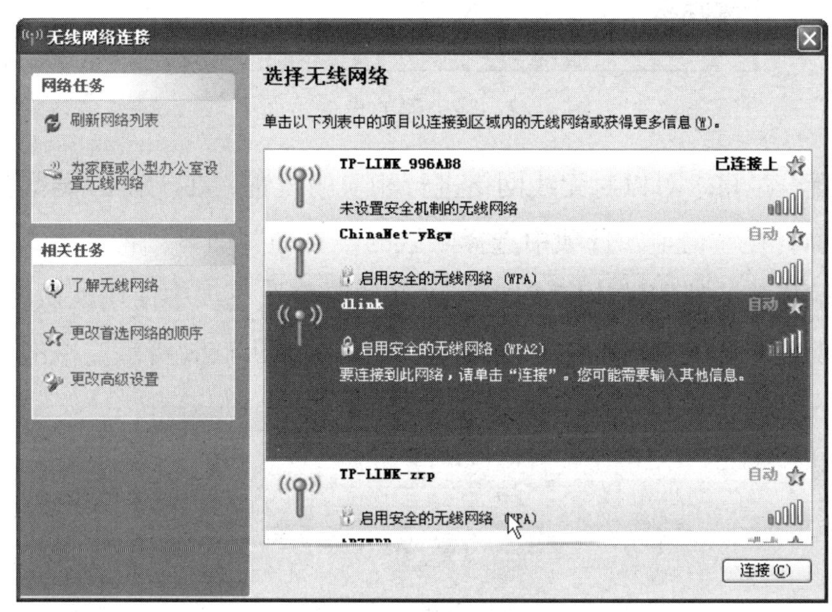


图 4-26　无线网络连接

接着，在室内选择一个合适位置摆放无线路由器，接通电源即可。为了保证以后能无线上网，需要摆放在离因特网网络入口比较近的地方。

③ 设置网络环境。

安装好硬件后，我们还需要分别给无线 AP 或无线路由器以及对应的无线客户端进行设置。

✧ 设置无线路由器。

在配置无线路由器之前，首先要认真阅读随产品附送的《用户手册》，从中了解到默认的管理 IP 地址以及访问密码。一般情况下，无线路由器默认的管理 IP 地址为 192.168.0.1，访问密码为 admin。

连接到无线网络后，打开 IE 浏览器，在地址框中输入 192.168.0.1，再输入登录用户名和密码（不同的无线路由器初始用户名和密码可能会不同，可以查看说明手册），单击“确定”按钮打开路由器设置页面，如图 4-27 所示。

图 4-27　路由器的设置页面

在“无线设置”栏目中可以对无线网络进行相应的设置，在“SSID 号”选项中可以设置无线局域网的名称，在“信道”选项中选择默认的“自动”即可；在“模式”选项中可以选择无线网络的传输模式，使用默认模式即可，“频段带宽”选项中使用默认的“自动”选项；选择“开启无线功能”和“开启 SSID 广播”复选框，如图 4-28 所示，单击“保存”按钮。

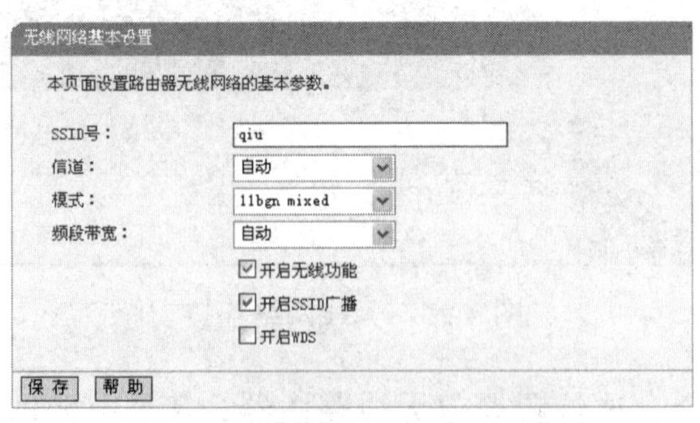


图 4-28　无线网络基本设置

提示：SSID 即 Service Set Identifier，也可以缩写为 ESSID，表示无线 AP 或无线路由的标识字符，其实就是无线局域网的名称。该标识主要用来区分不同的无线网络，最多可以由 32 个字符组成。

现在使用无线宽带路由器支持 DHCP 服务器功能，通过 DHCP 服务器可以自动给无线局域网中的所有计算机自动分配 IP 地址，这样就不需要手动设置 IP 地址，也避免出现 IP 地址冲突。具体的设置方法如下。

打开路由器的设置页面，在左侧窗口中单击“DHCP 服务器”链接。在“DHCP 服务”对话框中的“DHCP 服务器”选项中选择“启用”单选框，表示为局域网启用 DHCP 服务器。默认情况下“地址池开始地址”为 192.168.0.100，这样第一台连接到无线网络的计算机 IP 地址为 192.168.0.100，第二台是 192.168.0.101……最后单击“保存”按钮，如图 4-29 所示。

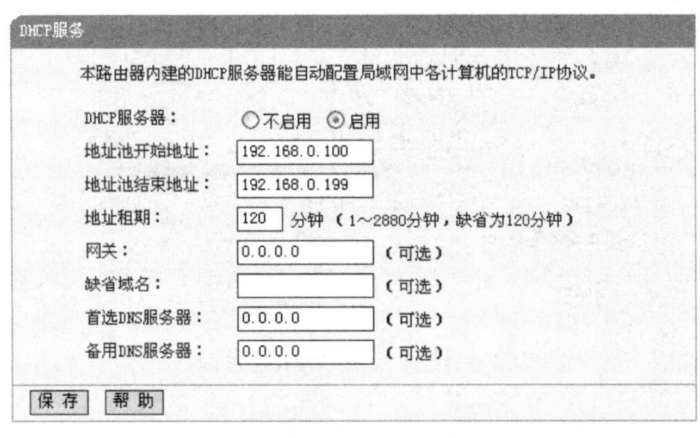


图 4-29　设置 DHCP 服务

✧ 无线客户端设置。

设置完无线路由器后，还需要对安装了无线网卡的客户端进行设置。在客户端计算机中，右击系统任务栏无线连接图标，选择“查看可用的无线连接”命令，在打开的对话框中可以选择需要连接的无线网络，单击“更改首选网络顺序”链接，打开“无线网络连接”属性对话框，在此对话框中可以对无线网络的客户端进行必要的设置，如可以设置首选连接的无线网络、IP 地址等，如图 4-30 所示。

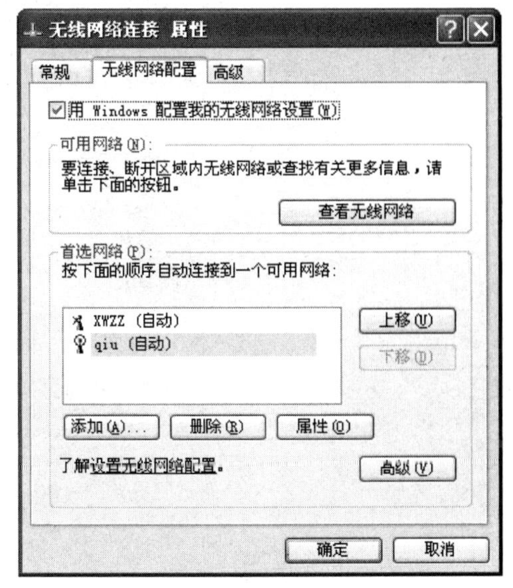


图 4-30　设置“无线网络连接属性”

（2）多机共享上网的设置。

要实现多机共享上网，需要对无线路由器的 WAN 口进行设置。

① 硬件连接。

如果是在单位的局域网内，只需要将局域网接口的网线与无线路由器的 WAN 口连接起来；如果是家庭用户，将无线路由器的 WAN 端口和因特网入口用网线连接起来即可。

② 设置无线路由器。

打开 TP-LINK 无线路由器的设置页面，在基本设置页面中，需要根据因特网接入情况来选择 WAN 口连接类型。

如果是 ADSL 用户，选择 PPPoE，并输入用户名和密码；如果是小区宽带接入，可以选择自动获取 IP 地址；如果是局域网用户，选择静态 IP 地址，并指定 IP 地址、子网掩码、缺省网关地址以及 DNS 服务器地址，如图 4-31 所示，设置完成后，单击“保存”按钮即可。

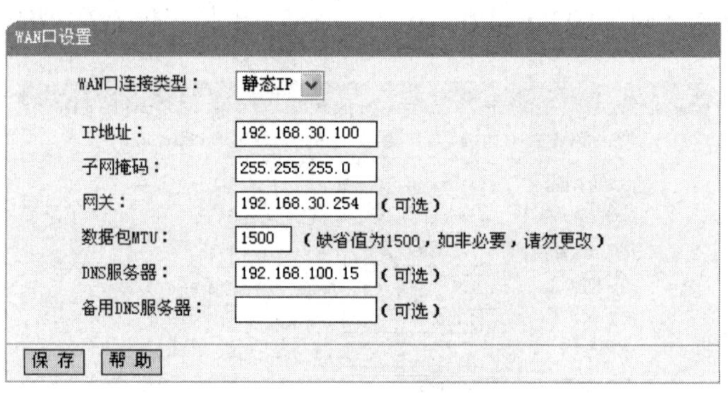


图 4-31　设置 WAN 端口

当然，为了防止别人使用你的无线信号，还需要对无线路由的安全认证项目进行设置，在“无线网络安全设置”中进行设置即可，如图 4-32 所示。

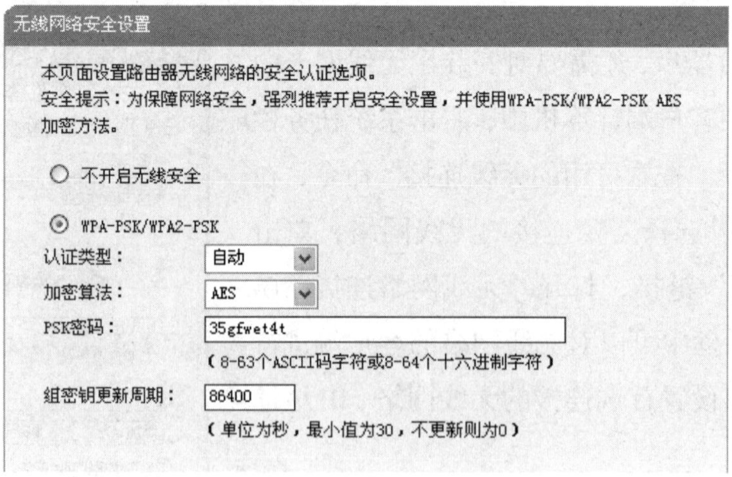

无线网络安全设置

本页面设置路由器无线网络的安全认证选项。
安全提示：为保障网络安全，强烈推荐开启安全设置，并使用WPA-PSK/WPA2-PSK AES加密方法。

不开启无线安全

WPA-PSK/WPA2-PSK

认证类型：自动

加密算法：AES

PSK密码：35gfwet4t
（8-63个ASCII码字符或8-64个十六进制字符）

组密钥更新周期：86400
（单位为秒，最小值为30，不更新则为0）

图 4-32　设置安全认证项目

③ 设置无线连接客户端。

将用户计算机的 IP 地址都设置为“自动获得 IP 地址”，或者和无线路由器在一个网段的地址即可。

## 本章小结

本章主要介绍了局域网的基本知识、网络操作系统以及小型局域网构建的相关内容。

局域网的基本概念中主要介绍了局域网的主要特征、MAC 地址、局域网的网络模式、局域网的分类及局域网的组成等内容。局域网以其覆盖的地理范围小、网络传输速率高、维护简单及网络协议涉及面窄为其主要特征；MAC 地址由 48 位二进制数构成，由厂家代码和厂家编址两部分组成，厂家代码由 IEEE 分配，厂家编址有 3 种方式：固定方式、可配置方式和动态配置方式。局域网在发展进程中主要采用了集中式处理的主机—终端机系统结构、对等网络系统结构、客户服务器系统结构、浏览器/服务器系统结构 4 种网络模式，现在局域网主要采用了对等网络模式和客户机服务器网络模式。局域网作为最常见的计算机网络，主要分为以太网、快速以太网、千兆以太网、ATM 网和 FDDI 等几种类型。局域网的组成也是分为硬件系统和软件系统两大类，硬件系统主要由服务器、客户机、集线设备和通信介质等，软件系统由网络操作系统、工作站软件、网络应用软件和网络管理软件等组成。

网络操作系统主要有四类：Windows 系统、NetWare 系统、UNIX 系统和 Linux 系统，现在主要使用的是 Windows 系统、Linux 系统和 UNIX 系统。小型局域网的构建主要介绍了对等网络的构建以及无线局域网构建的方法。

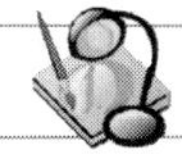

## 本章练习

### 一、选择题

1. 把计算机网络分为有线网和无线网的分类依据是（　　）。

   A．地理位置　　B．传输介质　　C．拓扑结构　　D．成本价格

2. 网络中所连接的计算机在 10 台以内时，多采用（　　）。

   A．对等网　　B．基于服务器的网络

   C．点对点网络　　D．小型 LAN

3. 局域网和广域网相比最显著的区别是（　　）。

   A．前者网络传输速率快　　B．后者吞吐量大

   C．前者传输范围小　　D．后者可以传输的数据类型多于前者

4. “覆盖 50km 左右，传输速度较快”，上述特征所属的网络类型是（　　）。

   A．广域网　　B．局域网　　C．互联网　　D．城域网

5. 10Base-T 网络中，其传输介质为（　　）。

A. 细缆　　B. 粗缆　　C. 微波　　D. 双绞线

6. 10BASE5 以太网中使用的传输介质是（　　）。

A. 光纤　　B. 粗同轴电缆　　C. 双绞线　　D. 细同轴电缆

7. 一座办公大楼内各个办公室中的微机进行联网，这个网络属于（　　）。

A. WAN　　B. LAN　　C. MAN　　D. GAN

8. 客户机 / 服务器模式的英文写法是（　　）。

A. Client/Master　　B. Guest/Server　　C. Guest/Master　　D. Client/Server

9. 在客户机 / 服务器（C/S）结构中，一般不选用（　　）作为安装在服务器上的网络操作系统。

A. UNIX　　B. Windows NT Server

C. Windows ME　　D. Linux

10. 局域网的英文缩写为（　　）。

A. PAN　　B. LAN　　C. MAN　　D. WAN

11. 局域网最基本的网络拓扑结构类型主要有（　　）。

A. 总线型　　B. 总线型、环形

C. 总线型、星形、环形　　D. 总线型、星形、网状型

12. 局域网硬件中主要包括终端、交换机、传输介质和（　　）。

A. 打印机　　B. 拓扑结构

C. 协议　　D. 网卡

13. 对等局域网的特点有（　　）。

A. 网络用户较多，可以有 250 名以上网络用户

B. 以服务器为中心，做文件传输时都要经过服务器

C. 支持 Windows 95/98 操作系统

D. 功能有限，只能实现简单的资源共享

14.（　　）网内各计算机地位是平等的。

A. 对等局域网　　B. 专用服务器结构局域网

C. 单服务器网络　　D. 多服务器网络

15. 拥有一台专用服务器，所有工作站都以该服务器为中心的网络是（　　）。

A. 对等局域网　　B. 专用服务器结构局域网

C. 单服务器网络　　D. 多服务器网络

16. 下列关于对等网络说法中正确的是（　　）。

A. 网络中的计算机必须型号一样

B. 网络的安全性能很高

C. 网络中的计算机不能既作为服务器，又作为工作站

D. 网络上各台计算机无主从之分

17. 在客户机服务器结构局域网中，网络硬件主要包括服务器、工作站、网卡和（　　）。

A. 网络拓扑结构　B. 网络协议　C. 传输介质　D. 计算机

18. 在 C/S 结构局域网里，有关客户机和服务器描述正确的是（　　）。

A. 客户机是提出服务请求的一方服务器是提供服务的一方

B. 服务器是提出服务请求的一方客户机是提供服务的一方

C. 客户机只能有一台

D. 服务器只能有一台

19. 下列关于网络工作模式的说法中，错误的是（　　）。

A. 若采用对等模式，网络中每台计算机既可以作为工作站也可以作为服务器

B. 在 C/S 模式中，网络中每台计算机要么是服务器，要么是客户机

C. 充当服务器角色的大多数设备是便携式计算机或个人电脑

D. 一台计算机到底是服务器，还是客户机，取决于该计算机安装和运行什么软件

20. 局域网中，提供并管理共享资源的计算机称为（　　）。

A. 网桥　B. 网关　C. 工作站　D. 服务器

21. 网络操作系统无法实现的功能是（　　）。

A. 协调用户　B. 管理文件

C. 提供网络通信服务　D. 设计网络拓扑

22. 为网络用户管理共享资源、提供网络服务功能的网络软件是（　　）。

A. 网络操作系统　B. 网络数据库管理系统

C. 网络应用软件　D. Windows

23. 对网络系统来说，特别是局域网，所有的网络功能几乎都是通过（　　）实现的。

A. 网络操作系统　B. 网络数据库管理系统

C. 网络应用软件　D. Windows

24. 将网上各种形式的数据组织起来，科学高效地进行存储处理传输和使用的网络软件是（　　）。

A. 网络操作系统　B. 网络数据库管理系统

C. 网络应用软件　D. Windows

25．由软件开发者根据网络用户的需要，用开发工具开发出来的网络软件是（　　）。

A．网络操作系统　　B．网络数据库管理系统

C．网络应用软件　　D．Windows

26．以下有关操作系统的叙述中，（　　）是错误的。

A．操作系统管理着系统中的各种资源

B．操作系统应为用户提供良好的界面

C．操作系统是资源的管理者和仲裁者

D．操作系统是计算机系统中的一个应用软件

27．局域网网络硬件主要包括服务器、客户机、网卡、传输介质和（　　）。

A．网络协议　　B．搜索引擎　　C．拓扑结构　　D．交换机

28．为网络提供共享资源并对这些资源进行管理的计算机称之为（　　）。

A．工作站　　B．服务器　　C．网桥　　D．路由器

29．计算机网络中的通信子网主要完成数据的传输、交换以及通信控制，通信子网的组成部分是（　　）。

A．主机系统和终端控制器　　B．网络节点和通信链路

C．网络通信协议和网络安全软件　　D．计算机和通信线路

30．决定局域网特性的主要技术要素包括介质访问控制方法、传输介质和（　　）。

A．网络拓扑结构　　B．体系结构　　C．数据传输环境　　D．所使用的协议

## 二、填空题

1．局域网具有________、成本低、应用广泛、使用方便、________等特点，已经成为当前计算机网络技术领域中最活跃的一个分支。

2．局域网是一个允许很多彼此____________在区域内、以适当的____________直接进行沟通的数据通信系统。

3．局域网在网络拓扑结构上主要采用了________、__________和__________；在网络传输介质上主要使用____________、____________与____________。

4．局域网地址被定义在 MAC 层，称为____________。

5．在局域网物理地址的 48 位地址中，高__________位由 IEEE 分配，该地址被称为________或____________。而低 24 位地址则有 3 种分配方式：__________、________________和______________。

6. 对等网也可以说成就是不要_________的局域网，它是一个____________网络系统。

7. 现在广泛使用的局域网技术主要有__________、___________、___________和 FDDI 网络以及 ATM 网络。

8．ATM 是高速分组交换技术，其基本数据传输单元是__________。

9．光纤分布数据接口（FDDI）标准是由美国国家标准协会建立的一套标准，它使用基本令牌的__________体系结构，以_________为传输介质。

10．10M 以太网技术主要有_________、__________、_________和_________四种类型。

11．局域网的数据链路层分为_______子层和______子层。

12．局域网的基本硬件主要有：_______、_______、_______、_______、______等。

13．局域网的软件系统主要有：_______、_______、_______、_______、_______以及网络诊断备份软件等。

14．目前局域网中主要存在以下四类网络操作系统___________、_____________、__________和__________。

15．无线局域网采用的传输技术主要有__________和__________两种。

## 三、判断题

1．局域网的结构按基本工作原理可分为三种：对等式网络结构、专用服务器结构、客户机／服务器结构。（　　）

2．局域网按网络拓扑结构分主要分为三种：星形、总线型、环形。（　　）

3．拓扑结构就是网络的物理连接形式。（　　）

4．对等局域网简单方便，但功能非常有限，只能实现简单的资源共享，且网络的安全性很差。（　　）

5．客户机和服务器角色有明确界限，客户机为 Client，服务器为 Server，两者角色不可互换。（　　）

6．在专用服务器结构局域网中，网络上的工作站要做文件传输时，需要通过服务器，无法在工作站之间直接传输。（　　）

7．只有 Windows 95/98 操作系统提供对组建对等网络的支持。（　　）

8．网络工作站为本地用户访问本地资源和网络资源提供服务。（　　）

9．微软公司的 Windows NT Server 是网络操作系统的一种。（　　）

10．网络操作系统的水平决定整个网络的水平，使所有网络用户都能方便、有效地利用计算机网络的功能和资源。（　　）

## 四、简答题

1．局域网的主要技术特征是什么？

2．常见的局域网主要有哪几种类型？

3．什么是对等网？其主要特点是什么？

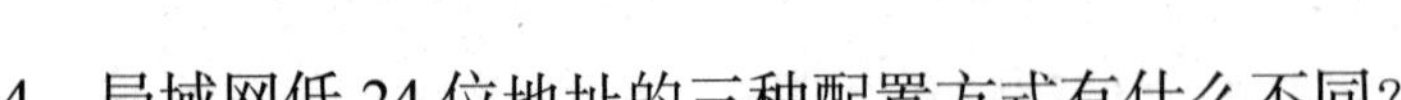

4．局域网低 24 位地址的三种配置方式有什么不同?

5．简述局域网发展进程中的网络模式。

6．客户机 / 服务器（C/S）模型的特点是什么?

7．局域网硬件系统的组成有哪些?

8．局域网软件系统的组成有哪些?

9．网络操作系统的功能及特点是什么?

10．小型对等网络的构建需要做哪些工作?

CHAPTER5 第 5 章

# 网络应用技术

无论是 OSI 参考模型，还是在 TCP/IP 协议簇等其他众多体系结构中，应用层都是最靠近用户的一层，它为用户的应用程序提供网络服务。应用层负责对应用进程提供接口以保证应用程序能使用网络服务，应用层提供的服务取决于用户的需要，OSI 模型中没有定义标准，每位用户可以自行决定使用什么协议。在诸多的网络协议中，TCP/IP 协议使用最为广泛，该协议应用层提供的服务主要有 FTP（文件传输协议）、SMTP（简单邮件传输协议）、HTTP（超文本传输协议）等。

## 5.1 域名系统（DNS）

在因特网中为了屏蔽不同物理地址的差异，在网络互联层使用了一种 32 位的 IP 地址来标识主机，但这种数字型地址难记忆。为了向用户提供直观的主机标识符，TCP/IP 专门设计一种层次型名字管理机制，称为域名系统（DNS）。

### 5.1.1 域名系统概述

早在 ARPANET 时代，整个计算机网络上只有数百台计算机，主机名字管理由网络信息中心 NIC 集中完成，使用一个叫 hosts.txt 的文件，列出所有主机名字和相应的 IP 地址。只要用户输入一个主机名字，计算机就可以很快地将这个主机名字转换成机器能够识别的二进制 IP 地址。NIC 根据网络的变化不断改动文件 hosts.txt，并定期向全网络进行传递。

随着计算机网络不断地扩大，这种管理方式带来了一些问题。例如，随着网络节点的增加，主机命名冲突的可能性也增加；保持主机命名的唯一性变得越来越困难。网络的快速发展使 NIC 的工作负担越来越重，不断更新 hosts.txt 文件加重了网络流量和负载。

为了解决这个问题，NIC 提出了一个新的系统设计思想，并于 1984 年公布，这就是域名

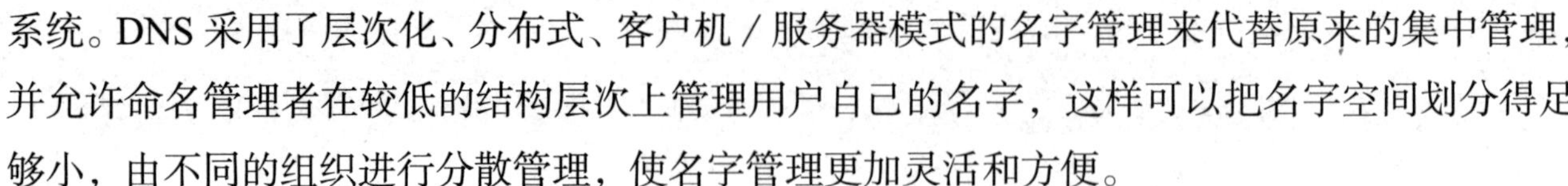

系统。DNS 采用了层次化、分布式、客户机 / 服务器模式的名字管理来代替原来的集中管理，并允许命名管理者在较低的结构层次上管理用户自己的名字，这样可以把名字空间划分得足够小，由不同的组织进行分散管理，使名字管理更加灵活和方便。

在 DNS 系统中，域名服务器是一个服务器软件，运行在指定的计算机中，完成域名——IP 地址的映射。从理论上讲，可以只使用一个域名服务器来管理网络上的所有主机名，并回答所有对 IP 地址的查询。然而这种做法不可取，因为随着网络规模的扩大，这样的域名服务器负荷会越来越重，导致无法正常工作，而一旦该域名服务器出现故障，整个网络就会瘫痪。故而 DNS 系统采用的是一个联机分布式数据库系统，采用客户机 / 服务器模式。这样即使单个域名服务器出了故障，DNS 系统仍能正常运行。DNS 使大多数名字在本地映射，使得系统效率很高。

## 5.1.2 层次型域名系统

对网络上主机的命名，一般需要考虑 3 个方面的问题：第一，主机名字的唯一性；第二，要便于管理；第三，要便于映射。给网络上的主机命名，最简单的方法就是每一台主机的名字由一个字符串组成，地址解析通过网络信息中心 NIC 中的主机名与 IP 地址映射表来解决。但这种命名机制，主机名字的唯一性难以做到，管理起来很不方便，不能管理规模很大的网络。

DNS 的分层管理机制是采用一个规则的树状结构的名字空间，每个节点都有一个独立的节点名字，即标号。空标号“.”保留为根域，兄弟节点（同一父节点的各个子节点）不允许重名，非兄弟节点可以重名，叶节点通常用来代表主机，如图 5-1 所示。

DNS 将整个网络的名字空间分成为若干个域。一个节点的域由该节点以及该节点以下的名字空间组成。一个域是树状域名空间的一棵子树，每个域都有一个域名，域名定义了该域在分布式主机数据库中的位置。每个域还可以再划分为子域，子域是域的子集。

域名系统的命名机制称为域名，完整的域名由名字树中的一个节点到根节点路径上节点标识符的有序序列组成，其中节点标识符之间以“.”隔开，如图 5-1 所示。域名“www.pku.edu.cn”是由 www，pku，edu，cn 共 4 个节点标识符组成，这些节点标识符通常称为标号，而每个标号后面的各个标号称为域。在“www.pku.edu.cn”中最低级的域为“www.pku.edu.cn”；第三级的域为“pku.edu.cn”，代表北京大学；第二级域为“edu.cn”，代表教育机构；顶级域为“cn”，代表中国。域名有一些限制，最长不能超过 63 个字符，路径全名不得超过 255 个字符，在书写时不需要区分大小写。每一级的域名目前都是由英文字母和数字组成，级别低的域名写在最左边，级别最高的域名写在最右边。域名系统不规定一个域名需要包含多少个下级域名，也不规定每一级的域名代表什么意思。各级域名由其上一级域名管理机构管理，最高的域名由 NIC 管理。域名只是个逻辑概念，并不反映出计算机所在的物理地点。

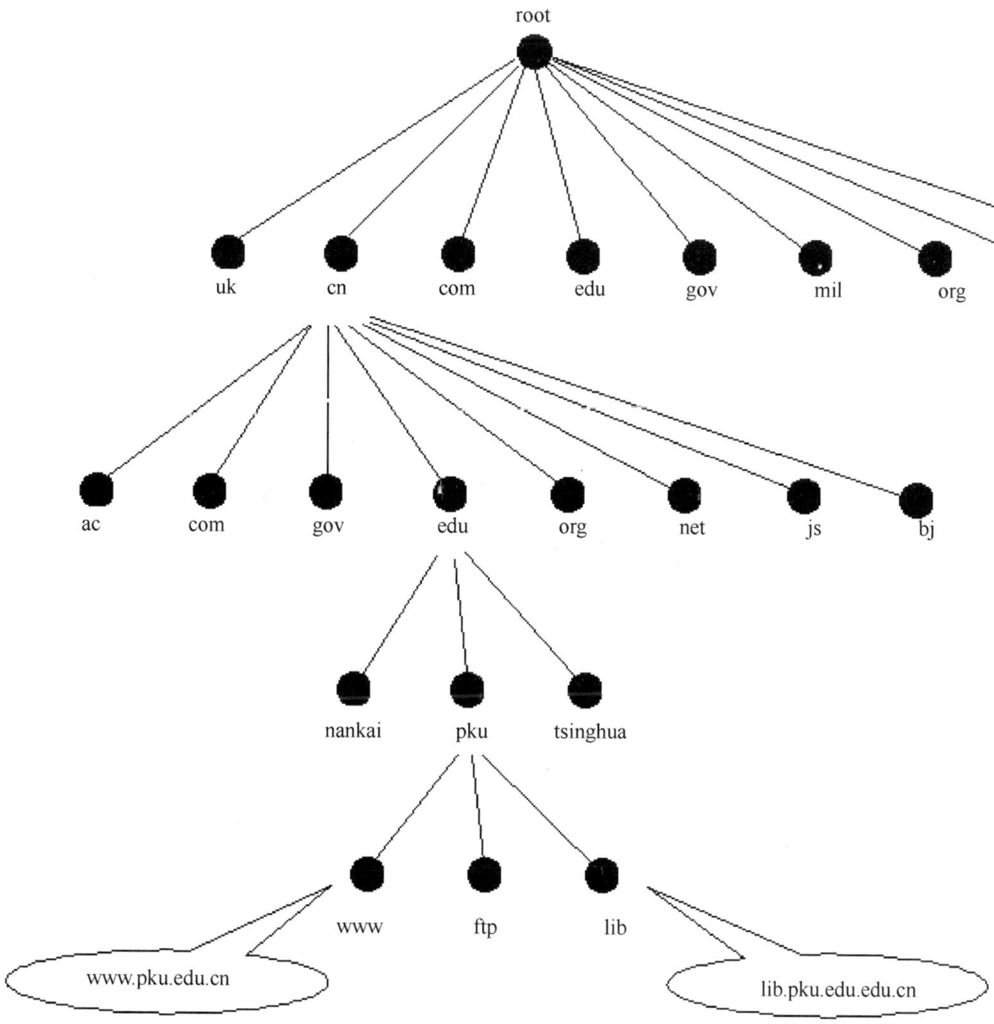

图 5-1　层次型名字的树状结构

## 5.1.3　域名结构

域名的结构是由若干分量组成，各分量之间用符号点“.”隔开：

⋯.三级域名.二级域名.顶级域名

（1）顶级域名。

顶级域名的划分采用了两种划分模式：组织模式和地理模式。组织模式是按组织管理的层次结构划分所产生的组织型域名，原来是由 3 个字母组成，如 edu、com 等，1997 年又新增加了 7 个顶级域名：firm、store 等；而地理模式则是按国别地理区域划分所产生的地理型域名，这类域名是世界各国或地区的名称，并且规定了由两个字母组成，如 au 代表澳大利亚、cn 代表中国、ca 代表加拿大、hk 代表中国香港地区、tw 代表中国台湾地区。顶级域名的代码及其代码含义如表 5-1 所示。

表 5-1　顶级域名的代码及其代码含义

| 域 名 代 码 | 含　　义 |
| --- | --- |
| com | 商业组织 |
| edu | 教育机构 |
| gov | 政府部门 |
| mil | 军事部门 |
| net | 网络支持中心 |
| org | 其他组织 |
| arpa | 临时 arpa（未用） |
| int | 国际组织 |
| <country code> | 国家代码 |
| 1997 年新增加的顶级域名 | |
| firm | 商业公司 |
| store | 商业销售企业 |
| web | 与 www 相关的单位 |
| arts | 文化和娱乐单位 |
| rec | 消遣娱乐单位 |
| info | 提供信息服务的单位 |
| nom | 个人 |

（2）其他子域名。

除了顶级域名，各个国家和地区有权决定如何进一步划分自己的子域名。绝大部分国家和地区都按组织模式进行划分。

我国登记了最高域名“cn”后，根据我国的实际情况规定了二级域名，我国的二级域名类型如表 5-2 所示。

表 5-2　我国的二级域名类型

| 域 名 代 码 | 含　　义 |
| --- | --- |
| com | 商业组织 |
| edu | 教育机构 |
| gov | 政府部门 |
| or | 民间组织 |
| ac | 大学、研究所等学术机构 |
| js | 江苏省 |
| bj | 北京市 |
| zj | 浙江省 |
| …… | …… |

从表5-2中可以看出，我国的二级域名采用了两种方式：按功能团体命名，如com、edu等；按行政区域命名，如js、bj、zj等。从二级域名中可以判定出主机所在的省份或地区或所在单位的类型。主机域名的三级域名一般代表主机所在的域或组织，如“pku”表示北京大学，主机域名中的四级域名一般表示主机所在单位的下一级单位，其命名方法由各单位规定。从理论上讲，域名可以无限细化，但通常主机域名级数不超过五级。

域名与计算机并不是一一对应的关系，一台计算机可能有多个域名，即一个IP地址可以有多个域名。这是由于有些计算机可能提供多个服务，为了方便用户使用，根据提供的不同服务而有多个有特定意义的域名。

### 5.1.4 域名解析

用人们熟悉的自然语言去标识一台主机的域名，自然要比用数字型的IP地址更容易记忆，但主机域名不能直接用于TCP/IP协议的路由选择。当用户使用主机域名进行通信时，必须首先将其映射成IP地址。这种将主机域名映射成IP地址的过程称为域名解析。

域名解析包括正向解析（从域名到IP地址）及反向解析（从IP地址到域名）。对应这两种域名解析，TCP/IP在互连层专门定义了两个协议：地址解析协议ARP和反向地址解析协议RARP。

域名解析是由一系列的域名服务器来完成的。域名服务器是运行在指定主机上的软件，能够完成从域名到IP地址的映射。一个分布式的主机信息数据管理着因特网上的所有的主机域名与IP地址，不同的域名是数据库的不同部分，每个域至少有一个域名服务器来进行管理，该域名服务器保存着这个域名空间的所有信息，并负责回答某个域名地址的查询请求。查询结果有两种可能：若本地计算机含有该域名的地址则直接给出，若本地没有该域名的地址则给出其他的有关域名服务器的地址。

域名服务器也是一种树状结构，根服务器知道所有第一级域的域名服务器的位置；一级域名服务器知道本域内的所有的域名服务器的位置；收到域名查询后，根域名服务器提供该域名所在的第一级域名服务器的地址和名字，第一级再提供第二级的名字和地址，依次类推，直到得到最后的答案。整个过程似乎非常复杂，但由于采用了高速缓存机制，查询是非常快的。本地域名服务器为了得到一个地址，往往需要查找多个域名服务器，在查找地址的同时，本地域名服务器也就得到了许多其他域名服务器的信息，本地域名服务器将这些信息连同最近查到的主机地址全部存放到高速缓存中，以便将来参考，同时也提高了域名的解析速度。

# 5.2 WWW 服务

WWW 服务也称为 Web 服务，又称为万维网服务，是目前互联网上最方便和最受欢迎的信息服务类型，它向用户提供了 1 个以超文本技术为基础的多媒体的全图形浏览界面。WWW 采用分布式技术为用户提供信息量大、覆盖面广、信息刷新速度快、界面引人入胜、简单易用的服务，该服务是因特网上发展最迅速的服务。

## 5.2.1 WWW 概述

WWW 是一个基于超文本方式的信息查询工具，在因特网的基础上建立起能够提供文本、图形、视频、音频等多媒体信息的 WWW 服务器，这些超媒体信息之间通过超链接彼此关联，利用超链接，WWW 服务器不仅能够提供自身的信息服务，还能引导存放在其他服务器上的信息，而那些服务器又能引导更多的服务器，从而使全球范围内的信息服务器互相引导而形成一个庞大的信息网络。

### 1. WWW 客户机与服务器

WWW 客户机即浏览器，是用来浏览 WWW 各种信息的工具，在用户的计算机上运行，负责向 WWW 服务器发出请求，并将服务器传来的信息显示在用户的计算机屏幕上。

WWW 服务器广义上是指因特网上的各种服务器，包括 HTTP 服务器、VIP 服务器、Gopher 服务器、新闻服务器和 Telnet 服务器等；狭义的是指 HTTP 服务器，就是存有万维网文档，并运行服务器程序的计算机，负责发布信息，并把所要求的数据信息通过网络送回浏览器。目前 HTTP 服务器不仅能提供传统的超文本和多媒体文件浏览服务，而且采用了较 HTTP 更安全的协议，所以常把 HTTP 服务器称为 WWW 服务器或 Web 服务器。

### 2. 超文本与超链接

对于文字信息的组织，通常是采用有序的排列方法，如一本书，读者一般是从书的第一页到最后一页顺序地阅读有关的内容。随着计算机技术的发展，人们不断地推出新的信息组织形式，以方便人们对各种信息的访问，超文本就是其中一种组织形式。所谓“超文本”就是指它的信息组织形式不是简单地按顺序排列，而是用指针链接的复杂的网状交叉索引方式，对不同来源的信息加以链接，可以链接的有文本、图像、动画、声音或影像等，而这种链接关系则称为超链接，如图 5-2 所示。

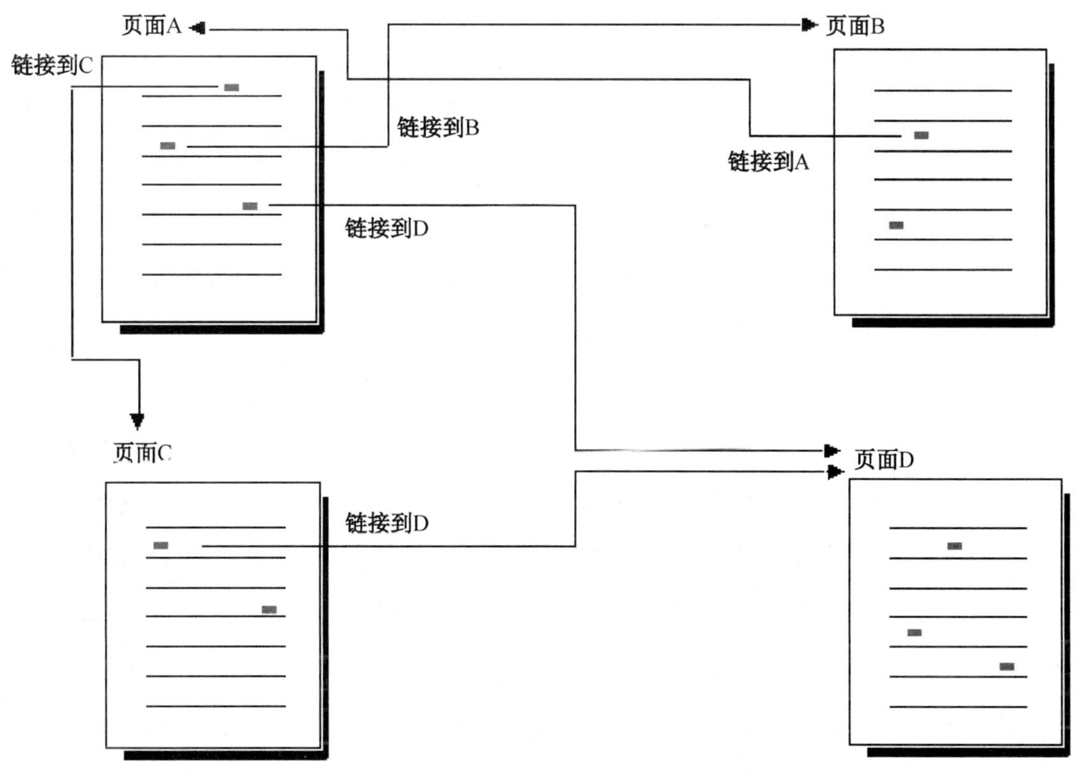


图 5-2 超文本与超链接

### 3. 统一资源定位器（URL）

统一资源定位器（URL）是一种标准化的命名方法，它提供一种 WWW 页面地址的寻找方法。对于用户来说，URL 是一种统一格式的因特网信息资源地址表达方法，它将因特网提供的各种服务统一编址。可以将 URL 理解为网络信息资源定义的名称，它是计算机系统文件名概念在网络环境下的扩充。用这种方式标记信息资源时，不仅要指明信息文件所在的目录和文件名本身，而且要指明它存在于网络上的哪台主机上及通过何种方式访问它。URL 由 3 部分构成：

“信息服务方式：//主机名字.端口.路径.文件”。

- 信息服务方式表示正在使用的协议，如 HTTP、FTP 等。
- 主机名字是文档和服务所在的因特网主机名，可以是该主机的 IP 地址，也可以是该主机的域名。
- 端口指服务所用的端口号，如 HTTP 使用 80 端口，TELNET 使用 23 号端口、FTP 的端口号为 21 等。一般情况下，由于常用的信息服务程序采用的是标准的端口号，用户在 URL 中可以不必给出。
- 路径.文件是与 URL 相关联的数据，经常是子目录/文件名信息。

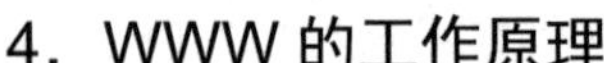

### 4．WWW 的工作原理

WWW 服务采用浏览器/服务器工作模式，以超文本标记语言与超文本传输协议为基础，为用户提供界面一致的信息浏览系统。在 WWW 服务系统中，资源以页面的形式存储在服务器中，这些页面采用超文本方式对信息进行组织，通过链接将一页信息连接到另一页信息，这些相互链接的页面信息既可放置于同一主机上，也可以放置在不同的主机上，页面到页面的链接信息由统一资源定位符维持，用户通过客户端应用程序（浏览器）向 WWW 服务器发出请求，服务器根据客户端的请求内容将保存在服务器中的某个页面返回给客户端，浏览器接收到页面后对其进行解释，最终将图、文、声并茂的画面呈现给用户。

WWW 服务器分布于互联网的各个位置，每个 WWW 服务器都保存着可以被 WWW 客户端共享的信息，这些信息以超链接的方式组织在一起。除了保存大量的 Web 页面，WWW 服务器还需要接收和处理客户端的请求，实现 HTTP 服务器的功能，通常 WWW 服务器在 TCP 端口 80 侦听来自 WWW 浏览器的连接请求，当 WWW 服务器接收到浏览器对某一页面的请求信息时，服务器搜索该页面，并将该页面返回给浏览器。

在 WWW 服务系统中，WWW 浏览器负责接收用户的请求，并利用 HTTP 协议将用户的请求传送给 WWW 服务器，在服务器请求的页面送回到浏览器后，浏览器再将页面进行解释，显示在用户的屏幕上。

### 5．HTTP

由于 WWW 支持各种数据文件，当用户使用各种不同的程序来访问这些数据时，就会变得非常复杂。所以，在 WWW 系统中，需要有一系列的协议和标准来完成复杂的任务，这些协议和标准就称为 Web 协议集，其中一个重要的协议就是 HTTP。

HTTP 是应用层协议，通过两个程序实现：一个是客户端程序，一个是服务器程序。这两个程序通常运行于不同的主机上，通过交换 HTTP 报文来完成网页请求和响应。而 HTTP 则定义了这些报文的结构和报文交换的规则，它建立在 TCP 基础之上，是一种面向连接的协议。HTTP 的会话过程包括 4 个步骤：

- 使用浏览器的客户机与服务器建立连接。
- 客户机向服务器提交请求，在请求中指明所要求的特定文件。
- 如果请求被接受，那么服务器便发回一个应答，在应答中至少应当包括状态编号和该文件内容。
- 客户机与服务器断开连接。

## 5.2.2　WWW 浏览器

WWW 的客户端程序被称为 WWW 浏览器，它是用来浏览因特网上 WWW 页面的软件。WWW 浏览器用户要想浏览服务器上的页面内容，就必须先按照 HTTP 协议从服务器上取回页面，然后按照与制作页面时相同的 HTML 语言解读页面。

### 1．浏览器的结构

从结构上讲，浏览器主要由一个控制单元和一组系统的客户单元、解释单元组成，如图 5-3 所示。控制单元是浏览器的中心，它负责协调和管理客户单元和解释单元，并接收用户的键盘或鼠标输入，协助其他单元完成用户的指令。

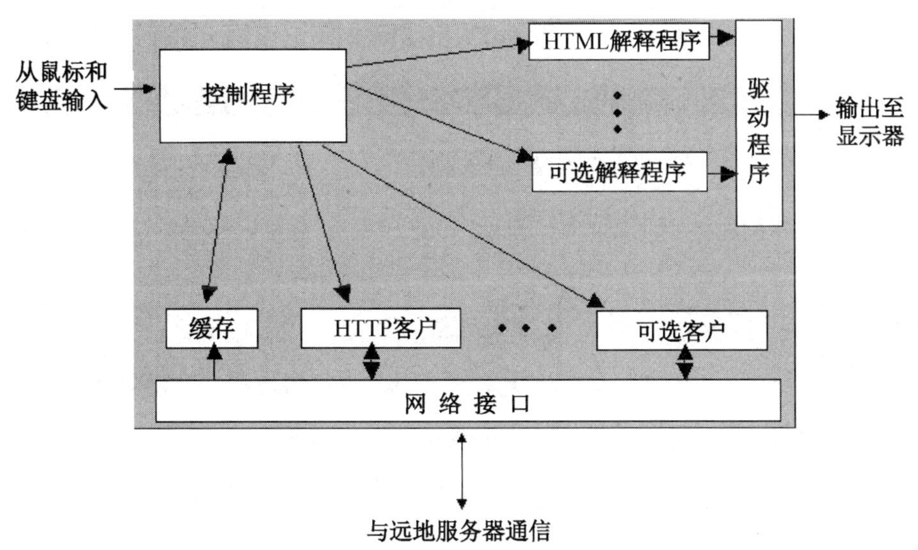


图 5-3　浏览器的主要组成部分

从图中可以看出，一个浏览器有一组客户、一组解释程序及管理这些客户和解释程序的控制程序。其中控制程序是核心部件，它解释鼠标的单击和键盘的输入，并调用有关的组件来执行用户指定的操作。HTML 解释程序是必不可少的，而其他解释程序则是可选的，解释程序将 HTML 规格转换为适合用户显示硬件的命令来处理版面的细节。浏览器的任务不仅是浏览网页，它还包含了一个 FTP 客户，用来获取文件传送服务，有些浏览器还包含了一个电子邮件客户，使用浏览器能够发送和接收电子邮件。

在浏览器中设有一个缓存，浏览器将它取回的每一个页面副本都放入本地磁盘的缓存中，当用户用鼠标单击某个选项时，浏览器先检查磁盘的缓存。如果缓存中保存了该项，那么浏览器就直接从缓存中得到该项副本而不必通过网络从 WWW 服务器中获取，这样可以明显地改善浏览器的运行特性。对于网络连接较慢的用户，缓存的使用能够提高其网页的访问速度。

### 2．浏览器的使用

WWW 浏览器不仅是一个 HTML 文件的浏览软件，它也为广大用户提供了因特网新闻组、电子邮件与 FTP 协议等功能强大的通信手段。

（1）浏览网页。

浏览网页是浏览器诸多功能中使用最广泛的一种应用，使用浏览器浏览网页非常简单方便，只要用户启动浏览器并在地址栏中输入想要浏览的网址，按下回车键后即可浏览相应的页面中的信息。如输入网址“www.sohu.com”，按回车键，开始传送搜狐网的主页。在数据传输过程中，浏览器窗口的底部状态栏中的动态链接指示器则显示正在打开网页，进度指示器指示传输的进度，当传送完成后，动态指示器显示“完成”，如图 5-4 所示。

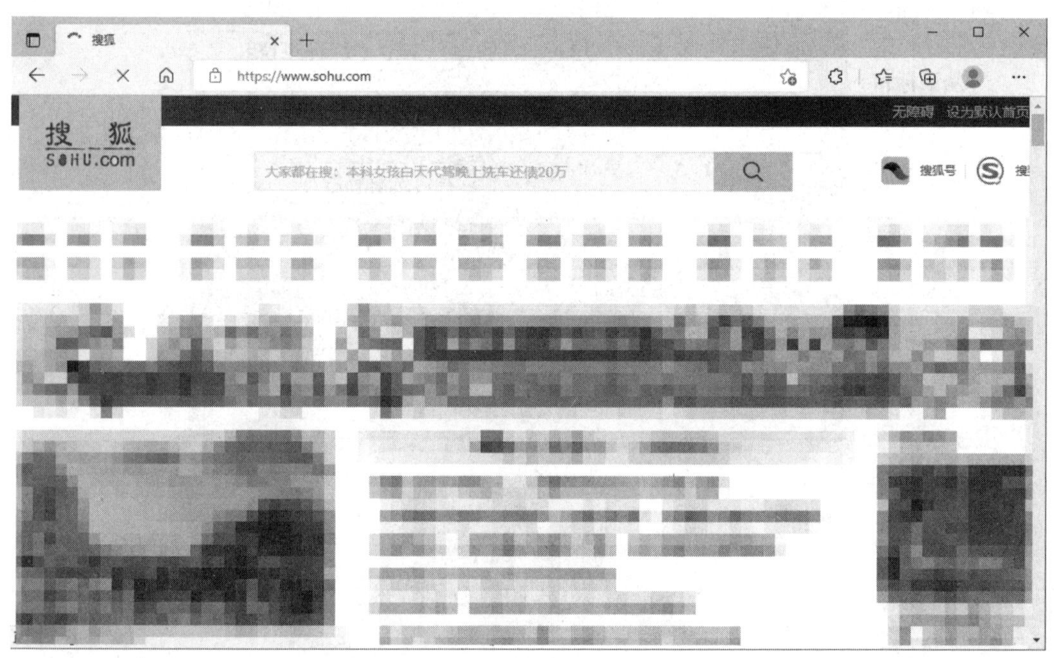


图 5-4　浏览器浏览网页

（2）下载文件。

在因特网上有许多免费的共享软件，这些共享软件可以供广大的网络用户自由复制，免费使用。从因特网上复制所需要的软件到用户的计算机上的过程，称为“下载”。下载这些共享软件常用的方法是使用一些专用的下载软件，或者使用浏览器进行下载。

使用浏览器下载时，需要在相关的网站上查找用户需要的软件，并查找到下载点，单击浏览器窗口中的下载点，即可完成下载操作，如图 5-5 所示。国内一些著名的网站基本上都提供一些共享软件的下载，如华军软件园、ZOL 软件下载等网站。

（3）收发邮件。

虽然收发电子邮件，使用相应的邮件管理软件比较方便，如 Outlook、FoxMail 等。但这

些工具都需要进行适当的配置，通常情况下，人们是在自己固定使用的计算机上进行这样的设置，换一台计算机，就不方便了。此时，用户可以通过 WWW 浏览器进行邮件的收发操作。

图 5-5 下载软件

首先登录用户电子邮箱所在的网站，输入用户名及密码，单击页面上的“登录”按钮，用户就可以登录自己的邮箱，在邮箱的页面下可以进行电子邮件的收发、删除、转发等操作，如图 5-6 所示。

图 5-6 收发邮件

（4）浏览器的基本设置。

浏览器的设置在“Internet 属性”对话框中完成，如图 5-7 所示。用户可根据自己的实际需要修改因特网的一些属性，经常需要修改的属性主要有：主页、历史记录、临时文件存放位置、内容审查和连接等项目。分别在“Internet 属性”对话框中的相应的选项卡中进行修改。

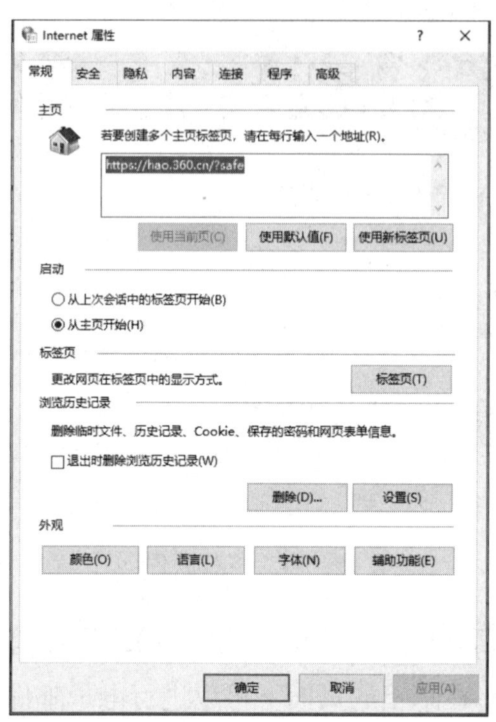


图 5-7 “Internet 属性”对话框

## 5.3 DHCP 服务

连入网络的所有计算机都需要网络地址（IP 地址）才能够进行数据通信，如果网络规模较小，管理员可以手工为每台计算机指定 IP 地址。当网络规模很大时，作为网络管理员为每台计算机设置静态地址就会有点力不从心，DHCP 服务就是为解决这种问题而诞生的。DHCP 服务可以为网络中的主机动态分配 IP 地址，这样不仅可以节省网络管理员大量的时间和精力，也可以减少因 IP 地址配置错误而产生的网络故障。

### 5.3.1 DHCP 服务概述

DHCP 是 Dynamic Host Configuration Protocol 的缩写，中文含义为动态主机配置协议，用于对终端设备进行动态设置，通过 DHCP 协议来进行沟通。

### 1. DHCP 服务

DHCP 通常被应用在大型的局域网络环境中，主要作用是集中管理、分配 IP 地址，使网络环境中的主机动态地获得 IP 地址、Gateway 地址、DNS 服务器地址等信息，并能够提升地址的使用率。

DHCP 协议采用客户端/服务器模型，主机地址的动态分配任务由网络主机驱动。当 DHCP 服务器接收到来自网络主机申请地址的信息时，才会向网络主机发送相关的地址配置等信息，以实现网络主机地址信息的动态配置。DHCP 具有以下功能：

（1）保证任何 IP 地址在同一时刻只能由一台 DHCP 客户机所使用。

（2）DHCP 应当可以给用户分配永久固定的 IP 地址。

（3）DHCP 应当可以同用其他方法获得 IP 地址的主机共存（如手工配置 IP 地址的主机）。

（4）DHCP 服务器应当向现有的 BOOTP 客户端提供服务。

DHCP 有 3 种机制分配 IP 地址：

（1）自动分配方式（Automatic Allocation），DHCP 服务器为主机指定一个永久性的 IP 地址，一旦 DHCP 客户端第一次成功地从 DHCP 服务器端租用到 IP 地址后，就可以永久性地使用该地址。

（2）动态分配方式（Dynamic Allocation），DHCP 服务器给主机指定一个具有时间限制的 IP 地址，时间到期或主机明确表示放弃该地址时，该地址可以被其他主机使用。

（3）手工分配方式（Manual Allocation），客户端的 IP 地址是由网络管理员指定的，DHCP 服务器只是将指定的 IP 地址告诉客户端主机。

三种地址分配方式中，只有动态分配可以重复使用客户端不再需要的地址。

### 2. DHCP 的作用

在 TCP/IP 网络中，配置 IP 地址和一些重要的 TCP/IP 参数是网络管理员的基本工作之一。当网络规模比较小的时候，这些配置工作尚不难完成，但当网络中的计算机数目成百上千时，这项管理工作将变得十分繁重。DHCP 服务通过在网络中配置 DHCP 服务器，可以为网络内的计算机自动分配指定网段的 IP 地址，并配置一些重要的 IP 选项，如默认网关等。

在网络中并不是所有的计算机都有同一个地位的，有一些计算机在网络中需要提供服务给其他计算机使用，这些计算机的网络地址需要保持相对的稳定以方便其他计算机的查找。DHCP 服务提供了保留地址的功能，即保留部分 IP 地址让它们固定地分配给一些主机，这样既可以保留固定地址分配方案中计算机地址与计算机名的相关性，又可以集中地对所有客户端进行配置。

## 5.3.2 DHCP 工作原理

DHCP 是基于 C/S 模式的，使 IP 地址可以租用，对于许多拥有多台计算机的大型网络来说，每台计算机拥有一个 IP 地址有时候是不必要的。租期从 1 分钟到 100 年不定，当租期到了的时候，服务器可以把这个 IP 地址分配给别的机器使用。

### 1. 请求租约

当 DHCP 客户端第一次登录网络的时候，也就是客户发现本机上没有任何 IP 地址的资料设定，它会向网络发出一个 DHCPdiscover 封包。因为客户端还不知道自己属于哪一个网络，所以封包的来源地址为 0.0.0.0，而目的地址则为 255.255.255.255，然后再附上 DHCPdiscover 的信息，向网络进行广播。网络上每一台安装了 TCP/IP 协议的主机都会接收到这种广播信息，但只有 DHCP 服务器才会做出响应。

DHCPdiscover 的等待时间预设为 1 秒，也就是当客户端将第一个 DHCPdiscover 封包送出去之后，在 1 秒之内没有得到回应的话就会进行第二次 DHCPdiscover 广播。在得不到回应的情况下客户端一共会有四次 DHCPdiscover 广播（包括第一次在内），除了第一次会等待 1 秒之外其余三次的等待时间分别是 9、13、16 秒。如果都没有得到 DHCP 服务器的回应，客户端会显示错误信息宣告 DHCPdiscover 的失败。之后基于使用者的选择系统会继续在 5 分钟之后再重发一次 DHCPdiscover 的要求。

### 2. 提供 IP 租约

当 DHCP 服务器监听到客户端发出的 DHCPdiscover 广播后，它会从那些还没有租出的地址范围内，选择最前面的空置 IP，连同其他 TCP/IP 设定，回应给客户端一个 DHCP offer 封包。由于客户端在开始的时候还没有 IP 地址，所以在 DHCPdiscover 封包内会带有 MAC 地址信息，并且有一个 XID 编号来辨别该封包，DHCP 服务器回应的 DHCP offer 封包则会根据这些资料传递给要求租约的客户。根据服务器端的设定，DHCP offer 封包会包含一个租约期限的信息。

### 3. 接受 IP 租约

如果客户端收到网络上多台 DHCP 服务器的回应，只会挑选其中一个 DHCP offer（通常是最先抵达的那个），并且会向网络发送一个 DHCP request 广播封包，告诉所有 DHCP 服务器它将指定接受哪一台服务器提供的 IP 地址。之所以要以广播方式回答，是为了通知所有的 DHCP 服务器，它将选择某台 DHCP 服务器所提供的 IP 地址；同时，客户端还会向网络发送一个 ARP 封包，查询网络中有没有其他机器使用该 IP 地址；如果发现该 IP 地址已经被占用，客户端会送出一个 DHCP decline 封包给 DHCP 服务器，拒绝接受其 DHCP offer，并重新发送 DHCPdiscover 信息。事实上，并不是所有 DHCP 客户端都会无条件接受 DHCP 服务器的 offer，尤其是这些主机安装有其他 TCP/IP 相关的客户软件时。客户端也可以用 DHCP request 向服务器提出 DHCP 选择，而这些选择会以不同的号码填写在 DHCP OptionField 里面。换一句话说，在 DHCP 服务器上面的设定，未必是客户端全都接受，客户端可以保留自己的一些 TCP/IP 设定，而主动权永远在客户端这边。

### 4. 确认租约

确认租约即 DHCP 服务器确认所提供的 IP 地址的阶段。当 DHCP 服务器收到 DHCP 客户机回答的 DHCP request 请求信息之后，它便向 DHCP 客户机发送一个包含它所提供的 IP 地址和其他设置的 DHCP ack 确认信息，告诉 DHCP 客户机可以使用它所提供的 IP 地址。然后 DHCP 客户机便将其 TCP/IP 协议与网卡绑定，另外，除 DHCP 客户机选中的服务器外，其他的 DHCP 服务器都将收回曾提供的 IP 地址。

### 5. 重新登录

DHCP 客户机每次重新登录网络时，不需要再发送 DHCPdiscover 发现信息，而是直接发送包含前一次所分配的 IP 地址的 DHCP request 请求信息。当 DHCP 服务器收到这一信息后，它会尝试让 DHCP 客户机继续使用原来的 IP 地址，并回答一个 DHCP ack 确认信息。如果此 IP 地址已无法再分配给原来的 DHCP 客户机使用时（如此 IP 地址已分配给其他 DHCP 客户机使用），则 DHCP 服务器给 DHCP 客户机回答一个 DHCP nack 否认信息。当原来的 DHCP 客户机收到此 DHCP nack 否认信息后，它就必须重新发送 DHCPdiscover 发现信息来请求新的 IP 地址。

### 6. 更新租约

DHCP 服务器向 DHCP 客户机出租的 IP 地址一般都有一个租借期限，期满后 DHCP 服务器便会收回出租的 IP 地址。如果 DHCP 客户机要延长其 IP 地址租约，必须更新其 IP 租约。DHCP 客户机启动时和 IP 租约期限过一半时，DHCP 客户机都会自动向 DHCP 服务器发送更新其 IP 租约的信息。IP 的租约期限是非常考究的，并非如我们租房子那样简单，DHCP 客户机除了在开机的时候发出 DHCP request 请求之外，在租约期限一半的时候也会发出 DHCP request，如果此时得不到 DHCP 服务器的确认，工作站还可以继续使用该 IP 地址；然后在剩下的租约期限的一半的时候（即租约的 50%），还得不到确认，那么工作站就不能拥有这个 IP 地址了。

# 5.4 电子邮件

电子邮件服务是互联网提供的一项重要的服务，这为互联网用户之间发送和接收消息提供了一种快捷、廉价、方便的现代化通信手段。早期的电子邮件系统只能传送文本信息，随着计算机技术的发展，电子邮件系统的完善，网络传输速率的提高，现在的电子邮件不仅可以传送文字信息，还可以传送声音、图形、图像等多媒体信息。

## 5.4.1 电子邮件系统工作原理

电子邮件系统的工作过程与现实生活中的邮件传递有很多的类似之处，是通过“存储-转发”的方式为用户传递信件的。从计算机角度出发，电子邮件系统是由邮件客户机、邮件服务器和传输通道组成。邮件客户机类似于现实生活中收发信件的个人，邮件服务器类似邮局，传输通道是投递通道。

### 1. 电子邮件客户机

因特网上的电子邮件客户机是电子邮件使用者用来收发、浏览存放在邮件服务器上的电子邮件的工具，即安装了电子邮件客户软件的并与因特网连通的个人计算机。在电子邮件客户机上运行着电子邮件客户软件，可以帮助电子邮件使用者编写合法的电子邮件，并将用户写好的电子邮件发送给相应的邮件服务器。协助用户在线阅读或下载、脱机阅读存储在邮件服务器上的用户邮箱内的电子邮件。电子邮件客户软件由两个部分组成：用户接口和邮件传输程序。用户接口是一个在本地计算机上运行的程序，又称为用户代理 UA，它使用户能够通过一个很好的接口来发送和接收邮件，主要完成以下 3 个功能：

① 撰写。给用户提供很方便地编辑信件的环境。

② 显示。能方便地在计算机屏幕上显示出来信的内容，包括来信中附加的声音、图形和图像等信息。

③ 处理。收信人可以根据情况按不同的方式对来信进行处理，如打印、转发、存储、回复等操作。

邮件传输程序，又称为报文传送代理 MTA，在后台运行，它将邮件通过网络发送给对方主机，主要完成以下 2 个功能：

① 传送和接收。当用户编辑好需要发送的邮件后，通过用户接口交给邮件传送程序。发送信件时，邮件传送程序作为远程目的计算机邮件服务器的客户，与目的主机建立连接，并

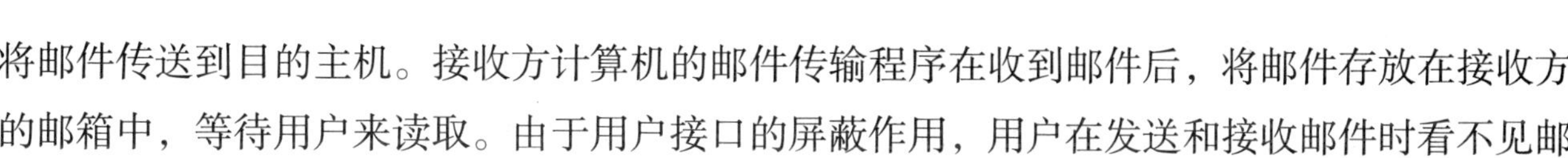


将邮件传送到目的主机。接收方计算机的邮件传输程序在收到邮件后，将邮件存放在接收方的邮箱中，等待用户来读取。由于用户接口的屏蔽作用，用户在发送和接收邮件时看不见邮件传输程序的工作情况。

② 报告。将邮件传送的情况（收到新邮件已交付、被拒绝、丢失等）向收发信者报告。

在客户机端收发邮件的过程如图 5-8 所示。

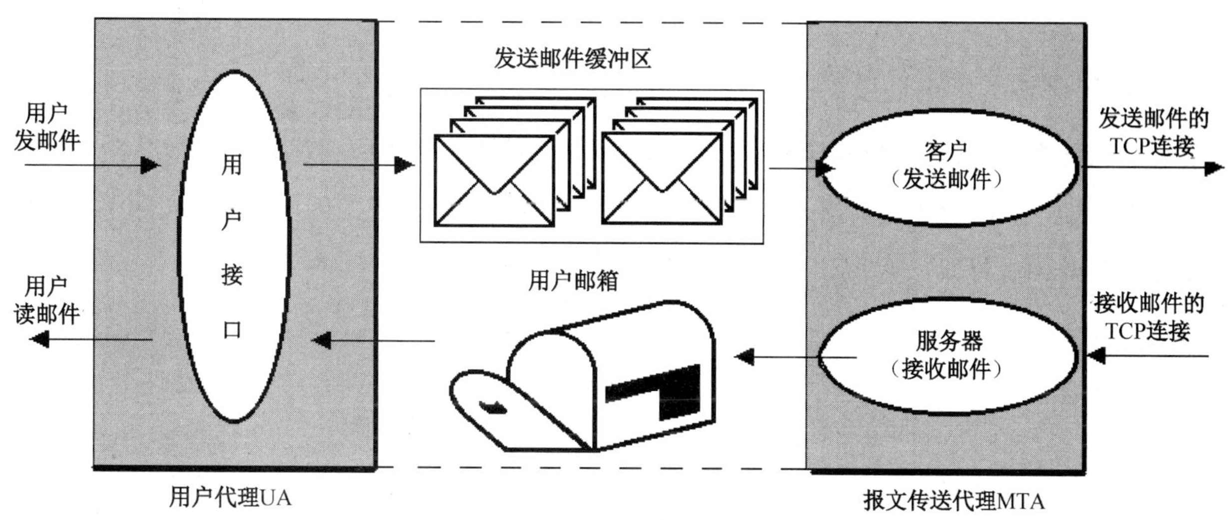


图 5-8 在客户机端收发邮件的过程

### 2．邮件服务器

在因特网上充当“邮局”角色的是被称为邮件服务器的计算机，该计算机上运行着邮件服务器软件。用户使用的电子邮件邮箱建立在邮件服务器上，借助它提供的邮件发送、接收、转发等服务，用户的邮件可以通过因特网被送到目的地。

邮件服务器是以文件的形式保存邮件，它们可以被想象成一个大文件夹，大文件夹又可以分成许多子文件夹，这些子文件夹可以称为“用户邮箱”，它们对应不同的用户。一般而言，一个本地的电子邮件系统，它的邮件存储部件和邮件传输部件分别配置在不同的计算机上，构成邮件存储服务器和邮件传输服务器，图 5-9 所示表示了一个本地电子邮件系统的基本结构。其中，邮件传输服务器主要用来处理邮件输入/输出等大量操作，如果将两个部件配置在同一台计算机上，当用户要获取邮箱中的邮件时，就会影响邮件输入/输出的传输性能。

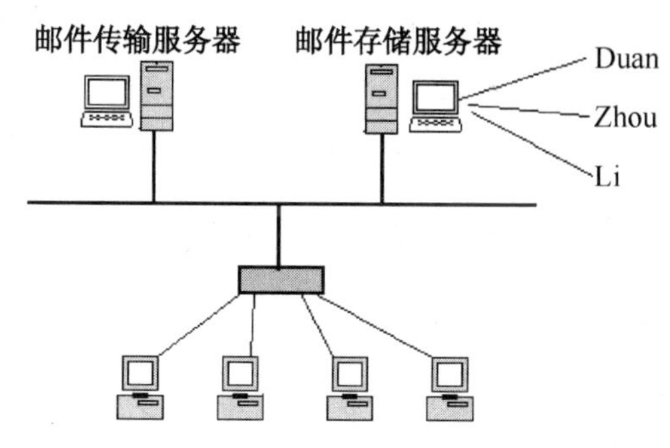


图 5-9 本地电子邮件系统基本结构

一个邮件服务器主要完成以下功能：

① 对访问邮件服务器电子邮箱的用户进行身份

安全检查。

② 接收邮件服务器用户发送的邮件，并根据邮件地址转发给适当的邮件服务器。

③ 接收其他邮件服务器发来的电子邮件，并检查电子邮件地址的用户名，把邮件发送到指定的邮箱。

④ 对因某种原因不能正确发送的邮件，附上出错原因，退还给发信用户。

⑤ 允许用户将存储在邮件服务器用户信箱中的信件下载到自己的计算机中。

### 3. 电子邮件的传输过程

电子邮件系统采用"存储-转发"的工作方式，一封电子邮件从发送端计算机发出，在网络传输的过程中，经过多台计算机的中转，最后到达目的计算机，传送到收信人的电子邮箱，其传送过程如图5-10所示。

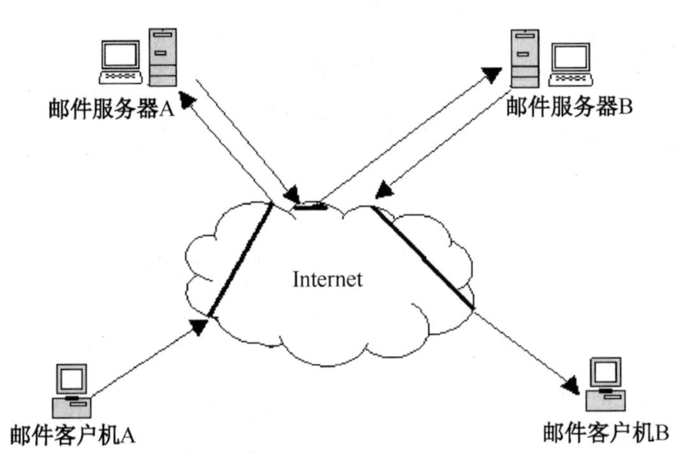


图5-10　电子邮件的传输

发信人调用用户代理来编辑需要发送的邮件，然后将编辑好的邮件传送给发送端的邮件服务器，用户注册的邮件服务器收到来自用户代理的邮件时，将邮件存入邮件缓冲队列中，等待发送。用户注册的邮件服务器将在收件人的邮件服务器确认已经收到它转发的邮件后会将副本删除。运行在发送端邮件服务器上的邮件传输协议（SMTP）客户进程，发现在邮件缓存中有等待发送的邮件，就会向运行在接收端的邮件服务器的SMTP服务器进程发起TCP连接的建立。如果接收端服务器关闭，则发送服务器将信件继续保留在信件队列中，并在以后再尝试发送。当TCP连接建立后，SMTP客户进程开始向远程的SMTP服务器进程进行握手交互，如果握手交互成功，就可以发送邮件。当所有的待发邮件发送完毕，SMTP就关闭所建立的TCP连接。运行在接收端邮件服务器中的SMTP服务器进程收到邮件后，将邮件放入收信人的信箱中，等待收信人进行读取。收信人在打算收信时，调用用户代理，使用POP3（邮局协议）协议将自己的邮件从接收端服务器的用户信箱中（信箱中有信）取回。

## 5.4.2 电子邮件的传输协议

在因特网上的电子邮件服务系统中，各种服务协议在电子邮件客户机和邮件服务器间架起了一座桥梁，使得电子邮件系统得以正常运行。因特网上电子邮件服务协议分为：电子邮件客户机与邮件服务器之间的协议，这部分协议允许用户用邮件服务器收发、处理邮件，主要有 POP3 协议和 IMAP4 协议；邮件服务器与邮件服务器之间的协议，这部分协议主要完成邮件服务器间的邮件转发，主要协议有 SMTP 协议和 MIME 协议，客户机向邮件服务器发送邮件时也要使用 SMTP 协议。

### 1. SMTP 协议

SMTP 协议（Simple Mail Transfer Protocol，简单邮件传输协议）是用于传输电子邮件的简单协议，它是最早出现的、目前被普遍使用的最基本的因特网邮件服务协议，是 TCP/IP 协议簇的成员。STMP 通常用于把电子邮件从客户机传输到服务器，以及从某个服务器传输到另一个服务器，既适用于广域网，也适用于局域网。

在电子邮件系统中，SMTP 协议是按照客户机 / 服务器模式工作的。SMTP 客户机发送进程在与 SMTP 服务器通过 25 号端口建立 TCP 连接后，就需要等待服务器发出的一个“220 Simple Mail Transfer Service Ready”的报文；收到报文后，客户进程发出一个“HELO”报文，服务器对此做出响应，SMTP 会话建立。SMTP 客户进程可以发送一个或多个邮件，中断会话或请求服务器交换发送方向以便服务器能够向客户机发送邮件。收信方必须对收到的邮件进行确认，它也可以中止会话或当前的邮件传输。

SMTP 协议支持的功能比较简单，只定义了电子邮件在邮件系统中是如何通过 TCP 连接进行传送，而不规定用户界面等其他标准。在安全方面，SMTP 也有缺陷，经过它传送的电子邮件都是以普通文本形式进行的，不能传输非文本信息。在网络上传输文本信息意味着任何人都可以在中途截取并复制这些邮件，甚至对邮件进行修改。此外，还有一些问题，SMTP 没有处理好。一个问题是邮件长度，早期的 SMTP 软件无法处理长度超过 64KB 的邮件。另一个问题是超时定时器的定时宽度设置，如果客户机和服务器的定时宽度不同，则有可能出现当一个还忙着时，另一个已经超时，从而不得不终止会话的情况。为了解决上述问题，后来定义了扩展的 SMTP，即 ESMTP，使用 ESMTP 的客户进程在与服务器建立会话连接时，先发送一条“EHLO”消息，如果该消息被拒收，证明服务器是标准的 SMTP 服务器，客户机以通常方式进行邮件处理；如果该消息被接收，则客户机与服务器按 ESMTP 进行通信，以完成邮件的传输。

### 2．POP3 协议

POP 协议（邮局协议）是一种允许用户从邮件服务器收发邮件的协议。POP3 是它的第 3 代版本，除了给用户提供下载和删除之外，POP3 没有对邮件服务器上的邮件提供更多的管理和操作。POP3 与 SMTP 相结合，POP3 是目前最常用的电子邮件服务协议。

POP 协议是一个脱机协议。POP 服务器是一个具有存储转发功能的中间服务器，一旦邮件交付给用户的计算机，POP 服务器就不再保存这些邮件（当然用户也可以通过事先的设置，使 POP 服务器在收信人读取邮件后仍保留此邮件），用户在取回邮件并中断与 POP 服务器的连接后，可以在自己的计算机上慢慢处理收到的邮件。

POP3 也是采用的客户机 / 服务器模式，其客户程序运行于用户的计算机上，服务器程序运行在邮件服务器上。当用户需要下载邮件时，POP 客户机首先向邮件服务器的 TCP 端口 110 发送连接请求，一旦连接成功，POP 客户机就可以向邮件服务器发送命令，下载和删除邮件。客户机连接邮件服务器收取邮件的过程可以分成下列 3 个阶段：

（1）认证阶段。

由于邮件服务器中的邮箱具有一定的权限，只有经过授权的用户才能访问，因此，在 TCP 连接建立之后，通信的双方就进入认证阶段。客户程序利用 USER 和 PASS 命令将邮箱名和密码传送给邮件服务器，服务器据此判断用户的合法性，并给出相应的回答。一旦用户通过邮件服务器的验证，系统就进入邮件读取阶段。

（2）邮件读取阶段。

在邮件读取阶段，POP3 客户机可以利用相应的命令检索和管理自己的邮箱，邮件服务器在完成客户机请求的任务后返回响应的命令。不过需要注意的是邮件服务器在处理删除命令请求时，并未将邮件真正删除，只是给邮件做了一个特定的删除标记。

（3）更新阶段。

当客户机发送退出命令时，系统就进入了更新阶段。邮件服务器将做过删除标记的所有邮件从系统中全部真正删除，然后关闭 TCP 连接。

POP3 与 SMTP 协同工作收发邮件的情况如图 5-11 所示。

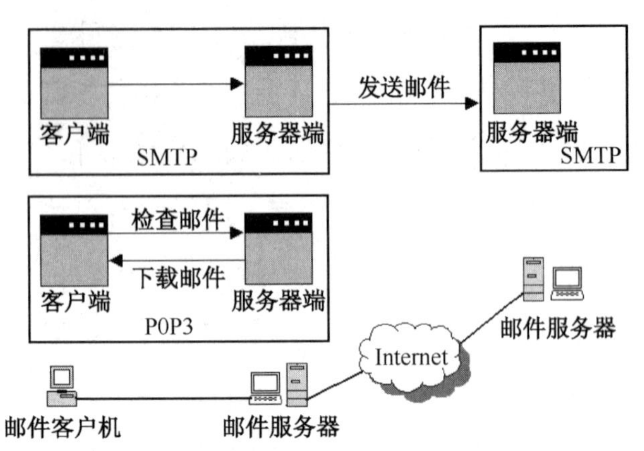


图 5-11　POP3 协议与 SMTP 协议

### 3．IMAP4 协议

IMAP 协议（因特网邮件访问协议），它为用户提供了有选择地从邮件服务器接收邮件的功能、基于服务器的信息处理功能和共享信箱功能，它是一个联机协议。在使用IMAP时，所有的邮件先送到 IMAP 邮件服务器上，用户在自己的计算机上运行 IMAP 客户程序，然后与 IMAP 服务器程序建立 TCP 连接，连接建立完成后，用户可以在自己的客户机上操纵 ISP 的邮件服务器信箱，就像在本地操纵一样。当用户计算机上的 IMAP 客户程序打开 IMAP 服务器的邮箱时，用户能够看到邮件的首部。若用户需要打开某个邮件，则该邮件才传到用户的计算机上，在用户没有发出删除邮件的命令之前，IMAP 邮箱中的邮件一直保存着，所以，IMAP 的一个好处就是用户可以在不同的地方使用不同的计算机随时阅读和处理自己的邮件，但每次必须与邮件服务器进行连接。

IMAP 还允许收信人只读取邮件的某一部分。例如，用户收到一个带有视频附件的邮件，此邮件可能很大，而此时用户联网的速率很低，为了节省时间，可以先下载邮件的正文部分，等以后换了联网速率高的节点再下载这个很长的附件。

POP3 和 IMAP4 是邮件读取协议，仅提供面向用户的邮件收发服务，而 SMTP 则是邮件传送协议，邮件在因特网上的传送是由 SMTP 协议完成的，而 POP 和 IMAP 则是用户从目的邮件服务器上读取邮件时所使用的协议。

#### 4．MIME 协议

MIME 是多用途因特网邮件扩展协议，是 IETF 于 1993 年 9 月通过的一个邮件标准。由于 SMTP 协议只定义了通过因特网传输普通正文文本的标准，要传输如图像、声音和视频等非文本信息，就得另行制订标准，作为对 SMTP 协议的补充。MIME 规定了通过 SMTP 协议传输非文本电子邮件附件标准。其本质是将计算机程序、图像、声音和视频等二进制格式信息先转换成 ASCII 文本，然后随着电子邮件发送出去。接收方收到这样的电子邮件后，根据邮件信头的说明进行逆转换，将被包装成 ASCII 的文本还原成原来的格式。目前，MIME 的用途早已经超越了收发电子邮件的范围，成为在因特网上传输多媒体信息的基本协议之一。

## 5.5　FTP 服务

文件传输是因特网上的一种高效、快速传输大量信息的方式，通过网络可以将文件从一台计算机传送到另一台计算机。不管这两台计算机相距多远，使用什么操作系统，采用什么技术与网络连接，文件传输都能在网络上两个站点之间传输文件。FTP 协议是因特网上最早使用的，也是目前使用最广泛的文件传输协议，既允许从远程计算机上获取文件，也允许将本地计算机中的文件复制到远程主机。

## 5.5.1 FTP 及其功能

文件传输协议（FTP）是因特网上使用最广泛的文件传输协议，它提供交互式的访问，允许客户指明文件的类型与格式，并允许文件具有存取权限。FTP 屏蔽了各计算机系统的细节，因而适合在异构网络中任意计算机之间传送文件。

在因特网发展的早期阶段，用 FTP 传输文件约占整个因特网通信量的三分之一，而由电子邮件和域名系统所产生的通信量还要小于 FTP 产生的通信量，到了 1995 年，WWW 的通信量才首次超过了 FTP。

在 UNIX 系统中，客户端 FTP 有一组 Shell 命令，其中最重要的命令就是 ftp。客户端用户调用 ftp 命令后，便与服务器建立连接，这个连接称为控制连接，用于双方传输控制信息，而非传输数据。一旦建立起控制连接，双方便进入交互式会话状态。然后，客户端用户每调用一个 ftp 命令，客户进程便与服务器之间再建立一个数据连接并进行文件传输。等到该 ftp 命令执行完后，再回到交互会话状态，可以继续执行其他 ftp 命令。最后，用户输入 close 和 quit 命令，退出 ftp 会话。

FTP 具有以下功能：

（1）把本地计算机上的一个或多个文件传送到远程计算机上，或从远程计算机上获取一个或多个文件。传送文件实质上是将文件进行复制，然后上传到远程计算机上，或者是下载到本地计算机上，对源文件没有影响。

（2）能够传输多种类型、多种结构、多种格式的文件，例如，用户可以选择文本文件或二进制文件。此外，还可以选择文件的格式控制及文件传输的模式等。用户可以根据通信双方所用的系统及要传输的文件确定在文件传输时选择哪一种文件类型和结构。

（3）提供对本地计算机和远程计算机的目录操作功能。可以在本地计算机或远程计算机上建立或删除目录、改变当前工作目录以及打印目录和文件列表等。

（4）对文件进行改名、删除、显示文件内容等。

## 5.5.2 FTP 工作原理

FTP 服务系统是一个典型的客户机 / 服务器工作模式。在网络中的两个站点之间传输文件，要求被访问的站点必须运行 FTP 服务程序，才能作为 FTP 服务器；用户需要在自己本地计算机上执行 FTP 客户程序，使用此程序与 FTP 服务器交流文件。FTP 的服务程序和客户程序分工协作，遵循文件传输协议，并在其协调指挥下，共同完成文件传输功能。

在典型的 FTP 会话过程中，用户通过 FTP 客户程序与 FTP 服务器进行交互。用户首先需要提供远程主机名或 IP 地址，以便本地 FTP 的客户端进程能够同远程主机上的 FTP 服务器进程建立连接；然后用户提供其标识和密码，这些内容作为 FTP 的命令参数通过 TCP 连接送到 FTP 服务器，一旦通过验证，用户便可以在两个系统之间传输文件了。

当用户启动一次与远程主机的 FTP 会话时，FTP 首先建立一个 TCP 的连接到 FTP 服务器的 21 号端口，FTP 客户端则通过该连接发送用户标识、密码等信息，客户端还可以通过该连接发送命令改变远程系统的当前工作目录。当用户要求传送文件时，FTP 服务器则在其 20 号端口建立一个数据连接，FTP 在该连接上传送完一个文件后立即断开该连接。如果一次 FTP 会话中需要传送另一个文件，FTP 服务器则会建立另一个连接。在整个 FTP 会话过程中，控制连接始终保持，而数据连接随着文件传输逐个关闭。所以，FTP 传输文件时，客户机与服务器之间需要建立两个并行的 TCP 连接：控制连接和数据连接。

控制连接是客户程序主动与 FTP 服务器建立的连接，并在整个会话过程中维持该连接，它主要用于在两个主机之间传输控制信息，如用户标识、用户密码、操作远程主机文件目录的命令、发送文件（put）和取回文件（get）的命令。

数据连接是真正用来发送文件的连接，在两个主机之间每传输一个文件需要建立一个数据连接。FTP 的工作原理如图 5-12 所示。

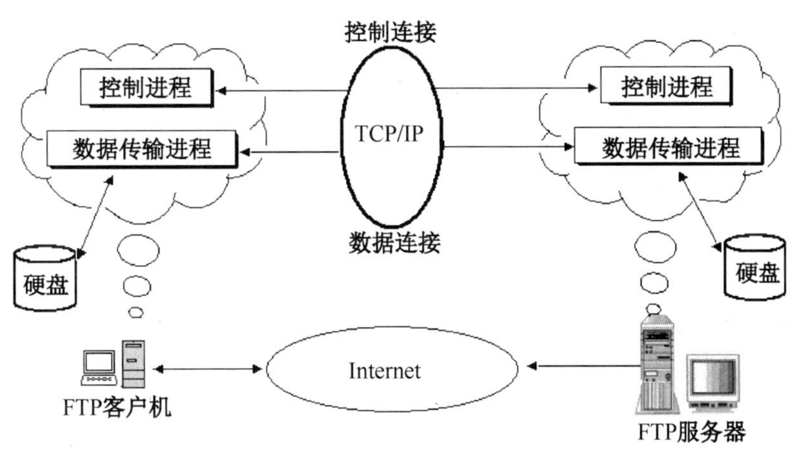


图 5-12　FTP 的工作原理

## 5.5.3　FTP 命令

FTP 命令有几十个，使用时有点类似 DOS 命令，这些命令主要分为连接命令、文件查寻命令、文件传输命令等。在视窗操作系统中，在“开始”菜单中的“附件”下执行“命令提示符”命令，系统会给出一个 DOS 界面，在“C:\”提示下输入“FTP”，系统会进入 FTP 命令操作界面，在“ftp>”提示符下输入“help”命令，系统会给出 ftp 命令集，如图 5-13 所示。

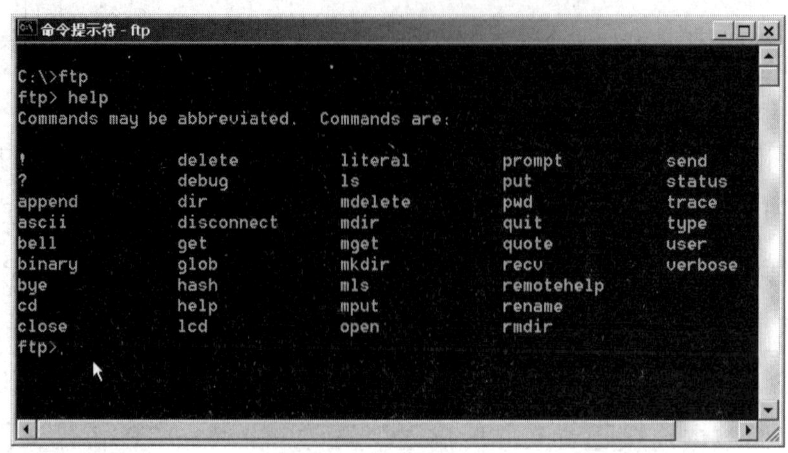


图 5-13　FTP 命令集

### 1．建立 FTP 连接命令

运行 ftp，首先要与远程的 FTP 服务器建立连接，建立连接的方法有两个。

（1）运行 ftp 时即打开连接。

C:>ftp 计算机域名 或 C:>ftp 计算机的 IP 地址

例如，现在需要建立与 ftp.cs.purdue.edu 的连接，可以输入下面的命令：

ftp ftp.cs.purdue.edu

（2）使用 open 命令连接。

执行 ftp 命令后，进入命令状态，在此状态下输入命令：

ftp>open 计算机域名（或者 IP 地址）

同上例，需要输入下面的命令：

ftp>open cs. purdue.edu

### 2．文件目录的查询

进入 FTP 命令状态后，用户可以使用不同的命令，改变自己在 FTP 服务器中的工作目录或查询目录中的文件。

（1）查询当前目录。

ftp>pwd

（2）改变当前工作目录。

ftp>cd 目录

注意：使用 FTP 时，目录必须以“/”间隔，而不是 DOS 中常用的“\”符号。

（3）列目录。

列目录的命令有 ls 和 dir。

ls 命令只是简单列出文件目录，使用方法如下。

ftp>ls 文件名

ftp>ls-lR 文件名

提示：修饰符-lR 的作用是列出当前目录及其所有子目录中所含的文件。

dir 命令为用户列出较为详尽的目录信息，该命令支持“*”及“?”通配符，其使用方法类似于在 DOS 中的使用。如：

ftp>dir 目录名

### 3．设置 FTP 传输模式

FTP 支持文本方式和二进制方式两种传输模式。因此，在使用 FTP 时，要对 FTP 传输模式进行设置。默认情况下，FTP 为文本方式传输。

（1）设置文本方式。

ftp>ascii

（2）设置二进制方式。

ftp>binary

### 4．从 FTP 服务器中取文件

设置完成传输模式后，就可以传输文件了。从 FTP 服务器取文件有 get 和 mget 两种方法。

（1）执行 get 命令，可以从 FTP 服务器上传输指定的 1 个文件。使用方法如下。

ftp>get 文件名

（2）执行 mget 命令，可从 FTP 服务器上传输指定的多个文件，该命令支持“*”及“?”通配符。使用方法如下。

ftp>mget 文件名 [文件名……]

例如，要从服务器上下载以 se 开头的文件，可以执行下面的命令：

ftp>mget se*

### 5．向 FTP 服务器发送文件

向 FTP 服务器发送文件，使用 put 命令，方法如下。

ftp>put 文件名

注意：用户只有在 FTP 服务器上有写的权限时才能向 FTP 服务器发送文件。

### 6．其他 FTP 常用命令

其他 FTP 常用命令，如表 5-3 所示。

表 5-3 FTP 常用命令

| 命令 | 命令功能 |
|---|---|
| ! | 在不中断与 FTP 服务器连接的情况下执行本地命令 |
| lcd | 改变或查看本地目录 |
| system | 询问 FTP 服务器系统类型 |
| help | FTP 线上帮助，可用“help 命令名”查询 |
| quit/bye | 结束 FTP 操作 |
| close | 结束连接，不退出 FTP |
| mput | 本地多文件送到远程服务器 |

## 5.6 远程登录（Telnet）

在分布式计算环境中，用户常常需要调用远程计算机的资源同本地计算机协同工作，这样就可以用多台计算机来共同完成某个大型工作。这种协同操作的工作方式就要求用户能够登录到远程计算机中去启动某个进程，并使进程之间能够相互通信。为了达到这个目的，人们开发了远程终端协议，即 Telnet 协议。

### 5.6.1 远程登录概述

远程登录是因特网最早提供的基本服务功能之一，是因特网的一种协议，允许用户计算机通过网络注册到另一台远程计算机上，使用远程计算机系统的资源。一旦用户成功地实现了远程登录，用户使用的计算机就可以像一台对方计算机直接连接本地终端一样进行工作。

Telnet 远程登录的使用主要有两种情况。第一种是用户在远程主机上有自己的账号（Account），即用户拥有注册的用户名和口令；第二种是许多因特网主机为用户提供了某种形式的公共 Telnet 信息资源，这种资源对于每一个 Telnet 用户都是开放的。

用户在使用 Telnet 命令进行远程登录时，首先应在 Telnet 命令中给出对方计算机的主机名或 IP 地址，然后根据对方系统的询问正确输入自己的用户名与用户密码。有时还要根据对方的要求回答自己所使用的仿真终端的类型。

因特网上有很多信息服务机构提供开放式的远程登录服务，登录到这样的计算机时，不需要事先设置用户账户，使用公开的用户名就可以进入系统。一旦用户成功地实现了远程登录。用户就可以像远程主机本地终端一样地进行工作，并可使用远程主机对外开放的全部资源。

远程登录的过程分为 3 个步骤。

（1）本地用户在本地终端上对远程系统进行远程登录，该远程登录的内部操作实际上是一个 TCP 连接。

（2）将本地终端上的键盘输入传送到远地系统。

（3）远地系统将结果送回到本地终端。

在以上过程中，输入/输出均对远程系统内核透明，远程登录服务本身对用户也是透明的，用户好像直接连入远程系统中。

## 5.6.2　Telnet 工作原理

Telnet 服务系统是客户机 / 服务器模式，主要由 Telnet 服务器、Telnet 客户机和通信协议组成。在用户要登录的远程计算机上必须运行 Telnet 服务软件，在用户本地计算机上必须运行 Telnet 客户软件，用户只有通过 Telnet 客户软件才能进行远程访问。Telnet 服务软件与客户软件协同工作，在 Telnet 通信协议指挥下，完成远程登录的功能，如图 5-14 所示。

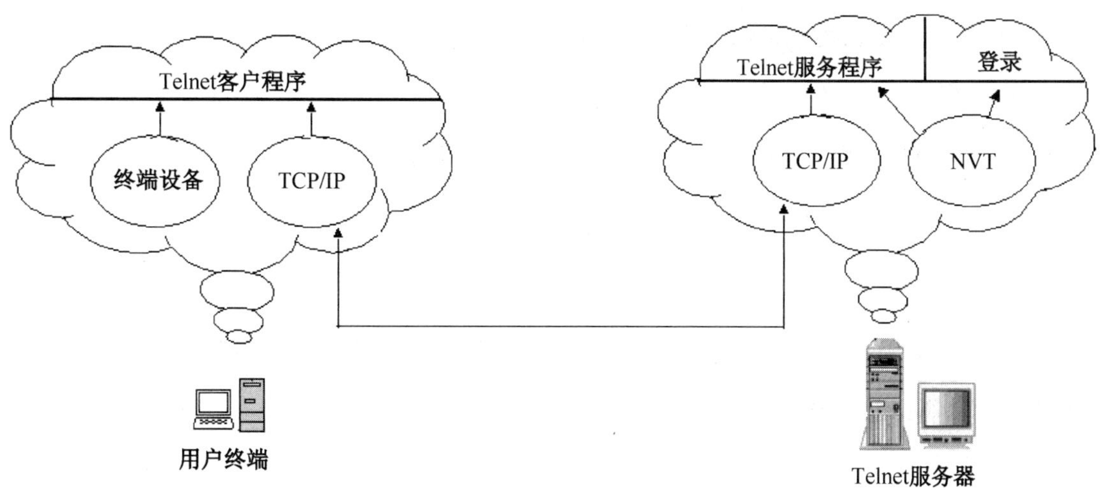


图 5-14　Telnet 工作原理

在远程登录过程中，服务器软件主要完成以下功能。

（1）通知网络软件与客户机建立 TCP 连接。

（2）接收并执行客户软件发来的命令。

（3）将输出信息发送给客户软件。

客户软件主要完成以下功能。

（1）建立与服务器之间的 TCP 连接。

（2）接收用户输入的命令及其他信息。

（3）对命令及信息进行处理，将相应信息通过 TCP 连接发送给服务器软件。

（4）接收服务器软件回送的信息并显示在屏幕上。

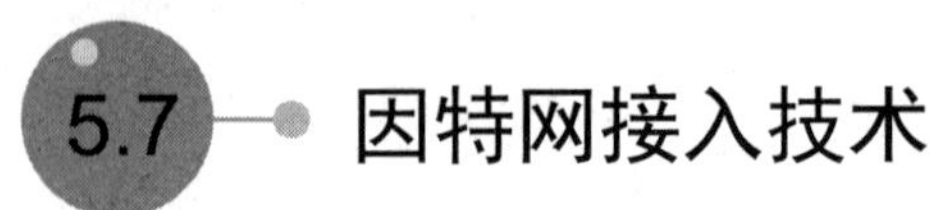

# 5.7 因特网接入技术

网络接入技术是指用户计算机或局域网接入广域网的技术，即用户终端与 ISP 的互联技术。用户主机或局域网通常都是通过接入网接入广域网，接入网是一种公共设施，一般由电信部门组建，是本地交换机与用户设备之间的实施网络，是由业务接点接口和相关用户接口之间的一系列传送实体组成的。

## 5.7.1 因特网接入技术概述

目前，接入技术非常多，既有有线的，也有无线的；可以是构建在电信网基础上的，也可以不依赖电信网。在计算机网络不发达的地区，网络接入主要有利用公共电话网的模拟用户线，采用调制解调器实现数据传输的数字化，在计算机网络发达地区，网络接入技术可以用异彩纷呈来形容。当前的网络接入技术大致分为 4 类：一是电信的铜缆接入技术；二是基于有线电视 CATV 网传输设施的电缆调制解调器接入技术；三是基于光缆的宽带光纤接入技术；四是基于无线电传输手段的无线接入技术。

### 1. 电信铜缆接入

电信铜缆接入是以原有电话铜线线路为主，采用新型设备，挖掘潜力，实现新业务的接入。如调制解调器 Modem 拨号，综合业务数字网 ISDN、数字用户环路 DSL 等都是属于这种类型。

在用户数字环路 DSL 中又可分为：非对称数字用户环路 ADSL、高速数字用户环路 HDSL、单线对称数字用户环路 SDSL 和甚高速数字用户环路 VDSL 等多种不同的接入技术。其中 ADSL 应用最为普遍。

### 2. 有线电视同轴电缆接入

很明显这是利用有线电视网的一种接入方式，现在使用比较多的是 Cable Modem。在这类接入方式中是以光纤作为主干传输线路，到达用户端则转以同轴电缆分配。

### 3. 光纤接入

光纤接入是指采用光纤作为传输介质的一种接入技术。通常是指本地交换机，或远端模块与用户之间全部（或部分）采用光纤通信的系统。光纤接入不但解决了以前铜缆网的维护运行费用和故障率，同时也可以支持开发新业务，尤其是多媒体和宽带新业务。在宽带接入技术中，目前的小区光纤以太网就是一种最具竞争力的宽带接入方式。光纤接入技术必将成为未来接入技术的主要方向。

#### 4．无线接入

无线接入方式是没有物理传输介质的，是通过电磁波进行数据的传输。这种接入方式目前有多种不同的接入技术。目前在我国，最典型的无线接入就是 4G 接入。

无线接入主要是对有线接入进行扩充，具有灵活、快捷、方便等特点。目前无线接入在速度及费用上均不如有线接入合算，但相信随着技术的发展，当无线网的接入费用下降到一定程度时，它必将影响到我们的网络生活。

### 5.7.2　NAT 技术

NAT 英文全称是“Network Address Translation”，中文意思是“网络地址转换”，它允许一个整体机构以一个公用 IP（Internet Protocol）地址出现在因特网上。顾名思义，它是一种把内部私有网络地址（IP 地址）翻译成合法网络 IP 地址的技术。因此我们可以认为，NAT 技术在一定程度上，能够有效地解决公网地址不足的问题。

#### 1．NAT 技术工作原理

NAT 技术是让在专用网内拥有本地 IP（私有 IP）地址的主机通过装有 NAT 软件的路由器连接到因特网上能和外界通信的技术。所有使用本地地址的主机在和外界通信时，在 NAT 路由器的作用下将其本地地址转换成全球 IP 地址，故能和因特网连接进行通信。

IPv4 规定了 3 个保留地址段落：10.0.0.0-10.255.255.255；172.16.0.0-172.31.255.255；192.168.0.0-192.168.255.255。不向特定的用户分配，被 IANA 作为私有地址保留。这些地址可以在任何组织或企业内部使用，和其他因特网地址的区别就是仅能在内部使用，不能作为全球路由地址。这就是说，出了组织的管理范围这些地址就不再有意义，无论是作为源地址，还是目的地址。对于一个封闭的组织，如果其网络不连接到因特网，就可以使用这些地址而不用向 IANA 提出申请，而在内部的路由管理和报文传递方式与其他网络没有差异。

对于有因特网访问需求而内部又使用私有地址的网络，就要在组织的出口位置部署 NAT 网关，在报文离开私网进入因特网时，将源 IP 地址替换为公网地址，通常是出口设备的接口地址。一个对外的访问请求在到达目标以后，表现为由本组织出口设备发起，因此被请求的服务端可将响应由因特网发回出口网关。出口网关再将目的地址替换为私网的源主机地址，发回内部。这样一次由私网主机向公网服务端的请求和响应就在通信两端均无感知的情况下完成了。依据这种模型，数量庞大的内网主机就不再需要公有 IP 地址了。NAT 转换示意图如

图 5-15 所示。

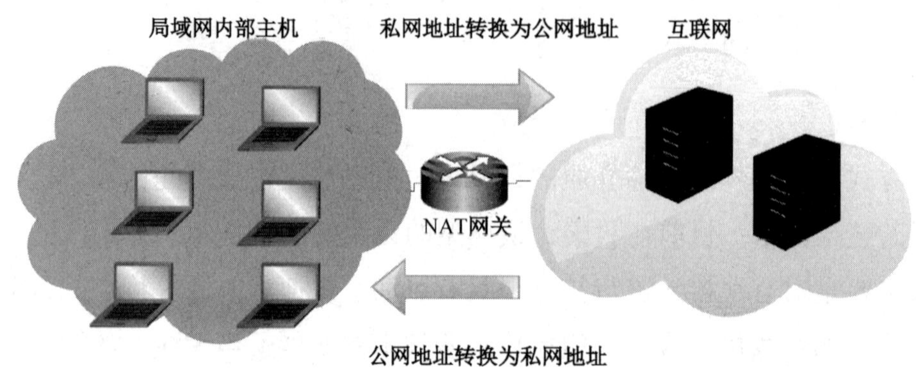


图 5-15　NAT 转换示意图

在整个 NAT 的转换中，最关键的流程有以下几点:

- 网络被分为私网和公网两个部分，NAT 网关设置在私网到公网的路由出口位置，双向流量必须都要经过 NAT 网关。
- 网络访问只能先由私网发起，公网无法主动访问私网主机。
- NAT 网关在两个访问方向上完成两次地址的转换或翻译，出方向做源信息替换，入方向做目的信息替换。
- NAT 网关的存在对通信双方是保持透明的。
- NAT 网关为了实现双向翻译的功能，需要维护一张关联表，把会话的信息保存下来。

### 2. NAT 的分类

NAT 有三种类型：静态 NAT（Static NAT）、动态地址 NAT（Pooled NAT）、网络地址端口转换 NAPT（Port-Level NAT）。

（1）静态 NAT。

通过手动设置，使因特网客户进行的通信能够映射到某个特定的私有网络地址和端口。如果想让连接在因特网上的计算机能够使用某个私有网络上的服务器（如网站服务器）及应用程序（如游戏），那么静态映射是必需的。静态映射不会从 NAT 转换表中删除。如果在 NAT 转换表中存在某个映射，那么 NAT 只是单向地从因特网向私有网络传送数据。这样，NAT 就为连接到私有网络部分的计算机提供了某种程度的保护。但是，如果考虑到因特网的安全性，NAT 就要配合全功能的防火墙一起使用。

对于图 5-16 所示的网络拓扑图，当内网主机 10.1.1.1 如果要与外网的主机 201.0.0.11 通信时，主机（IP：10.1.1.1）的数据包经过路由器时，路由器通过查找 NAT table 将 IP 数据包的源 IP 地址（10.1.1.1）改成与之对应的全局 IP 地址（201.0.0.1），而目标 IP 地址 201.0.0.11

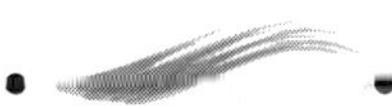

保持不变，这样，数据包就能到达 201.0.0.11。而当主机 Host B（IP:201.0.0.11） 响应的数据包到达与内网相连接的路由器时，路由器同样查找 NAT table，将 IP 数据包的目的 IP 地址改成 10.1.1.1，这样内网主机就能接收到外网主机发过来的数据包。在静态 NAT 方式中，内部的 IP 地址与公有 IP 地址是一种一一对应的映射关系。

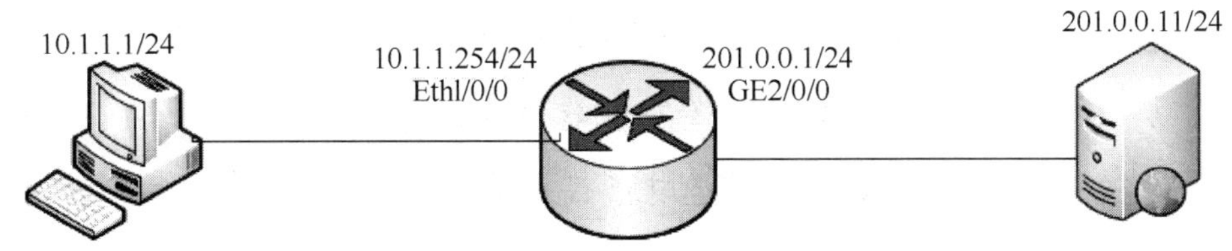


图 5-16 静态 NAT

（2）动态 NAT。

动态地址 NAT 只是转换 IP 地址，它为每一个内部的 IP 地址分配一个临时的外部 IP 地址，主要应用于拨号，对于频繁的远程连接也可以采用动态 NAT。当远程用户连接上之后，动态地址 NAT 就会分配给他一个 IP 地址，用户断开时，这个 IP 地址就会被释放而留待以后使用。

动态 NAT 方式适用于当机构申请到的全局 IP 地址较少，而内部网络主机较多的情况。内网主机 IP 与全局 IP 地址是多对一的关系。当数据包进出内网时，具有 NAT 功能的设备对 IP 数据包的处理与静态 NAT 的一样，只是 NAT table 表中的记录是动态的，若内网主机在一定时间内没有和外部网络通信，有关它的 IP 地址映射关系将会被删除，并且会把该全局 IP 地址分配给新的 IP 数据包使用，形成新的 NAT table 映射记录。

（3）网络地址端口转换 NAPT。

网络地址端口转换 NAPT（Network Address Port Translation）是把内部地址映射到外部网络的一个 IP 地址的不同端口上。它可以将中小型的网络隐藏在一个合法的 IP 地址后面。NAPT 与 动态地址 NAT 不同，它将内部连接映射到外部网络中的一个单独的 IP 地址上，同时在该地址上加上一个由 NAT 设备选定的端口号。

NAPT 是使用最普遍的一种转换方式，它包含两种转换方式：SNAT 和 DNAT。

① 源 NAT（Source NAT，SNAT）：修改数据包的源地址。源 NAT 改变第一个数据包的来源地址，它永远会在数据包发送到网络之前完成，数据包伪装就是一具 SNAT 的例子。

② 目的 NAT（Destination NAT，DNAT）：修改数据包的目的地址。Destination NAT 刚好与 SNAT 相反，它是改变第一个数据包的目的地地址，如平衡负载、端口转发和透明代理就是属于 DNAT。

## 本章小结

本章主要介绍网络应用的相关技术。主要内容有域名系统、电子邮件、WWW 服务、远程登录、FTP 服务等。从相关应用的基本原理到实际的具体应用都进行了比较详细的介绍。

DNS 采用了层次化、分布式、客户机 / 服务器模式的命名规则来管理网络中的计算机，并允许命名管理者在较低的结构层次上管理用户自己的名字，由不同的组织进行分散管理，使名字管理更加灵活和方便。

电子邮件服务是因特网上使用最广泛的服务之一，它需要邮件服务器、客户机以及相关软件协同工作，使用的协议主要有 SMTP、POP3、IMAP4 和 MIME，收发电子邮件的工具目前使用较多的是 Outlook 和 FoxMail。

WWW 服务是因特网能够快速发展的一种主要服务，也是因特网上使用最广泛的服务之一，它使用 HTTP 传输协议，使用浏览器打开由 HTML 语言组织的页面呈现给广大的因特网用户，使其从中获取信息。从结构上讲，浏览器主要由一个控制单元和一系统的客户单元、解释单元组成，控制单元是浏览器的中心，它负责协调和管理客户单元和解释单元，并接收用户的键盘或鼠标输入，协助其他单元完成用户的指令。浏览器的功能有多种，人们普遍使用其浏览网页。

文件传输是因特网上一种高效、快速传输大量信息的方式，通过网络可以将文件从一台计算机传送到另一台计算机。FTP 协议是因特网上最早使用的，也是目前使用最广泛的文件传输协议，它提供交互式的访问，允许从远程计算机上获取文件，也允许将本地计算机中的文件复制到远程主机。

远程登录允许用户计算机通过网络注册到另一台远程计算机上，使用远程计算机系统的资源。它使用虚拟网络终端技术，能够提供各种异构环境（异种计算机和异种操作系统）的相互操作能力。

网络接入技术是指用户计算机主机或局域网接入因特网的技术，即用户终端与 ISP 的互连技术。现在广泛使用的接入方式有电信铜缆接入、CATV 接入技术、光纤接入与无线接入等。NAT 技术是一大创举，它很好地解决了 IPv4 地址枯竭的问题。它是一种把内部私有网络地址（IP 地址）翻译成合法网络 IP 地址的技术。

## 本章练习

### 一、选择题

1. 为了实现域名解析，客户机（　　）即可。

A. 知道根域名服务器的 IP 地址

B. 知道本地域名服务器的 IP 地址

C. 知道本地域名服务器的 IP 地址和域名服务器的 IP 地址

D. 知道互联网上任意一个域名服务器的 IP 地址

2. 下列名字中，（　　）不符合 TCP/IP 域名系统的要求。

A. www-pku-edu-cn　　B. www.pku.edu.cn

C. liB．pku.edu.cn　　D. ftp.pku.edu.cn

3. 域名系统 DNS 的组成不包括下列（　　）。

A. 域名空间　　B. 分布式数据库

C. 域名服务器　　D. 地址转换请求程序

4. FTP 最大的特点是（　　）。

A. 网上几乎所有类型的文件都可以用 FTP 传送

B. 下载或上传的命令简单

C. 用户可以使用因特网上的匿名服务器

D. 安全性好

5. 下列（　　）不是邮件服务器使用的协议。

A. SMTP 协议　　B. MIME 协议　　C. POP 协议　　D. FTP 协议

6. FTP 中的"Put"命令用于（　　）。

A. 文件的上传　　B. 文件的下载　　C. 查看目录　　D. 登录

7. 因特网远程登录的协议是（　　），它允许用户在一台联网的计算机上登录到一个远程分时系统中，然后像使用自己的计算机一样使用该远程系统。

A. Usernet　　B. FTP　　C. BBS　　D. Telnet

8. WWW 网页文件是使用下列（　　）语言编写的。

A. 主页制作语言　　B. 超文本标识语言

C. WWW 编程语言　　D. 因特网编程语言

9．以下关于电子邮件说法错误的是（　　）。

A．用户只要与因特网连接，就可以发送电子邮件

B．电子邮件可以在两个用户间交换，也可以向多个用户发送同一封邮件，或将收到的邮件转发给其他用户

C．收发邮件必须有相应的软件支持

D．用户可以以邮件的方式在网上订阅电子杂志

10．主机域名 company.tyt.js.cn 由 4 个子域组成，其中表示网络名的是（　　）。

A．company　　B．tyt　　C．js　　D．cn

11．主机域名 public.tyt.js.com 由 4 个子域组成，其中表示最高层域的是（　　）。

A．public　　B．tyt　　C．js　　D．com

12．下列电子邮件地址写法正确的是（　　）。

A．superpublictyt.js.com　　B．publictyt.ty.cn@super

C．super@publictytjs.com　　D．super@public.tyt.js.com

13．下列关于域名与 IP 地址关系的说明，正确说法是（　　）。

A．主机的 IP 地址和主机的域名一一对应

B．主机的 IP 地址和主机的域名完全是一回事

C．一个域名对应多个 IP 地址

D．一个 IP 地址对应多个域名

14. 如果某个用户的 E-mail 地址为 superman@163.net，那么邮件服务器的域名是（　　）。

A．superman　　B．163　　C．@163　　D．163.net

15．下面的（　　）是个人计算机要实现网络通信必须具备的。

A．网络接口卡，声卡，网络协议

B．网络服务器/客户机程序，声卡驱动程序，网络适配器

C．网络接口卡，网络服务器/客户机程序，网络协议

D．网络接口卡，网络服务器/客户机程序，打印机

16．Internet Explorer 是（　　）。

A．一种网上搜索软件　　B．一种电子邮件发送程序

C．一种网上传输协议　　D．一种网上浏览器

17．浏览因特网上的网页，需要知道（　　）。

A．网页的设计原则　　B．网页制作的过程

C．网页的地址　　D．网页的作者

18．因特网上计算机的名字由许多域构成，域间用（　　）分隔。

A．逗号　　B．分号　　C．小圆点　　D．冒号

19．以下域名的表示中，错误的是（　　）。

A．shizi.xwzz.edu.cn　　B．online.sh.cn

C．xyz.weibei.edu.cn　　D．sh163，net，cn

20．有关在因特网上计算机的 IP 地址和域名的说法中，错误的是（　　）。

A．IP 地址与域名的转换一般由域名服务器来完成

B．域名服务器就是 DNS 服务器

C．与因特网连接的任何一台计算机或网络都有 IP 地址

D．与因特网连接的任何一台计算机或网络都有域名

21．以下网址的表示中，正确的是（　　）。

A．www@online.sh.cn　　B．http://www，online，sh，cn

C．www@online，sh，cn　　D．http://www.online.sh.cn

22．在网址 http://www.IBM.com 中，com 表示（　　）。

A．无任何含义　　B．域名　　C．文件后缀　　D．服务器

23．能够将域名翻译成 IP 地址的是（　　）。

A．TCP/IP　　B．WWW　　C．BBS　　D．DNS

24．域名 www.qvbedu.gov.cn 由 4 个子域组成，其中表示主机名的是（　　）。

A．www　　B．qvbedu　　C．gov　　D．cn

25．FTP 是实现文件在网上的（　　）。

A．复制　　B．移动　　C．查询　　D．浏览

26．TELNET 协议默认使用的端口号是（　　）。

A．21　　B．23　　C．25　　D．53

27．POP3 协议用于电子邮件的（　　）。

A．接收　　B．发送　　C．丢弃　　D．阻挡

28．HTTP 协议默认使用的端口号是（　　）。

A．TCP 端口 21　　B．TCP 端口 23

C．TCP 端口 53　　D．TCP 端口 80

29．DNS 协议默认使用的端口号是（　　）。

A．TCP 端口 23　　B．TCP/UDP 端口 53

C．TCP 端口 80　　D．UDP 端口 53

30．SMTP 协议用于电子邮件的（　　）。

A．接收　　B．发送　　C．丢弃　　D．阻挡

## 二、填空题

1．域名系统 DNS 是一个__________系统。

2．DNS 将整个网络的名字空间分成为若干个__________。

3．对网络上主机的命名，一般需要考虑__________、__________和__________3 个问题。

4．域名 com 表示的含义是__________，域名 edu 的含义是__________，域名 mil 的含义是__________。

5．域名解析是由__________来完成的。

6．电子邮件的工作过程是通过__________方式为用户传送邮件的。

7．电子邮件传送协议主要有__________、__________、__________和__________。

8．Liubin@163.com 中的 liubin 表示__________，@表示__________，163.com 表示__________。

9．WWW 浏览器是一个客户程序，其主要功能是__________。

10．FTP 命令集中的“get”命令的功能是__________。

11．用 Telnet 登录到远程计算机系统时，实际上启动了两个程序，一个叫 Telnet__________，它运行于本地机上，另一个叫 Telnet__________，它运行于要登录的远程计算机上。

12．Telnet 的一个很大的优点是能够提供__________的相互操作能力。

13．Telnet 服务系统是__________模式，主要由__________、__________和__________组成。

14．因特网上的域名由__________统一管理。

15．互联网接入技术主要有__________、__________、__________和__________。

16．NAT 英文全称是“Network Address Translation”，中文意思是__________。

## 三、判断题

1．网络中的任何一台计算机都必须有一个地址。（　　）

2．一台主机只能有一个域名，一个 IP 地址。（　　）

3．HTTP 协议提供 WWW 服务。（　　）

4．域名从左到右网域逐级变低，高一级网域包含低一级网域。（　　）

5．网络中计算机的域名采取多段表示方法，各段间用圆点分开。（　　）

6. 一个 FTP 服务器上只能建立一个 FTP 站点。 ( )
7. WWW 上可浏览的信息都可以下载到本地计算机上。 ( )
8. FTP 是依赖于面向连接的 TCP 的应用层协议。 ( )
9. 我们上网时，可以在浏览器地址栏中直接输入网站的 IP 地址。 ( )
10. 网络域名也可以使用中文名称来命名。 ( )

## 四、简答题

1. 因特网为什么采用层次型域名系统？
2. 层次型域名系统是怎样划分域的？
3. 域名系统是怎样组成的？
4. 简述域名解析的过程？
5. 电子邮件客户机主要完成的工作是什么？
6. 简述客户端收发邮件的过程。
7. 简述邮件服务器主要完成的工作是什么？
8. 电子邮件的传输过程是怎样的？
9. SMTP 协议的工作过程是怎样的？
10. POP3 协议的工作过程是怎样的？
11. POP3 协议与 IMAP4 协议的主要区别是什么？
12. 怎样理解超文本与超链接？
13. 简述 WWW 的工作原理。
14. WWW 浏览器的结构是怎样的？
15. 简述 FTP 主要功能。
16. 简述 FTP 的工作原理。
17. 什么称为远程登录？远程登录的过程是怎样的？
18. 简述 Telnet 的基本工作原理。
19. 因特网接入技术主要有哪些？
20. 什么是 NAT 技术。

CHAPTER6 第 6 章

# 网络安全

网络在给我们带来无穷无尽的便利与欢乐的同时，也带来了很多新的麻烦。借助网络传播的病毒正不断侵害我们的数据、影响我们的正常通信，木马可能正偷偷地窃取你的信用卡密码，神秘的黑客也许正偷偷地登录在你的主机上策划着下一次攻击。随着网络的不断发展，各种各样的攻击、渗透、破坏行为的影响也越来越大，网络安全防护已经成为网络技术中重要的一环。

## 6.1 网络安全基础

网络应用越来越深地渗透到金融、商务、国防等关键领域，网络上的信息数据安全和网络设备服务的运行安全，日益成为与国家、政府、个人的利益休戚相关的大事。

### 6.1.1 网络安全概述

网络安全从本质上讲就是网络上的信息安全。它是一门涉及计算机科学、网络技术、通信技术、密码技术、信息安全技术、应用数学、数论、信息论等多种学科的综合性学科。它主要指网络系统中的硬件、软件及其中的数据受到保护，不因偶然的或者恶意的原因而遭到破坏。从广义上来说，凡是涉及网络上信息的保密性、完整性、可用性、真实性和可控性的相关技术和理论都是网络安全的研究领域。

在现有的网络环境中，由于使用了不同的操作系统、不同厂家的硬件平台，因而网络安全是一个很复杂的问题，其中有技术性和管理上的诸多原因，一个好的安全的网络应该由主机系统、应用和服务、路由、网络、安全设备、网络管理和管理制度等因素决定。

随着计算机技术的飞速发展，信息安全已经成为社会发展的重要保证。信息安全包括 5 个基本要素：机密性、完整性、可用性、可控性和可审查性。机密性指确保信息不暴露给未授权的实体或进程；完整性指保护数据不被没有得到许可的实体修改，并且能够判断数据是否被篡改；可用性说明得到授权的实体在需要时可访问数据，即攻击者不能占用所有的资源而阻碍授权者的工作；可控性表示可以控制授权范围内的信息流向及行为方式；可审查性指对出现的网络安全问题提供调查的依据和手段。网络安全防范对于系统管理员来说是非常重要的。

## 6.1.2　网络安全防范体系

全方位的、整体的网络安全防范体系是分层次的，不同层次反映了不同的安全问题，根据网络的应用现状情况和网络的结构，将安全防范体系的层次划分为物理层安全、系统层安全、网络层安全、应用层安全和管理层安全 5 个层次。

### 1．物理层安全

该层次的安全包括通信线路的安全、物理设备的安全和机房的安全等。物理层的安全主要体现在通信线路的可靠性、软硬件设备的安全性、设备的备份、防灾害能力、防干扰能力、设备的运行环境和不间断电源保障等。

### 2．系统层安全

该层次的安全问题来自网络内使用的操作系统的安全，主要表现在 3 个方面：一是操作系统本身的缺陷所带来的不安全因素，主要包括身份认证、访问控制和系统漏洞等；二是对操作系统的安全配置问题；三是病毒对操作系统的威胁。

### 3．网络层安全

该层次的安全问题主要体现在网络方面的安全性，包括网络层身份认证、网络资源的访问控制、数据传输的保密与完整性、远程接入的安全、域名系统的安全、路由系统的安全、入侵检测的手段和网络设施防毒等。

### 4．应用层安全

该层次的安全问题主要由提供服务所采用的应用软件和数据的安全性产生，主要包括 Web 服务、电子邮件系统和 DNS 等，此外，还包括病毒对系统的威胁。

### 5．管理层安全

安全管理包括安全技术和设备的管理、安全管理制度、部门与人员的组织规则等。管理的制度化极大程序地影响着整个网络的安全，严格的安全管理制度、明确的部门安全职责划分、合理的人员角色配置都可以在很大程度上降低其他层次的安全漏洞。

## 6.1.3 网络中存在的威胁

### 1. 黑客攻击

谈到网络安全，很容易联想到网络中神秘的黑客。黑客的名词来自英文 hacker 的发音，也被翻译为骇客。现在对黑客这个名词的普遍解释是：具有一定计算机软件和硬件方面的知识，通过各种技术手段，对计算机和网络系统的安全构成威胁的人或组织。

最早期的黑客行为是电话入侵技术，在电话普及初期，昂贵的电话费用不是一般人能承受的。于是，一些对电话技术了解颇多的人发明了一些电子装置，得以免费打电话。

随着计算机系统的产生和发展，一些专业技术人员开始深入探索系统上存在着的种种漏洞，并尝试用自己的方式修补这些漏洞，并公开自己的发现。在早期，这些被称为黑客的人，他们热衷于解决难题，钻研技术，并乐于同他人共享成功。他们寻找网络漏洞、入侵主机，纯粹是技术上的尝试，绝不会进行资料窃取和破坏。这些黑客主要为了追求自己技术上的精进，对计算机技术全身心投入，为计算机技术的发展做出了很大的贡献。我们现在使用的很多软、硬件技术是黑客发明的，很多早期的黑客后来成为 IT 界的风云人物。

但是，随着网络的普及，黑客技术不断发展，队伍不断壮大，黑客的组成和内涵发生了巨大的变化。有些黑客开始尝试利用自己的技术获取限制访问的信息，更有甚者怀着私利闯入远程主机、篡改和破坏重要数据。从此，黑客渐渐成为入侵者、破坏者的代名词。

很多人认为，黑客是技术高超的神秘人物，离自己很遥远，自己或公司的网络系统中没有什么值得获取或破坏的信息，不必担心他们的攻击。这种想法在多年以前可能没错，但随着网络上黑客技术文档和黑客工具的泛滥，只要愿意，没有计算机网络基础的外行们也能很熟练地运用这些工具，成为一个可怕的入侵者。他们可能是你的同学、同事或是邻居，他们想做的正是就近找一个目标进行实验，而你很可能不幸成为他们的目标。这些黑客好比拿着原子弹的小孩，具有极大的攻击性，他们的攻击往往没有特定的目标，也不需要什么理由，入侵对他们来说只是一种恶作剧。还有一些黑客是怀着不良目的，借此获利的人，他们疯狂的入侵任何可能入侵的系统，寻找可能获得的任何利益，他们窃取有价值的资料对主人进行敲诈、偷窃各种有价值的网络账号、意图获取信用卡账号和口令，这些人，对我们的威胁极大。

常见的黑客攻击行为有：入侵系统篡改网站、设置后门以便以后随时侵入、设置逻辑炸弹和木马、窃取和破坏资料、窃取账号、进行网络窃听、进行地址欺骗、进行拒绝服务攻击造成服务器瘫痪等。

网络攻击一般按以下步骤进行：

（1）隐藏自己的位置。

网络攻击者都会利用别人的计算机隐藏他们真实的 IP 地址。

（2）寻找目标主机并分析目标主机。

攻击者首先要寻找目标主机并分析目标主机。在因特网上能真正标识主机的是IP地址，域名是为了便于记忆主机的IP地址而另起的名字，只要利用域名和IP地址就可以顺利地找到目标主机。当然，知道了要攻击目标的位置还是远远不够的，还必须将主机的操作系统类型及其所提供的服务等资料做个全面的了解。此时，攻击者们会使用一些扫描器工具，轻松获取目标主机运行的是哪种操作系统的哪个版本，系统有哪些账户，WWW、FTP、Telnet、SMTP等服务器程序是何种版本等资料。

（3）获取账号和密码，登录主机。

攻击者要想入侵一台主机，首先要有这个主机的一个账号和密码，否则连登录都无法进行：这样常迫使他们先设法盗窃账户文件。当然，利用某些工具或系统漏洞登录主机也是攻击者常用的一种方法。

（4）获得控制权。

攻击者们用Telnet等工具利用系统漏洞进入目标主机系统获得控制权之后，就会做两件事，清除记录和留下后门，通过更改某些系统设置，在系统中植入木马程序，以便日后可以不被觉察地再次进入系统。大多数后门程序是预先编译好的，只需要想办法修改时间和权限就可以使用了，甚至新文件的大小都和原文件一模一样。

（5）窃取网络资源和特权。

攻击者进入攻击目标后，会继续下一步的攻击。例如，下载敏感信息、窃取账号和密码、使网络瘫痪等。

### 2．病毒

计算机病毒是指那些具有自我复制能力的特殊计算机程序，它能影响计算机软件、硬件的正常运行，破坏数据的正确与完整，影响网络的正常运行。病毒常常是附着于正常程序或文件中的一小段代码，随着宿主程序在计算机之间的复制不断传播，并在传播途中感染计算机上所有符合条件的文件。

计算机病毒也是程序，程序要发挥作用必须要运行，病毒要获得复制自身、感染其他文件并最后发作的能力，首先要将自身激活，并驻留内存，这个过程我们称为病毒的引导。不同类型的病毒，其引导方式各不相同。早期，有些病毒将自身躲藏于磁盘的主引导扇区（MBR）中，既能躲避病毒查杀程序的搜索，又能在系统启动时自动加载。大部分病毒是隐藏在可执行文件中，只要可执行文件一被运行，病毒就得以引导。也有病毒是躲藏在文档和媒体文件中的，如宏病毒，隐藏在具有宏功能的文档中，在宏被执行时，病毒被激活。在Windows操作系统流行后，很多病毒隐藏在Windows系统文件中，随Windows系统的启动而引导，由

于 Windows 系统文件在系统运行过程中无法改写和删除，此类病毒很难被查杀。

病毒由一个载体传播到另一个载体，由一个系统进入另一个系统的过程我们称为传染。不同类型的病毒，其传染方式各不相同。早期，文件病毒通过驻留内存，截获对磁盘的调用命令，如列目录、运行文件、创建文件，然后通过更改指令将自身的副本悄悄写入磁盘上特定类型的文件中，当这些文件在计算机之间复制时，病毒也随之传染途经的所有未设防的计算机。

大部分病毒平时潜伏于系统中，不将自己暴露出来，只是不断复制自身，传染更多的计算机。当特定的条件满足时，病毒会被触发，我们称为病毒的发作。病毒发作的条件很多，如特定的日期，最有名的是黑色星期五病毒，在每月 13 日又恰好是星期五的时候便会发作，还有 CIH 病毒，选择了每年的 4 月 26 日发作。还有病毒的触发条件是特定的程序的运行、特定击键次数、特定的硬件设备等。

病毒发作的情况各不相同，有些病毒只是在屏幕上显示特定的图像和文字，然后就消失了，没有太大的破坏作用。而有些病毒则会造成系统死机，或是破坏和删除磁盘上的文件，甚至破坏磁盘分区表，使得整台计算机系统崩溃，在某些条件下，病毒甚至可以破坏计算机硬件，如 CIH 病毒能破坏部分主板的 BIOS 芯片数据，使计算机无法正常启动。

#### 3．蠕虫

蠕虫可以说是一类特殊的病毒，蠕虫通过分布式网络来进行扩散，与病毒类似，蠕虫也在计算机与计算机之间自我复制，但蠕虫可自动完成复制过程，而不需要通过文件作为载体复制，蠕虫能够接管计算机系统中传输文件或信息的功能。一旦计算机感染蠕虫，蠕虫即可独自传播。最危险的是，蠕虫可大范围复制。例如，蠕虫可向电子邮件地址簿中的所有联系人发送自己的副本，联系人的计算机也将执行同样的操作，结果造成多米诺效应，业务网络和整个因特网的速度都将受到影响。一旦新的蠕虫被释放，传播速度将非常迅速，在极短的时间内就能造成网络堵塞。

蠕虫是一种通过网络传播的恶性病毒，它具有病毒的一些共性，如传播性，隐蔽性，破坏性等，同时具有自己的一些特征，如不利用文件寄生（有的只存在于内存中），以及与部分黑客技术相结合等。蠕虫可以通过已知的操作系统后门主动攻击一台主机，然后设法感染这台主机并使其成为一个新的攻击源，去攻击其他主机。通过这种模式，很快网络上所有未设防的主机都将感染蠕虫，而清除它们确很麻烦，只要网络中仍存在一台主机被感染，病毒就很可能会卷土重来。

#### 4．木马

木马全称是“特洛依木马”（Trojan Horse）。在古希腊的传说中，希腊人远征特洛依城，苦战了9年仍无法攻下，希腊人假意撤退留下一个巨大的木马雕塑，并在木马中隐藏了士兵。特洛依人以为击退敌人，开始欢庆，并把木马作为战利品放置在城内。半夜，木马中的希腊士兵打开城门，与城外的希腊大军里应外合，攻破了特洛依城。

木马是一些表面有用，实际目的是危害计算机安全性并破坏计算机系统的程序。早期，木马程序是黑客们特意编写后放置在他们制作的工具软件中的，以便随时获知这些工具的使用情况。现在很多人通过将自己编写的木马程序放置在其他应用程序中，使下载并使用这些程序的主机在不知不觉中感染木马程序。

完整的木马程序一般由两个部分组成：一个是被控制端（服务器）程序，另一个是控制端（客户端）程序。主机被感染即不知不觉中被安装了木马程序，如果主机被安装了木马程序，拥有控制端程序的人就可以通过网络控制你的电脑，这时你电脑上的各种文件、程序，及在电脑上使用的账号、密码就无安全可言了。

木马程序的通常目的是窃取信息（如网络账号、信用卡密码、重要文档等）、监视和控制被感染主机。感染木马程序的计算机会偷偷通过网络向指定主机发送本机机密数据，或是莫名其妙的自动重启、自动关机，甚至出现主机被远程控制的情况。木马程序还常常同黑客技术相结合，如有些木马能够操纵被感染主机进行 ARP 欺骗与网络窃听（Sniffer），一台主机感染，整个网络安全性将遭受到威胁。

5．流氓软件

流氓软件是对利用网络进行散播的一类恶意软件的统称，这些软件不是在不知不觉中偷偷安装在用户的系统中，就是采用某种手段强行进行安装，也有随某种软件一起安装入用户的系统。

流氓软件一般以牟利为目的，强行更改用户计算机软件设置，如浏览器选项，软件自动启动选项，安全选项等。流氓软件常常在用户浏览网页过程中不断弹出广告页面，影响用户正常上网。流氓软件常常未经用户许可，或者利用用户疏忽，或者利用用户缺乏相关知识，秘密收集用户个人信息、秘密和隐私，有侵害用户信息和财产安全的隐患。

流氓软件常常抵制卸载，即使当时卸载成功，过几天系统中残留的程序又会偷偷地自动安装，使得用户不胜其烦。

流氓软件一般由正规企业或组织制作，具备部分病毒和黑客特征，但同病毒、木马不同，不会进行主动的破坏和信息窃取，属于正常软件和病毒之间的灰色地带，因此大部分病毒和木马查杀程序不会检测并清除流氓软件。

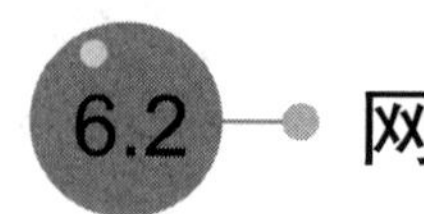

## 6.2 网络安全技术

网络攻击手段多种多样，用户的计算机系统随时都有可能被病毒或木马感染，或者受到网络攻击和欺骗，造成主机无法正常访问网络。尽早了解主机和网络遭受攻击的类型，对解决网络安全问题有很大帮助。

### 6.2.1 操作系统自带工具

网络操作系统都随系统提供了大量网络管理工具（命令），如我们熟悉的通信测试命令：ping、tracert、pathping 等，利用这些工具可以方便快捷的了解系统与网络的工作状态，甚至能解决一些网络攻击所造成的影响。

下面，我们来介绍一下如何利用 Windows 自带的工具来诊断和解决常见的网络安全隐患。

#### 1．网络状态查看——Netstat

Netstat 是 Windows 操作系统提供用于查看与 IP、TCP、UDP 和 ICMP 协议相关的统计数据的网络工具，并能检验本机各端口的网络连接情况。我们一般通过 Netstat 来检查各类协议统计数据以及当前端口使用情况，这些信息对我们检查和处理计算机是否存在网络安全隐患有很大的帮助。

Netstat 命令支持参数很多，比较常用的有以下几个参数：

“-s”参数用来显示 IP、TCP、UDP 和 ICMP 的协议统计数据，经常与“-p”命令组合来查看指定协议的统计数据。当我们发现浏览器打开页面速度很慢，甚至根本无法打开页面，或是电子邮件软件无法收发邮件时，很可能是 TCP 连接的问题，可以通过命令“netstat –s –p tcp”来查看 TCP 协议统计数据，判断问题所在，如图 6-1 所示。

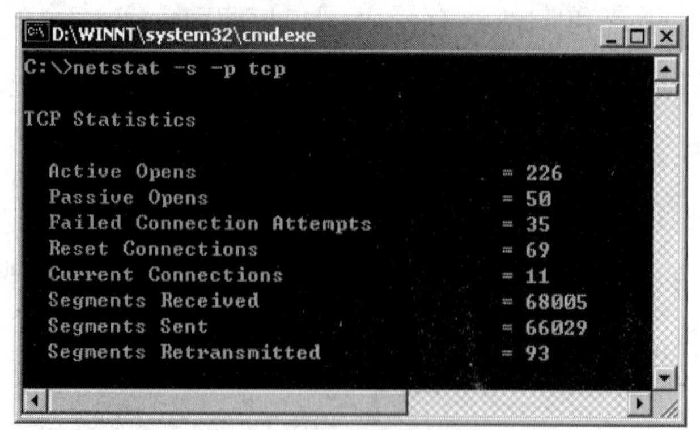


图 6-1　Netstat 命令查看 TCP 协议统计数据

命令显示结果中各项参数的说明如下。

Active Opens　　主动发起的 TCP 连接

Passive Opens　　由对方发起的 TCP 连接

Failed Connection Attempts　　失败的 TCP 连接尝试

Reset Connections　　被复位的 TCP 连接

Current Connections　　当前保持的 TCP 连接

Segments Received　　接收到的数据段

Segments Sent　　发送的数据段

Segments Retransmitted　　重传处理的数据段

通过这些信息，我们能够方便地了解问题是否是出在 TCP 连接上。例如，当前保持的 TCP 连接为 0，表示现在没有成功的 TCP 连接。如果重传处理的数据段数字非常大，则很可能是与对端的网络连接通信质量有问题。

“-e” 参数用来查看关于以太网的统计数据。它列出的项目包括传送的数据报的总字节数、错误数、删除数、数据报的数量和广播的数量，如图 6-2 所示。

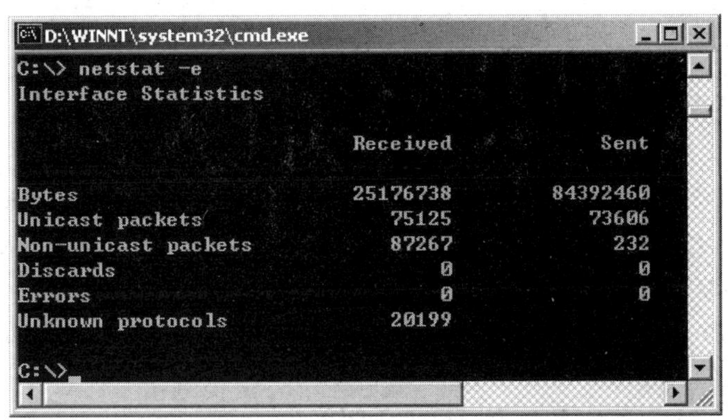


图 6-2　Netstat 命令查看以太网统计数据

如果使用 “netstat –e” 命令发现大量接收错误，则可能是网络整体拥塞、主机过载或本地物理连接故障；如果发现大量发送错误，则可能是本地网络拥塞或是本地物理连接故障；如果发现广播和多播数量过大，那么很可能是网络正遭受广播风暴的侵袭。

“-a” 与 “-n” 这两个参数进程一起使用，用来查看 TCP 与 UDP 连接情况，其中，“-a” 参数用来显示所有连接以及处于监听状态的端口，而 “-n” 参数则是使用数字来表示主机与端口，更利于分析。

使用这个命令可以了解当前 TCP 与 UDP 连接情况，分析是否有不正常的网络连接以及本地是否打开了某些不应打开的可疑端口。通常在感染了病毒或木马后，系统会打开一些特殊端口，用 Netstat 可以很方便确定系统是否被感染以及感染了哪种类型的病毒或木马，以便进行清除。

如图 6-3 所示，“netstat –an”命令显示的结果分为 4 列，信息及解释如表 6-1 所示。

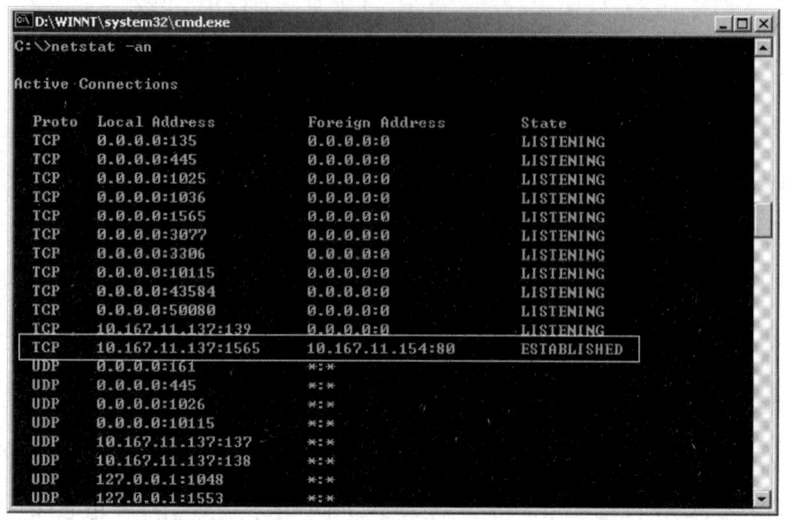


图 6-3　Netstat 命令查看 TCP/UDP 连接情况

**表 6-1　Netstat –an 命令显示信息说明**

| 列　名 | 名　称 | 说　明 |
|---|---|---|
| Proto | 协议类型 | 有两种协议，为 TCP 与 UDP |
| Local Address | 本地地址端口 | 格式为：IP 地址:端口号 |
| Foreign Address | 对端地址端口 | 格式为：IP 地址:端口号 |
| State | 连接状态 | 说　明 |
| | LISTEN | 处于监听状态，等待其他主机发起对本 TCP 端口的连接请求 |
| | SYN_SENT | 处于连接尝试状态，已发送连接请求正等待回应 |
| | SYN_RECEIVED | 接收到其他主机的连接请求 |
| | ESTABLISHED | 连接已经建立，正进行正常的数据传输 |
| | FIN_WAIT_1 | 端口已关闭，连接关闭中 |
| | FIN_WAIT_2 | 连接已关闭，等待对方发送结束信号 |
| | CLOSE_WAIT | 对方已经关闭，等待端口关闭 |
| | CLOSING | 两侧端口都已经关闭，但数据仍未传送结束 |
| | LAST_ACK | 端口已经关闭，等待最后的确认信号 |
| | TIME_WAIT | 端口正等待接收完所有网络上的数据 |
| | CLOSED | 端口已经关闭 |

我们举例来说明，例如：

| Proto | Local Address | Foreign Address | State |
|---|---|---|---|
| TCP | 10.167.11.137:1565 | 10.167.11.154:80 | ESTABLISHED |

从这一行，我们可以看出这是一个 TCP 连接，远端服务器 IP 地址是 10.167.11.154，端口号为 80，是 HTTP 服务默认端口，本地 IP 地址是 10.167.11.137，端口为 1565，连接状态是 ESTABLISHED 正保持连接，属于正常通信状态，最后可以判断这个连接是本地主机正在

访问 IP 地址为 10.167.11.154 的服务器的 WWW 服务。

更多时候，我们利用这个命令查看本地主机上是否打开了一些不应该打开的可疑端口，特别是某些流行的木马的固定端口，比如：BO（Back Orifice）2000 使用 54320 端口、冰河使用端口 7626，如果这些端口被打开，很可能已经被对应的木马入侵，需要进行清除。

### 2．本地路由管理

在计算机内存中，也存在着路由表，而且从条目格式、工作原理到所发挥的作用都与路由器上的路由表很相似，区别主要在于路由器的路由表管理不同子网之间的转发，而主机上的路由表主要用来指示主机向外发送数据包时，不同目的地通过哪些指定接口发送。当然，如果一台主机拥有多个网络接口，且连接着不同的子网，主机上又启动着 IP 路由转发的话，它就成为一台真正的路由器。

对于本地计算机进行路由管理，我们首先要了解本地计算机是否开启了 IP 路由转发功能。所谓 IP 路由转发是指主机是否能充当路由器的身份在不同子网间转发数据包。除了用于担当路由器身份的主机、远程接入服务器、VPN 服务器、NAT 服务器等特意配置的服务器主机外，一般的计算机不应开启 IP 路由转发服务，否则很可能是感染了木马，结合着 ARP 欺骗和 IP 数据包转发进行网络监听操作。

检查计算机是否开启 IP 路由转发最简单的方法是使用“ipconfig /all”命令，查看命令显示结果中的“IP Routing Enabled”参数取值，如果为“No”表示路由转发没有开启，如果为“Yes”表示已经开启 IP 路由转发，需要检查是否有问题，如图 6-4 所示。

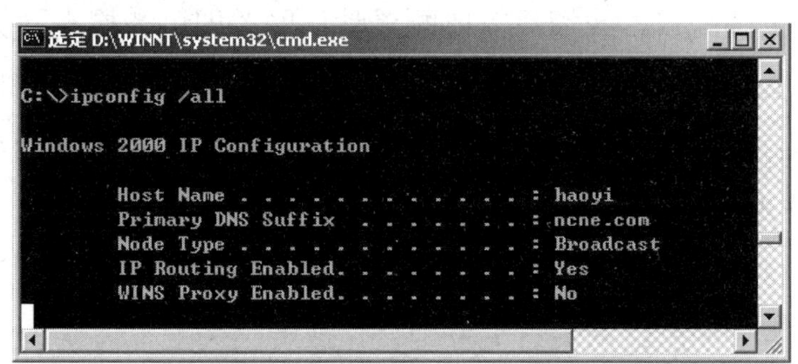


图 6-4　查看主机路由转发状态

如果要查看完整本地路由表，使用“route print”命令，也可以使用“netstat -r”命令，显示的结果完全一样。显示信息如图 6-5 所示，分为 3 个部分；第一部分是本地网络接口信息，即网卡基本信息，其中包括网卡的 MAC 地址和名称。第二部分是处于激活（工作）状态的路由表，分为 5 列，分别是 Network Destination（目标网络）、Netmask（子网掩码）、Gateway（网关）、Interface（网络接口）和 Metric（度量）。第三个部分是静态路由表，分为 4 列，分别是 Network Destination（目标网络）、Netmask（子网掩码）、Gateway Address（网关地址）

和 Metric（度量）。目标网络与子网掩码共同描述了目标的网络地址信息，即目的地；网关表示到达目的地的下一站或本地出口地址；接口说明发送到这个目标网络需要使用哪个网络接口（网卡）；度量描述了到达目的地的开销，当到达目的地存在多条路由时，根据它来判断优选哪条路由。

图 6-5　查看本地路由表

激活状态的路由表是当前正起作用的路由表，而静态路由表则是由管理员在计算机上定义并在每次开机时加载的路由条目。

通常，与路由相关的配置，我们只需要配置默认网关即可，检查网关是否配置正确，可以查看激活状态路由表的最后一行 Default Gateway 的配置信息。在激活状态路由表的最前面一行或几行，我们能看到目标网络与掩码都是 0.0.0.0 的路由条目，即网络地址为：0.0.0.0 表示整个网络或任何 IP 地址，也描述了默认路由。

如果发生无法连接外网但子网内通信正常的故障，很可能是默认网关的问题，应该先检查路由表，查看当前生效的默认网关有无发生变化或者丢失配置信息。

我们可以使用命令来增加、变更、删除路由表条目，增加路由条目使用命令“route add”、删除路由条目使用命令“route delete”、变更路由条目使用命令“route change”。

例如，在图 6-5 的环境下，执行命令

route change 0.0.0.0 mask 0.0.0.0 10.167.11.254

将默认网关变更为 10.167.11.254

route delete 0.0.0.0 mask 0.0.0.0

删除默认网关

route add 0.0.0.0 mask 0.0.0.0 10.167.11.1

增加默认网关为：10.167.11.1

需要注意的是，这些通过命令增加或修改的路由条目在系统重新启动后不会保留，如果想让增加的路由条目在重启系统后仍发挥作用需要定义静态路由表，即图 6-5 中显示的第三部分路由条目。定义静态路由使用命令“route print … -p”。

例如，执行命令

route add 10.167.14.0 mask 255.255.255.0 10.167.11.254 -p

增加一条静态路由条目，表示目标地址属于 10.167.14.0/24 网络的数据包将通过 10.167.11.254 进行转发而不是通过默认网关 10.167.11.1 进行转发。

route delete 10.167.14.0 mask 255.255.255.0

删除以上定义的静态路由条目（删除静态路由条目不需要加-p 参数）

灵活的应用路由（route）命令，可以定位并解决很多由于路由表变化影响网络通信的故障，关于路由命令的更多参数可以参考微软提供的命令手册，或使用“route -?”命令查看联机帮助。

### 3．本地 ARP 缓存管理

在 TCP/IP 局域网通信过程中，我们广泛使用的是能体现网络结构、便于管理和理解的网络层地址——IP 地址，但我们已经了解，在网卡上固化的地址是物理地址——MAC 地址，网卡只能通过 MAC 地址来判断是否接收并处理网络上的数据帧，因此，在进行通信时，必须先通过 ARP 协议将 IP 地址转换为 MAC 地址。

ARP 是一个在局域网通信中广泛使用的协议，使用广播包发送，网络中的每台主机都是 ARP 协议数据包的接收者和发送者。

由于计算机之间的通信频繁，如果每次通信都通过 ARP 协议来获取 MAC 地址信息会造成网络和主机资源的浪费，操作系统会在主机上建立一个本地 ARP 缓冲区（ARP Cache），在缓冲区中保存近期使用的 IP 地址与 MAC 地址映射记录。

当源主机需要将一个数据包发送到目的主机时，先检查自己的 ARP 缓存中是否存在该 IP 地址对应的 MAC 地址记录，如果有，则直接将数据包发送到这个 MAC 地址；如果没有，就向本地网段发起一个 ARP 请求的广播包，查询此目的主机对应的 MAC 地址。在这个 ARP 请求数据包里包括源主机的 IP 地址、MAC 地址、及目的主机的 IP 地址。

网络中所有的主机收到这个 ARP 请求数据包后，会检查数据包中的目的 IP 地址是否与自己的 IP 地址一致。如果不同，则忽略此数据包，如果相同，该主机首先将发送端的 MAC 地址和 IP 地址添加到自己的 ARP 缓存中，如果 ARP 表中已经存在该 IP 地址信息，则覆盖，然后给源主机发送一个 ARP 响应数据包，告诉对方自己的 MAC 地址。

源主机收到这个 ARP 响应数据包后，将得到的目的主机的 IP 地址和 MAC 地址添加到自

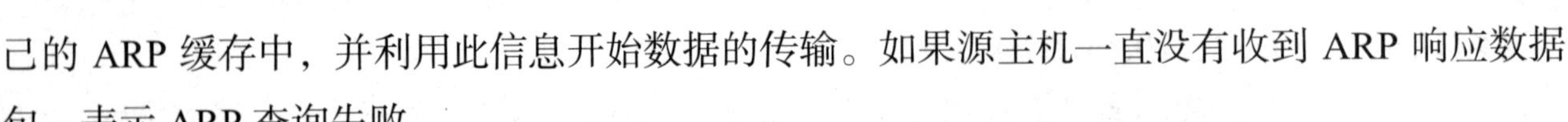

己的 ARP 缓存中，并利用此信息开始数据的传输。如果源主机一直没有收到 ARP 响应数据包，表示 ARP 查询失败。

ARP 协议本身没有任何的验证机制，因此，接收到 ARP 包后，主机无法确认 ARP 协议数据包的发送者和信息是否属实。ARP 协议的工作方式产生了一个安全漏洞，别有用心的人可以轻易地冒名顶替发送 ARP 协议数据包，欺骗目标主机，并借此来窃取数据。

很多病毒、木马和黑客工具为了进行网络数据窃听，常常发送错误的 ARP 协议数据包来进行 MAC 地址欺骗，我们称其为 ARP 欺骗和 ARP 缓存污染。ARP 欺骗会造成网络通信数据泄漏，部分主机之间无法正常通信甚至整个局域网无法访问外网。例如，2006 年下半年开始流行的木马“传奇杀手”使得大量局域网无法访问因特网，影响极大。

以下，我们以“传奇杀手”木马为例，介绍一下 ARP 欺骗的思想和解决方法。首先，我们来了解一下“传奇杀手”木马 ARP 欺骗的大概过程：

① 通过木马感染一台或多台局域网主机，使其在不知不觉中成为欺骗者。

② 欺骗者计算机冒充网关向整个子网所有主机发送 ARP 协议数据包，目的是欺骗子网所有主机，自己的 MAC 地址就网关的 MAC（这个 MAC 地址常常是伪造的临时地址），受到欺骗的局域网主机会将错误的 MAC 地址记录在 ARP 缓存中，此后发送到外网的所有数据包，实际上都发送到了欺骗者的计算机上。

③ 在欺骗者计算机上开启路由功能，在接收到子网内主机需要发送到外网的数据包后，将数据包缓存，分拣自己需要窃取的信息，并将数据包转发给真正的网关并转发至外网。

④ 欺骗者主机将获取到的指定信息发送给因特网上的特定主机，实现数据的窃取，“传奇杀手”窃取的是网络游戏的账号和口令。

由于感染“传奇杀手”木马的主机系统环境多种多样，造成木马作者预想的功能无法完全实现，在这次木马泛滥的过程中，发现大量感染木马的主机无法开启本地路由转发，造成整个网络无法连接到外网。

检查是否感染此类木马的一个方法是检查本地路由转发功能是否被打开，方法我们在之前已经介绍过了。更好的办法是安装防火墙软件或 ARP 防护软件，但并不是所有的主机都有这样的条件，下面我们介绍如何使用系统自带的工具来解决 ARP 欺骗。

在 Windows 系列操作系统中，提供了管理本地 ARP 缓存的工具：ARP。通过 ARP 工具，可以检查本地 ARP 记录的正确性，并解决 ARP 欺骗造成的 ARP 缓存记录错误。

使用“arp -a”命令可以查看整个 ARP 缓存表，如图 6-6 所示。

命令显示结果分为 3 列，分别是因特网地址（Internet Address）即 IP 地址、物理地址（Physical Address）即 MAC 地址及记录类型（Type）。类型分为动态（dynamic）和静态（static）两种，动态记录是通过 ARP 协议了解到的记录，如果一段时间不被刷新会自动删除，而静态则是通过命令有管理员定义的记录只要系统不重新启动不会被清除。

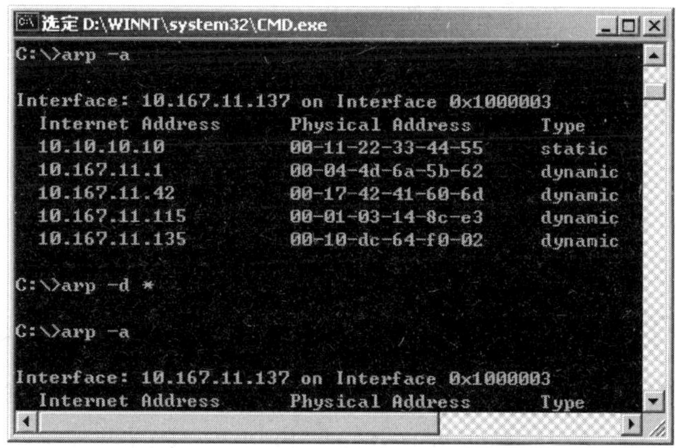

图 6-6　查看和清除 ARP 缓存记录

如果发现主机无法连接外网，默认网关设置没有问题，网关工作也正常，那就要怀疑 ARP 记录是否正确了。检查"arp -a"命令显示的网关对应的记录是否存在，如果没有，可能是网关的故障，如果有网关记录，则需要比对其 MAC 地址（物理地址）是否真实。如果事先没有记录网关的正确 MAC 地址，也可以采用以下办法来判断：首先，使用"arp –d *"命令删除本地所有 ARP 缓存记录；接着，立即使用"ping"命令测试与网关的连通性；最后，用"arp –a *"命令查看并记录网关对应的 MAC 地址。这样做是：ARP 欺骗主机必然是定时不断发送虚假的 ARP 数据包，我们先删除本地错误的记录，然后 ping 网关，主机会向网络发送 ARP 广播询问网关 MAC 地址，真正的网关会答复这个 ARP，这时候查看记录即能获取正确的网关 MAC 地址。

如果发现确有 ARP 欺骗，可以利用 ARP 工具定义静态 ARP 缓存记录，使本地主机暂时不受 ARP 欺骗的影响，命令格式是："arp –s IP 地址 MAC 地址"，如图 6-7 所示，定义了一条 IP 地址为 10.10.10.10，MAC 地址为 00-11-22-33-44-55 的静态记录，需要注意的是：静态记录重新启动系统后会清除，需要重新定义。

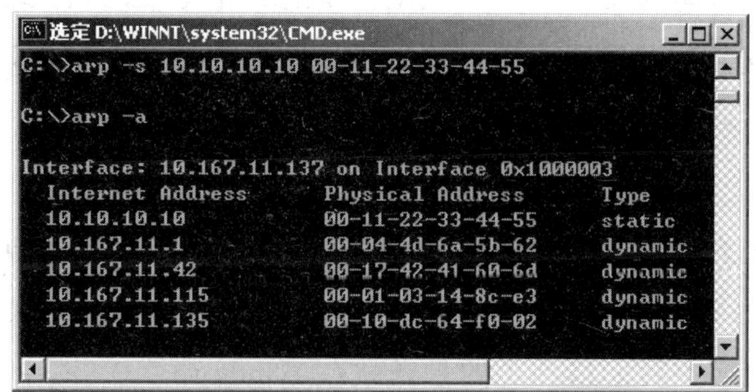

图 6-7　定义静态 ARP 缓存记录

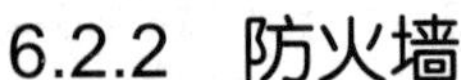

## 6.2.2 防火墙

我们常常听到专家建议：网络出现安全隐患，需要安装或配置防火墙系统。防火墙到底是什么？是软件还是硬件？是否有了防火墙就可以高枕无忧呢？下面我们来了解一下防火墙到底是什么。

### 1．防火墙的概念

防火墙（Firewall）原指修建于房屋之间可以防止火灾发生时火势蔓延到其他房屋的墙壁。网络上的防火墙是指隔离在本地网络与外界网络之间的一道防御系统，通过分析进出网络的通信流量来防止非授权访问，保护本地网络安全。防火墙能根据用户制定的安全政策控制（允许、拒绝、监测、记录）出入网络的信息流，防火墙本身具有较强的抗攻击能力，是提供信息安全服务，实现网络和信息安全的基础设施。

### 2．防火墙的分类

根据防火墙的不同特点，可以将防火墙分为不同的类别。

根据防火墙的配置和构成不同，可以将防火墙分为以下两类。

（1）软件防火墙。

软件防火墙以软件方式提供给客户，要求安装于特定的计算机和操作系统之上。安装完成后的计算机就成为防火墙，需要进行各项必要的配置并部署于网络的恰当位置才能发挥作用。

这里我们提到的软件防火墙与我们常常讲的个人防火墙并不完全相同。个人防火墙也是软件防火墙的一种，但它们安装于网络终端计算机上，只能提供对单机的安全防护，是一种功能比较单一的软件防火墙产品。

由于软件防火墙不在产品中提供计算机硬件，一般价格比较低廉，因此，常常有人认为软件防火墙肯定不如硬件防火墙，这个说法是错误的。相比硬件防火墙，软件防火墙具有很多优点：软件防火墙安装配置灵活，易于使用；软件系统和硬件系统升级容易，升级成本低廉；功能配置灵活，有些产品还提供了二次开发的接口，可以根据用户的需求开发出特殊的功能。

常见的商业软件防火墙产品有：以色列 Check Point 公司的 Firewall-1、微软公司的企业级网络安全解决方案 ISA 等。

个人防火墙产品很多，我们最熟悉的是微软在 Windows XP SP2/2003 中提供的集成防火墙，如图 6-8 所示，Windows 防火墙提供了普通用户能轻松掌握的基本网络安全防护工具。

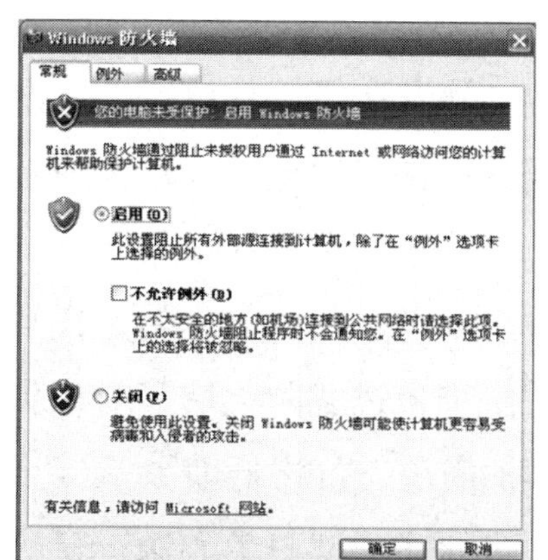


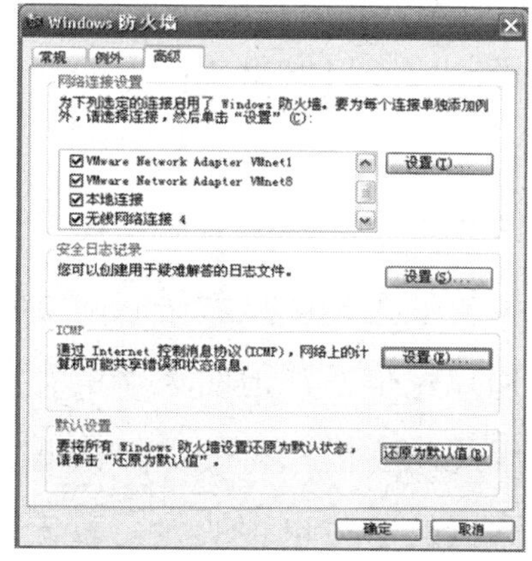


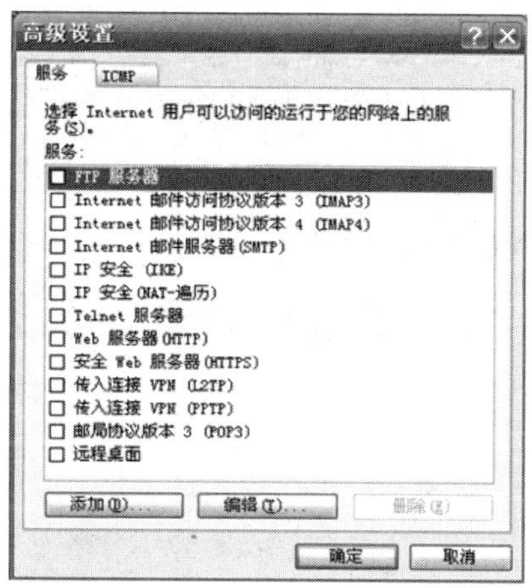


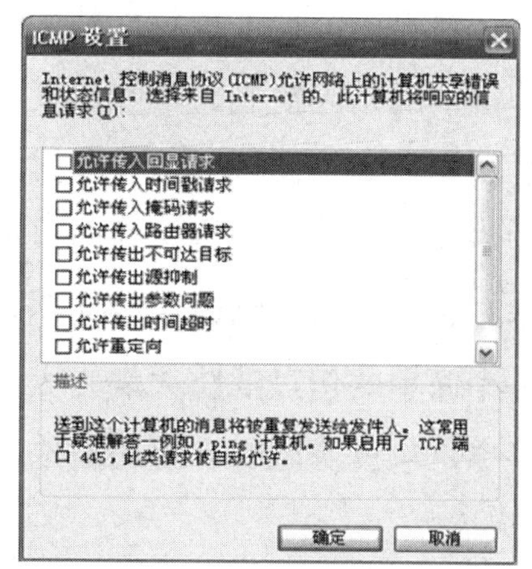


图 6-8　Windows 防火墙

（2）硬件防火墙。

硬件防火墙是以硬件形式提供给客户的，有些防火墙产品为了提高产品的稳定性，常常定制了计算机硬件，这些计算机硬件与普通的计算机没有本质区别，可能为了体积和散热进行了适度的改造，这类 PC 架构的硬件防火墙常常采用经过优化和裁减的 Linux 与 UNIX 操作系统，稳定性比较高。

这样的硬件防火墙与软件防火墙并无本质区别，只是提高了设备的稳定性、简化了系统的安装过程。

真正意义上的硬件防火墙也被称为芯片级防火墙，它们基于专门的硬件平台，不使用普通操作系统，将所有的防火墙功能都集成于特殊的 ASIC 芯片之中。借助专用的硬件的支持，芯片级防火墙比其他种类的防火墙速度更快、处理能力更强、性能更高。由于芯片级防火墙的软、硬件都是为专业用途设计的，因此能提供更强大的功能和更简易的配置，稳定性和安全性也是所有产品中最高的。当然，芯片级防火墙的价格也是同级别产品中最贵的。

著名的芯片级防火墙生产厂商有 NetScreen、Cisco 和 FortiNet。

根据防火墙的工作方式不同，我们可以将防火墙分为 3 类：

① 包过滤防火墙。

包过滤是在网络层中根据包头信息对数据包实施有选择性的放行，依据系统事先设定好的过滤逻辑，检查通过设备的每个数据包，根据数据包的源地址、目标地址、端口号、协议类型等参数来确定是否允许该类数据包通过。

包过滤防火墙的最大的优点就是它对于用户来说是透明的，也就是说不需要用户进行任何额外的设置，用户完全不知道防火墙的存在。由于包过滤防火墙只对包头信息进行分析，处理方式简单，因此速度快，对硬件要求低，维护简单，价格低廉。

但包过滤防火墙的不足也很明显。首先，包过滤防火墙只关心源、目的地址与端口号等信息，如果攻击者对自己的地址进行伪装，包过滤防火墙就无能为力了。其次，包过滤防火墙无法进行用户级别的访问控制，不能定义不同的用户访问级别和访问权限，也无法控制内网用户对外网的访问行为。此外，由于包过滤防火墙只能通过单一的方式对通信流量进行筛选，随着规则的增加，配置会变得很烦琐，工作效率也越来越低下。

包过滤技术在路由器等网络设备中使用非常广泛，在路由器中设置访问控制列表，就能使路由器成为一个简单的包过滤防火墙，大大节省了设备投入成本。我们在计算机上安装的个人防火墙很多也是包过滤型的，使用简单，占用系统资源少。

② 代理防火墙。

代理防火墙也称作应用网关防火墙，采用代理服务器（Proxy Server）的方式来保护内部网络。所谓代理服务，是指在防火墙充当了内部网络与外部网络应用层通信的代理，内网主机与外网服务器建立的应用层链接实际上是先建立与代理服务器的链接，然后由代理服务器与外网主机建立应用层链接，这样便成功地实现了防火墙内外计算机系统的隔离。

代理服务是设置在因特网防火墙网关上的应用，可以设定允许或拒绝的特定的应用程序或者特定服务，例如，可以设定：内部用户可以使用E-mail、MSN和OICQ与外网联系，但不能使用BT、电驴等P2P软件进行文件下载。代理防火墙可以实现进行用户级访问控制，还能实施较强的数据流监控、过滤、记录和报告等功能。代理防火墙另一个重要功能是高速缓存，缓存中存储着用户经常访问站点的内容，当另一个用户要访问同样的站点时，服务器就不用重复地去抓取重复的内容，直接从缓存中调取相应的数据，在提高用户的访问速度的同时也节约了网络资源。

代理防火墙解决了用户级访问控制的难题，能提供内部人员对外网的访问控制，还能对进出防火墙的信息进行记录，便于监控和审计。代理防火墙的安装设置简单，可以采用软件方式提供，成本低廉。

代理防护墙的主要不足之处在于所有跨网络访问都要通过代理来实现，牺牲了性能，如果访问吞吐量大、连接数量多的情况下，代理将成为网络的瓶颈。使用代理防火墙常常需要对客户主机进行相应的设定，而有些软件无法直接通过代理方式访问外网，必须安装第三方软件来解决，牺牲了透明度，大大增加了网络管理的工作量。

代理防火墙是中小企业进行网络安全防护与外网访问控制常用的解决方案，著名的代理型防火墙产品是美国NAI公司的Gauntlet防火墙，我们也常常安装Linux下的Squid、Windows下的ISA、SyGate、WinGate等软件来实现代理防火墙的功能。

③ 状态监测防火墙。

状态监视技术结合了包过滤与代理技术的优点，具有最佳的安全特性。状态监测防火墙采用了一个在网关上执行网络安全策略的软件引擎，称之为检测模块，检测模块在不影响网络正常工作的前提下，采用抽取相关数据的方法对网络通信的各层实施监测，抽取部分数据被称为状态信息。检测模块将获取的状态信息动态的保存起来作为今后制定安全决策的参考。检测模块支持多种协议和应用程序，并可以很容易地实现应用和服务的扩充。与其他安全方案不同，当用户访问到达网关的操作系统前，状态监视器要抽取有关数据进行分析，结合网络配置和安全规定做出接纳、拒绝、鉴定或给该通信加密等决定。一旦某个访问违反了安全规定，安全报警器就会拒绝该访问，并作下记录向系统管理器报告网络状态。

状态监测防火墙提供完整的网络安全防护策略，详细的统计报告，较快的处理速度，能够防御各种已知和未知的网络攻击行为，适用于各类网络环境中，在一些复杂的大型网络上尤其能发挥其优势，是当前主流的防火墙技术。

状态监测防火墙的缺点是配置复杂，对系统性能要求较高，设备价格昂贵，对网络访问速度会造成一定的影响。

状态监测技术由以色列Check Point公司首先提出，现在主流防火墙开发厂商的产品，如Cisco的PIX防火墙、NetScreen防火墙等大都采用了状态监测技术。

### 3．防火墙的技术参数

当我们选择防火墙产品时，常常被说明书上的参数搞得头晕眼花，我们在此对防火墙的技术参数做一个简单的说明，以便今后能从参数了解防火墙的功能和性能。

（1）处理能力。

防火墙最常见的用于描述处理能力的参数是并发会话 / 连接数。并发会话 / 连接数指的是防火墙或代理服务器对其业务信息流的处理能力，是防火墙能够同时处理的点对点会话连接的最大数目，它反映防火墙对多个连接的访问控制能力和连接状态跟踪能力。这个参数的大小可以直接影响到防火墙所能支持的最大信息点数。另一个常用的性能参数是每秒新建会话/连接数。每秒新建会话 / 连接数是指在同一时间内防火墙能处理的新增会话的数目，从另一个方面反映了防火墙对连接的处理能力。

描述防火墙处理能力的另一个重要性能参数是吞吐量。吞吐量描述了单位时间通过防火

墙的数据流量，以 bps 为单位，常见的商业产品吞吐量从几十 M 到几百 M，甚至可达几个 G。在产品的吞吐量描述中，还常常将防火墙能支持的 VPN 吞吐量单独描述，VPN 吞吐量描述了防火墙对 VPN 数据的处理能力。

（2）接口类型和数量。

防火墙接口决定了防火墙能提供的外网、内网的连接类型和数目。防火墙的常见接口类型有以太网接口（10M Ethernet）、快速以太网接口（100M Ethernet）、千兆以太网接口（有 RJ45 接口也有光纤接口或 GBIC 扩展口）。

防火墙的接口从连接网络类型不同分为外网口、内网口还有 DMZ 接口，不同的接口有不同的处理策略。有的防火墙还提供扩展接口用于用户自定义特殊的防护区域。

防火墙上提供了 Console 接口，主要用于初始化防火墙时进行基本的配置和系统维护操作，不同产品的 Console 接口类型可能不同，一般采用 RS232 接口或者 RJ45 接口。有的防火墙还提供 PCMCIA 扩展插槽、IDS 镜像口、高可用性接口（HA）等，这些是根据防火墙的功能来决定的。

（3）功能。

防火墙的功能决定了它是否能适应我们的网络访问需求，是我们选择防火墙产品的一个重要指标，常见的功能参数有：

安全策略。安全策略是防火墙对网络通信进行放行、拒绝、加密、认证、调度以及监控的基础，安全策略能够支持的类型越多，策略的定义就越灵活，能够实现的防护功能也越强大。支持安全策略的数量也是防火墙的重要参数，策略的数量越多，防火墙支持的防护数量越多，但盲目提高的策略数量如果不能够与防火墙的处理能力相匹配，在策略应用太多后会造成防火墙性能急剧下降。

内容过滤。内容过滤是针对通信流量的内容进行过滤的功能，如阻止被标记为不安全的 URL、实行关键词检查、对 ActiveX 和恶意脚本进行过滤等。内容过滤是针对当前因特网常见安全隐患非常有效的防御手段。

用户认证。这是针对内网用户的管理措施，要求内网用户必须经过认证，才能访问不可信网络（外网）。用户认证提供了对不同类型用户的分级管理，并能对用户访问外网的情况进行记录，以便出现安全问题后进行排查和审计。防火墙支持的用户认证方式有：使用防火墙内建用户数据库、使用外部 Raduis 数据库服务器、使用 IP/MAC 绑定等，可以根据具体需求选择。

日志。防火墙能够对通过防火墙的请求、遭受到的攻击、配置修改等信息进行记录，日志分为安全日志、时间日志和传输日志等类型。防火墙支持的日志类型、记录的数量、是否支持存放至 LOG 服务器进行分析审计、是否能够提供详细报表，是关系到今后网络管理工作的重要指标。

VPN 支持。主流防火墙都提供对虚拟个人网络 VPN 的支持。支持的 VPN 类型、最大 VPN 连接数、加密方式等参数是我们需要关心的。

此外，防火墙支持的管理界面、是否提供丰富的管理软件、系统更新的速度、本身的安全性等参数也是我们选择防火墙需要注意的。

#### 4．防火墙的部署

防火墙是一种非常有效的网络安全设备，通过它可以隔离风险区域（即因特网或有一定风险的外界网络）与安全区域（受保护的局域网）的连接，同时不会妨碍人们对风险区域的正常访问。防火墙还能通过提供 DMZ（非军事管制区域）接口，提供外网主机对内网特定主机的访问，如挂载于内网上的邮件服务器与 WWW 服务器。防火墙的典型部署方式如图 6-9 所示。

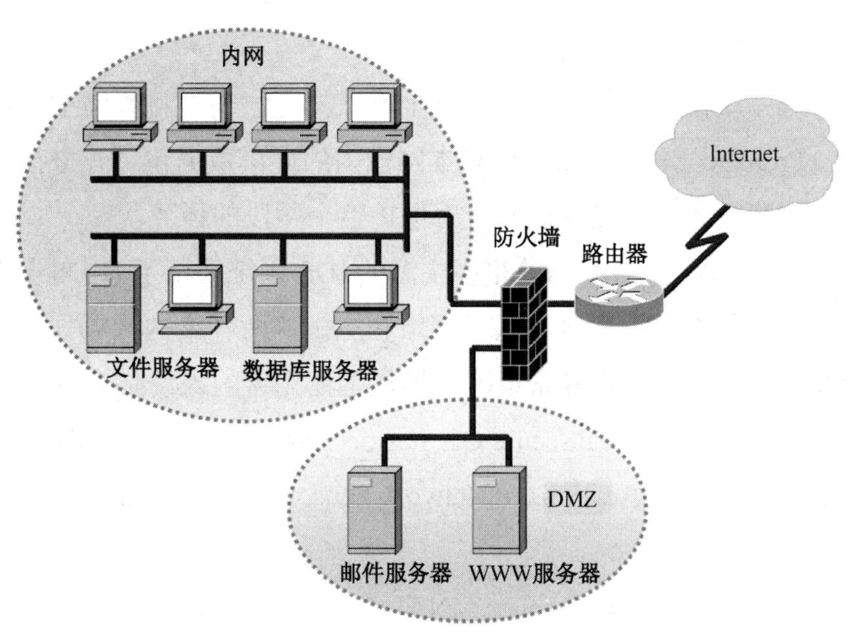


图 6-9　典型的防火墙部署

### 6.2.3　入侵检测系统

入侵检测是通过监测手段发现各种类型的入侵行为，通过设置在计算机网络或计算机系统中的监测点收集信息，并对所收集进行分析，从中发现网络或系统中是否有违反安全策略的行为或被攻击的迹象。进行入侵检测的软件与硬件的组合便是入侵检测系统（Intrusion Detection System，简称 IDS）。

与其他安全产品不同的是，入侵检测系统需要更多的智能，它必须将得到的数据进行分析，并得出有用的结果。一个合格的入侵检测系统能大大地简化管理员的工作，保证网络安

全地运行。

入侵检测系统的主要功能有：

- 监测并分析用户和系统的活动。
- 核查系统配置和漏洞。
- 评估系统关键资源和数据文件的完整性。
- 识别已知的攻击行为。
- 统计分析异常行为。
- 管理操作系统日志，并识别违反安全策略的用户活动。

入侵检测系统根据工作方式不同可分为主机型入侵检测系统（HIDS）和网络型入侵检测系统（NIDS）。

主机型入侵检测系统部署在各个受保护的主机上，通过分析系统日志、应用程序日志，或通过其他监控手段收集所在主机的信息并进行分析，判断是否受到入侵。主机型入侵检测系统保护的是所在的系统。

网络型入侵检测系统的数据源是网络传送上的数据包。通过将网络型入侵检测系统的网卡设于混杂模式（Promisc Mode）监听所有本网段内的通信数据包，并进行分析，判断网络是否遭受到入侵。网络型入侵检测系统担负着保护整个网段的任务。

由于 HIDS 与 NIDS 各有优势，当前很多主流的 IDS 系统采用了 HIDS 与 NIDS 相结合的混合方式，混合型入侵检测系统综合了基于网络和主机的两种结构特点，既可发现网络中的攻击信息，也可从系统日志中发现异常情况，提供了更完善的入侵防护体系。

主流的 HIDS 产品有：ISS RealSecure OS Sensor、Emerald expert-BSM。

主流的 NIDS 产品有：ISS RealSecure Network Sensor、Cisco Secure IDS、CA e-Trust IDS、Axent 的 NetProwler。

混合型 IDS 产品有：ISS Server Sensor、NAI CyberCop Monitor。

入侵检测系统通常采用软件方式提供，有些厂商为了提高系统的性能、稳定性和安全性，提供了软件、硬件集成的系统，如 Cisco 公司的 Secure IDS。

### 6.2.4 网络漏洞的防范

无论是何种原因造成的系统漏洞或协议漏洞都会在很大程度上危害我们的电脑，损害我们的使用权益，甚至有时候在名誉上、金钱上也会造成一定的损失。要防止或减少网络漏洞的攻击，最好的方法是尽力避免主机端口被扫描和监听，先于攻击者发现网络漏洞，并采取有效措施。提高网络系统安全的方法主要有：

### 1．及时修补操作系统的漏洞

在安装操作系统和应用软件之后及时安装补丁程序，并密切关注国内外著名的安全站点，及时获得最新的网络漏洞信息。在使用网络系统时，要设置和保管好账号、密码和系统中的日志文件，并尽可能地做好备份工作。

### 2．安装防火墙

事实上，提高计算机网络安全的防范措施有很多，最为有效也最为普遍的防范措施就是安装防火墙。在因特网与计算机所在的内部网络之间建立一个用于防范网络漏洞的防火墙，其目的是在更高程度上提高网络的防盗功能。同时，防火墙的安装可以根据用户的需求来进行安装，需求不同防火墙的安装也不同。也正是由于防火墙技术这样的自如性，以及在保证网络安全效果明显的原因，才成为当前网络安全防范的重要措施之一。

### 3．利用系统工具和专用工具防止端口扫描

要利用网络漏洞攻击，必须通过主机开放的端口。因此，黑客常利用 Satan、Netbrute、SuperScan 等工具进行端口扫描。防止端口扫描的方法：一是在系统中将特定的端口关闭，如利用 Windows 系统中的 TCP/IP 属性设置功能，在“高级 TCP/IP 设置”的“选项”面板中，关闭 TCP/IP 协议使用的端口；二是利用 PortMapping 等专用软件，对端口进行限制或是转向。

### 4．安装相应的杀毒软件

对于病毒入侵类型的计算机漏洞，可以考虑安装效果比较好的杀毒软件。杀毒软件的安装能够帮助计算机拦截病毒，同时给用户在该方面发出警示，进而用户可以根据自己的情况对病毒进行查杀。杀毒软件的应用能够在很大程度上帮助计算机抵御病毒的入侵、蔓延与破坏，同时保证计算机的安全、正常运行。

### 5．进行数据备份

除了以上几个方面的措施外，还可以进行必要的数据备份。有效的数据备份能够在很大程度上保障数据的安全，防止数据被窃取或者被篡改。

此外，还可以通过加密、网络分段、划分虚拟局域网等技术防止网络监听。利用密罐技术，使网络攻击的目标转移到预设的虚假对象，从而保护系统的安全。

## 6.3 网络服务器监控

网络服务器是网络服务的提供者，承担着为大量客户提供服务的重任，因此必须保证长

时间不间断地可靠运行，而网络服务器的身份又使其成为网络上攻击的焦点，因此必须有个可靠的机制保证服务器的工作情况随时处于管理员的监测之下。让管理员一天 24 小时守护在服务器前是不太可能的，如何让管理员能随时了解网络服务器的工作状况，并能在服务器发生问题时尽快通知相关人员，成为服务器管理的核心问题。网络服务器监控就是在这样的条件下产生的。网络服务器监控是通过网络，使处于远端的管理者可以利用安装在自己的计算机上的监控软件随时获取网络服务器的各项性能指标，并能在服务器发生非正常变动时主动发出告警讯息。

网络服务器监控常常采用 SNMP 协议和 RMON 方案来实现。

SNMP（简单网络管理协议）是一种广泛使用的网络管理协议，它使用嵌入到网络设施中的 SNMP 代理进程来收集网络通信相关信息和网络设备的统计数据，并把这些数据存储到一个管理信息库（MIB）中。管理端通过向 SNMP 代理的 MIB 发出查询信号来获取设备工作状态数据，这个过程称为轮询（Polling）。

RMON 是在 SNMP 的基础上改进而成的，RMON 可以用硬件监视设备（称作“探测器”）或通过软件或一些组合来支持，RMON 探测器不会干扰网络，它能自动地工作，无论何时出现意外的网络事件，它都能上报。探测器的过滤功能使它能根据用户定义的参数来捕获特定类型的数据，当一个探测器发现一个网段处于一种不正常状态时，它会主动与在中心的网络管理控制台的 RMON 客户应用程序联系，并将描述不正常状况的捕获信息转发。

我们通过 SNMP 或 RMON 可以方便地监控服务器硬件设备工作状况和软件运行情况，如服务器的网络接口连接情况、系统温度、电源工作状态、设备名称、开启时间、磁盘容量和利用率、CPU 占用率、当前运行进程等信息，如图 6-10 所示，我们通过网管软件 SNMPc 获取一台 Windows 服务器的设备信息、运行进程和磁盘使用等信息。

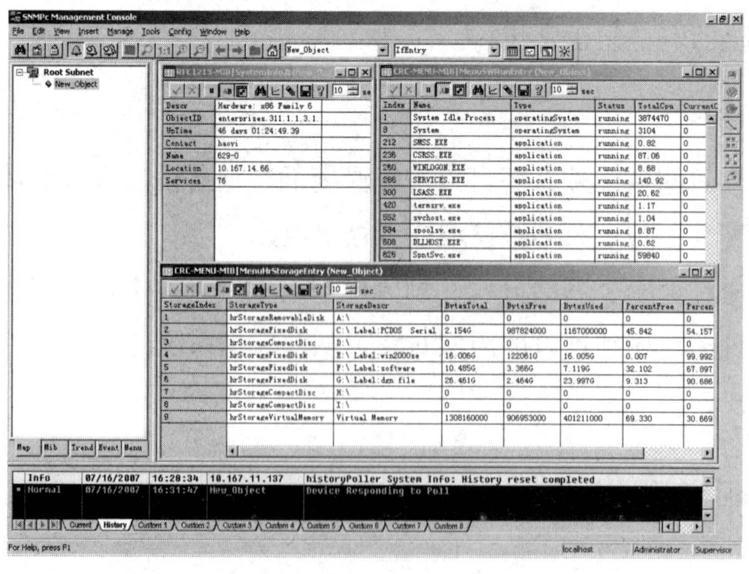

图 6-10　使用网管软件 SNMPc 监控服务器

## 6.4 Windows Server 安全体系结构

Windows Server 2003 是微软在 Windows 2000 Server 基础上开发的服务器平台操作系统，继承了 Windows Server 2000 系统的核心技术，进一步提高了操作系统的可靠性、可用性、可伸缩性和安全性，是当前服务操作系统市场上主流产品之一。

Windows 操作系统的安全性历来是其主要弱点，直到 Windows 2000 后才有所改观，但仍不尽如人意，Windows 2000 提供的补丁大部分是安全补丁。Windows 2003 在安全性上有了相当大的改善，不仅修复了所有已知的 NT 漏洞，而且还重新设计了安全的子系统，增加了新的安全认证，改进了安全算法，种种措施都为一个目的：打造一个安全的服务器操作系统。

Windows Server 2003 安全的文件系统仍然基于 NTFS 文件系统，NTFS 能够提供用户级的访问控制，能够对 NTFS 文件系统上的任何一个文件、目录甚至整个分区进行不同用户的不同访问权限分配，如图 6-11 所示。此外 NTFS 文件系统还能提供 EFS 数据加密功能，EFS 数据加密功能为用户提供了完全透明的加解密操作，具备访问权限的用户访问加密数据时与访问普通文件或文件夹内容毫无区别，而无访问权限的用户则被告知无权访问。如果没有加密用户的账号和密码，即使是具备计算机管理员权限的用户也无法访问加密文件，确保了机密文件的安全性，如图 6-12 所示。

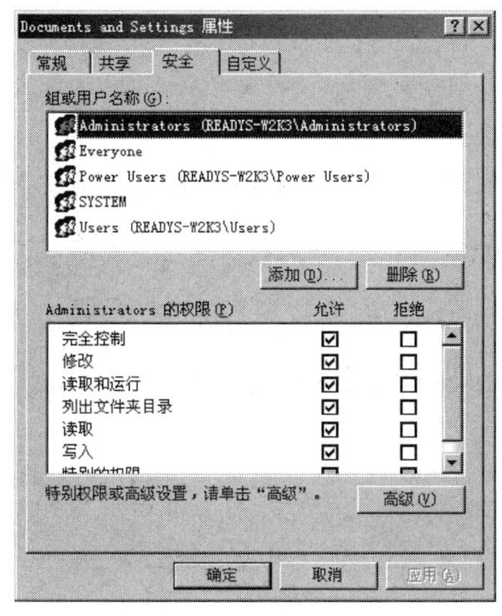

图 6-11　NTFS 安全性

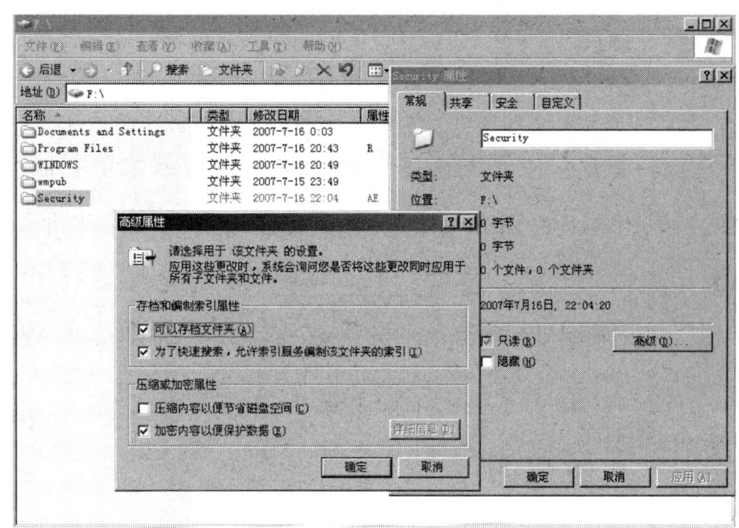

图 6-12　EFS 数据加密

活动目录（Active Directory，简称 AD）服务是 Windows 平台的一个核心组件，它提供了管理构成网络环境的身份和关系的方法。Windows Server 2003 通过建立成员服务器基准策略（MSBP）、域控制器组策略等措施来提高整个活动目录的安全性。

Windows Server 2003 提供的软件限制策略通过使用策略和强制执行机制，来限制系统上运行的未授权的可执行程序，防止用户执行那些不确定是否可靠的程序，大大减少了系统感染病毒、木马的概率，也降低了没有通过测试的软件对系统造成破坏的风险。

Windows Server 2003 自带了 ICF 软件防火墙，为系统提供了基本的网络安全保障。

Windows Server 2003 改善了以太局域网和无线局域网连接的安全性。

Windows Server 2003 提供了新的摘要安全包，支持在 RFC2617 中定义的摘要认证协议，对 IIS 和活动目录提供了更高级的保护。

Windows Server 2003 提供了最新版本 IIS，新的 IIS 6.0 安全特性包括可选择的加密服务、高级的摘要认证及可配置的过程访问控制。

Windows Server 2003 为了提高安全性，关闭了在 Windows Server 2000 默认情况下能够运行的 20 多种服务或使其以更低的权限运行。

Windows Server 2003 增加了“关闭事件跟踪程序”选项，让你在关闭或重启系统前选择一个原因并给出解释。

从上述特性我们可以看出，Windows Server 2003 是微软 Windows 系列操作系统中对安全性最为注重的一款产品，虽然同占服务器操作系统大半壁江山的各大 UNIX 操作系统相比，微软的 Windows Server 2003 在安全性仍有一定的差距，但随着系统的不断更新，微软的服务器操作系统的竞争力正不断提高，随着更高版本的网络操作系统的出现，我们将能看到一个更安全、更有效率的全新服务器操作系统平台。

## 本章小结

本章主要介绍了网络安全的基本知识与基本防护技术：在网络安全基础中介绍了信息安全的概念及网络中存在的主要威胁；在网络安全技术中介绍了 4 种基本的安全技术：防火墙技术、入侵安全检测系统、病毒、木马和流氓软件的防治技术及 Windows 系统自带防护工具的应用；最后用了比较少的篇幅介绍网络服务器的监控系统和 Windows Server 2003 的安全体系。

## 本章练习

### 一、选择题

1．在计算机病毒的防范中，下列做法中不适合的是（　　）。

A．安装防病毒软件　　B．定期进行查毒杀毒

C．不需要对外来磁盘进行查杀毒　　D．及时升级病毒库

2．关于我国不良信息治理的措施，下列说法不正确的是（　　）。

A．制定相应的法律规制　　B．加强行政监督

C．加强自律管理　　D．取缔网吧等场所

3．信息在传播过程中出现丢失、泄露、受到破坏等情况属于（　　）。

A．网络传输安全　B．物理安全　C．逻辑安全　D．操作系统安全

4．计算机网络安全中的物理安全不包括（　　）。

A．防病毒　B．防盗　C．防静电　D．防雷击

5．防火墙系统可以用于（　　）。

A．内部网络与因特网之间的隔离　　B．所有病毒的防治

C．防盗　　D．防火

6．下列加强对互联网不良信息的行政监管的做法中，不正确的是（　　）。

A．采取匿名制

B．设立专门的行政监管部门

C．提高互联网监管执法人员的业务水平

D．加强对互联网信息源的监控

7．计算机病毒是（　　）。

A．已感染病毒的程序

B．具有破坏性、能自我复制的特定程序

C．由计算机磁盘携带的能使用户发病的病毒

D．已感染病毒的计算机磁盘

8．下列不属于计算机病毒的特性的是（　　）。

A．破坏性　B．潜伏性　C．可见性　D．传染性

9．检查网络连通性的常用命令是（　　）。

A．ping　B．ipconfig　C．arp　D．nslookup

10．使用防火墙的目的不包括（　　）。

A．限制他人进入内部网络

B．过滤掉不安全的服务和非法用户

C．防止入侵者接近用户的防御设施

D．为访问者提供使用更为方便的内部网络资源

11．我国现行的有关互联网安全的法律框架不包括（　　）。

A．法律　B．行政法规　C．社会舆论　D．司法解释

12．黑客攻击中只是为了扰乱系统的运行，并不盗窃系统资料，通常采用拒绝服务攻击或信息炸弹，我们称之为（　　）。

A．信息泄露　　B．病毒入侵　　C．破坏性攻击　　D．非破坏性攻击

13．《计算机信息网络国际联网安全保护管理办法》规定，任何单位和个人不得制作、复制、发布、传播（　　）。

A．损害国家荣誉和利益的信息　　B．个人家庭住址

C．个人文学作品　　D．公益广告

14．为了计算机系统更加安全，则（　　）。

A．需要安装防火墙软件　　B．不需要安装防火墙软件

C．可以不安装防病毒软件　　D．需要经常重新启动系统

15．对一个管理员来说，网络管理的目标不包括（　　）。

A．提高设备的利用率　　B．为用户提供更丰富的服务

C．降低整个网络的运行费用　　D．提高安全性

16．不属于健全互联网信息安全管理体系措施的是（　　）。

A．强化互联网基础管理　　B．取缔网吧等场所

C．对网民行为进行监控　　D．完善互联网资源发展和管理制度

17．黑客利用 IP 地址进行攻击的方法是（　　）。

A．IP 欺骗　　B．解密　　C．窃取口令　　D．发送病毒

18．关于计算机病毒的特征，下列说法正确的是（　　）。

A．计算机病毒只具有破坏性，没有其他特征

B．计算机病毒具有破坏性，不具有传染性

C．破坏性和传染性是计算机病毒的两大主要特征

D．计算机病毒只具有传染性，不具有破坏性

19．加强因特网的安全管理措施包括（　　）。

A．禁止上网　　B．取缔网吧等场所

C．采取匿名制　　D．完善管理功能，加大安全技术的开发力度

20．通过一个由网络安全专家精心设置的特殊系统来引诱黑客，并对黑客进行跟踪和记录的技术是（　　）。

A．数据加密技术　B．防火墙技术　C．信息确认技术　D．黑客诱骗技术

**二、判断题**

1．ping 命令用于测试网络的连通性。（　　）

2．我国互联网管理的基本法律体系，到目前为止已经初步建立。（　　）

3. Netstat 命令可以查看某台计算机的 TCP/IP 连接状态。 ( )

4. 防火墙不能防范利用电子邮件夹带的病毒等恶性程序。 ( )

5. 网络安全威胁一般都是由于操作系统使用方法不当或者有不良使用习惯所造成的。 ( )

6. 为了防范计算机病毒，需要安装杀毒软件，并注意及时升级病毒库，定期对计算机进行查毒、杀毒，每次使用外来磁盘前也应对磁盘进行查毒、杀毒。 ( )

7. 互联网监管规范越来越弱。 ( )

8. 网络威胁中自然威胁因素主要是指自然灾害造成的不安全因素，如地震、水灾、火灾、战争等原因造成网络的中断、系统的破坏、数据的丢失等。 ( )

9. 网络安全威胁与网络管理有很大关系，管理的疏忽会导致更严重的安全威胁。 ( )

10. 信息泄露是指信息被透露给非授权的实体。 ( )

## 三、简答题

1. 信息安全的基本要素是什么？
2. 网络中存在的威胁有哪些？
3. 常见的黑客攻击行为有哪些？
4. 网络攻击的主要攻击步骤有哪些？
5. 网络状态查看工具：Netstat 的主要参数有哪些？基本用途是什么？
6. 什么是网络防火墙？其基本功能是什么？
7. 根据防火墙的工作方式，防火墙可以分为几类？简述各类防火墙之间的差别。
8. 什么称为入侵检测？入侵检测系统的基本功能是什么？
9. 网络漏洞防范方法主要有哪些？
10. 什么称为网络服务器监控？

CHAPTER7 第 7 章

# 网络布线系统

1984 年 1 月，美国康涅狄格州哈特福特市，对一幢旧大厦进行改建，定名为“都市办公大楼”，该大楼将计算机、专用数字交换机和局域网组合在了一起，为住户提供语音通信、文字处理、电子邮件、情报资料检索和科技计算等服务，并实现了建筑设备综合管理自动化，使住户感到安全、舒适、方便，世界上第一座智能大厦诞生了。但由于其采用的是传统布线技术，不足之处也显露出来。美国电话电报公司 Bell 实验室的专家们经过多年的研究，在该公司的办公楼和工厂试验成功的基础上，在美国推出了结构化综合布线系统（SCS）（我国国家标准 GT/T 50317-2000《建筑与建筑群综合布线系统工程验收规范》命名为综合布线系统）。

## 7.1 认识综合布线系统

计算机的发明推动了人类科技的进步，计算机网络诞生，改变了人类的生活，网络综合布线系统的应用，为智能化大厦、智能化小区建设提供了基础，一个涉及计算机技术、通信技术、控制技术及建筑技术的工程领域已成为当今社会的开发热点，网络综合布线系统成为各个领域智能化的坚石。

### 7.1.1 综合布线系统概述

#### 1. 综合布线系统

网络布线系统是用于数据、语音、传输报警信号、串行通信、视频、图像和其他信息技术的标准结构化布线系统。它是一种模块化的、灵活性高的、在建筑物内或在建筑群之间传输信息的通道。它既能使计算机、网络设备与其他设备系统彼此相连，也能使这些设备与外部相连接。它还包括建筑物外部网络或电信线路的连接点与应用系统设备之间的所有线缆及相关的连接部件。网络布线系统的所采用的材料主要有传输介质、连接器、端接设备以及适配器、各类插座、插头和跳线等。

随着因特网网络和信息高速公路的发展，各国的政府机关、大的集团公司也都在针对自己的楼宇特点，进行综合布线，以适应新的需要。理想的布线系统表现为：支持语音应用、数据传输、影像影视，而且最终能支持综合型的应用。由于综合型的语音和数据传输的网络布线系统选用的线材、传输介质是多样的（屏蔽、非屏蔽双绞线、光缆等），一般单位可根据自己的特点，选择布线结构和线材，采用分层星形拓扑结构。按照 2007 年颁布的国家标准，综合布线系统由 7 个子系统组成：工作区、配线子系统、干线子系统、建筑群子系统、设备间子系统、进线间和管理间子系统，如图 7-1 所示。按照 2016 年新颁布的国家标准，淡化了 7 个子系统的概念，规定：综合布线系统的基本构成应包括建筑群子系统、干线子系统和配线子系统。配线子系统中可以设置集合点（CP），也可以不设置集合点。集合点是指楼层配线设备与工作区信息点之间缆线路由中的连接点。而系统配置设计时，可以从工作区、配线子系统、干线子系统、建筑群子系统、入口设施和管理系统 6 个方面进行设计。

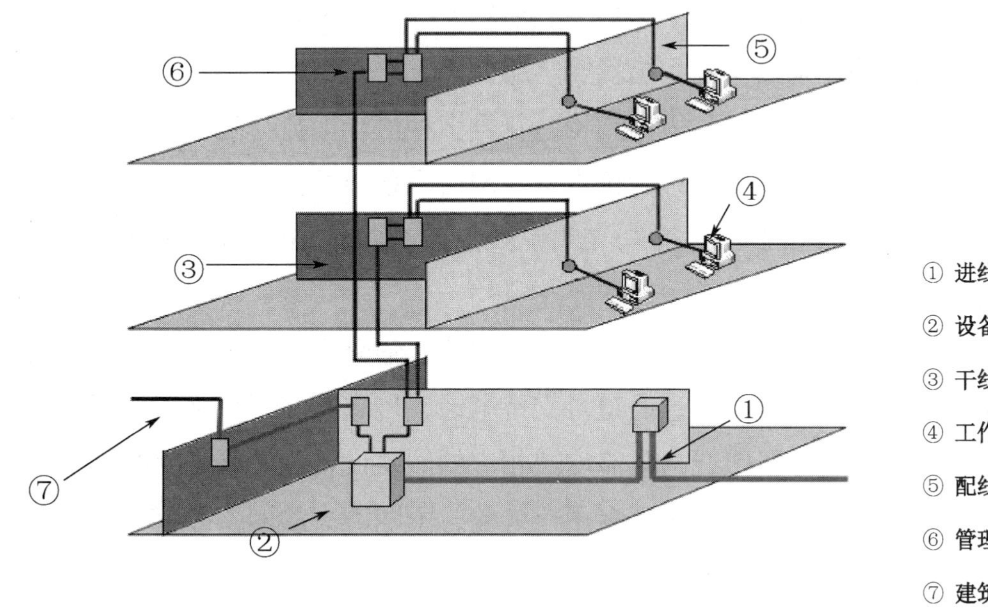


图 7-1 综合布线系统的组成

### 2. 综合布线系统与传统布线的区别

传统的布线是各种不同的应用系统单独布线，自成系统，分别进行设计与施工，如一个学校的网络系统、电话系统、安防系统、信息发布系统、铃声系统等。如果采用传统布线方式，不同的设备采用不同的传输线缆构成各自的网络。同时，连接线缆的插座、模块及配线架的结构和生产标准不同，相互之间达不到共用的目的，加上施工时期不同，致使形成的布线系统存在极大差异，难以互换通用。造成难以管理，布线成本高、功能不足和不适应形势发展的需要。

综合布线系统是一种结构化的布线系统，与传统的布线系统相比，有着许多的优越性。

（1）兼容性。

综合布线系统的首要特点是它的兼容性。兼容性是指布线自身中完全独立的而与应用系统相对无关，可以适用于多种应用系统。

过去，为一幢大楼或一个建筑群的语音或数据线路布线时，往往是采取不同厂家生产的电缆线、配线插座及接头等。这些不同的设备使用不同配线材料，而连接这些不同配线的接头、插座等各不相同，彼此互不相容。一旦需要改变终端位置时，就必须敷设新的线缆，安装新的插座等，工作量巨大，物资浪费较多。

综合布线系统将语音、数据与监控设备的信号经过统一的规划和设计，采用相同的传输介质、信息插座、交连设备、适配器等，把这些不同信号综合到一套标准的布线中，比传统的布线方式大为简化，节约了大量的人力资源和物质资源。

（2）开放性。

传统的布线方式，用户选定了某种设备，也就选定了与之相适应的布线方式和传输介质。如果更换另一种设备，那原来的布线系统就要全部更换。

综合布线系统由于采用开放式的体系结构，符合多种国际上流行的标准，它几乎对所有著名的厂商都是开放的，各种厂家的计算机设备、网络设备。并对几乎所有的通信协议也是开放的，如EIA-232-D、RS-422、RS-423、ETHERNET、TOKENRING、FDDI等。

（3）灵活性。

综合布线系统中，由于所有信息系统皆采用相同的传输介质、物理星形拓扑结构，因此所有的信息通道都是通用的。每条信息通道可支持电话、传真、多用户终端。不同类型的网络的开通及更改均不需改变系统布线，只需增减相应的网络设备及进行必要的跳线管理。系统组网也灵活多样，甚至在同一房间可有多用户终端，不同类型的网络并存，为用户组织信息提供了必要条件。

（4）可靠性。

综合布线系统采用高品质的材料和组合压接的方式构成一套高标准的信息通道。所有器件均通过UL、CSA及ISO认证，每条信息通道都要采用物理星形拓扑结构，点到点端接，任何一条线路故障均不影响其他线路的运行，同时为线路的运行维护及故障检修提供了极大的方便，从而保障了系统的可靠运行。各系统采用相同传输介质，因而可互为备用，提高了备用冗余。

（5）先进性。

综合布线系统采用光纤与双绞线混布方式，极为合理地构成一套完整的布线系统。所有布线均采用世界上最新通信标准，按八芯双绞线配置，通过超5类双绞线或6类双绞线，数据最大速率可达千兆，对于特殊用户需求可把光纤铺到桌面，为将来的发展提供了足够的带宽。

### 3．综合布线系统的标准

综合布线系统首先于 1985 年美国电话电报公司的贝尔实验室推出，很快得到了世界范围内的认同和推广。世界上一些著名的通信网络公司，相继推出了各自的综合布线系统，如美国的安普公司、加拿大北方电讯公司等。我国第一座采用综合布线系统的建筑物是 1989 年北京的新华社办公大厦，采用了 AT&T 的综合布线系统。1992 年综合布线系统作为独立的商品引入我国，需求量迅速增加。经过多年的发展，我国也相继成长了一批综合布线的公司，如普天布线、慧锦光电等。

目前综合布线系统标准一般为 CECS92:97 和美国电子工业协会、美国电信工业协会的 EIA/TIA 为综合布线系统制定的一系列标准。这些标准主要有下列几种：

- EIA/TIA-568 民用建筑线缆标准。
- EIA/TIA-569 民用建筑通信通道和空间标准。
- EIA/TIA-×××民用建筑中有关通信接地标准。
- EIA/TIA-×××民用建筑通信管理标准。

这些标准支持下列计算机网络标准：

- EE802.3 总线局域网络标准。
- IEE802.5 环形局域网络标准。
- FDDI 光纤分布数据接口高速网络标准。
- CDDI 铜线分布数据接口高速网络标准。
- ATM 异步传输模式。

我国在 2017 年 4 月 1 日开始实施 GB50311-2016《综合布线系统工程设计规范》和 GB50312《综合布线系统工程验收规范》两个国家标准，对综合布线系统工程的设计、施工、验收、管理等提出了具体的要求和规定，促进了综合布线系统在中国的应用和发展。同时，中国工程建设标准化协会信息通信专业委员会也制定了综合布线技术白皮书，首批计划制定《综合布线系统管理与运行维护系统设计白皮书》《屏蔽布线系统的设计与施工检测技术白皮书》《综合布线万兆系统技术白皮书》等行业规范，这些规范的发布将会对我国的综合布线系统的发展起到促进与推动作用。

## 7.1.2　综合布线系统的组成

综合布线系统是指按标准的、统一的和简单的结构化方式编制和布置各种建筑物（或建

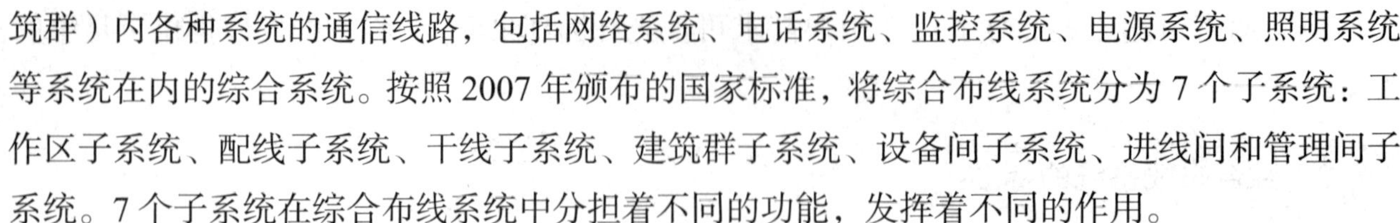

筑群）内各种系统的通信线路，包括网络系统、电话系统、监控系统、电源系统、照明系统等系统在内的综合系统。按照2007年颁布的国家标准，将综合布线系统分为7个子系统：工作区子系统、配线子系统、干线子系统、建筑群子系统、设备间子系统、进线间和管理间子系统。7个子系统在综合布线系统中分担着不同的功能，发挥着不同的作用。

### 1．工作区子系统

工作区子系统又称为服务区子系统，是综合布线系统中将用户的终端设备连接到布线系统的子系统，由配线子系统的信息插座模块延伸到终端设备处的连接缆线及适配器组成，如图7-2所示。

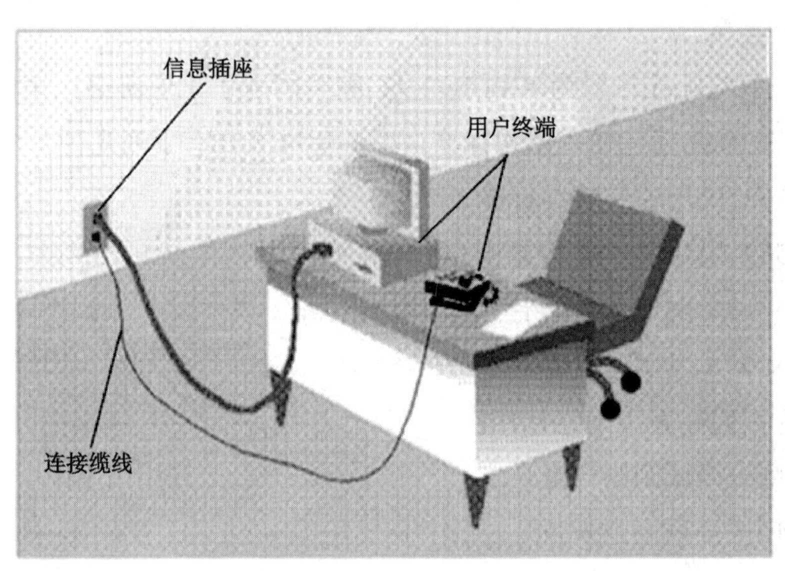


图7-2　工作区子系统

适配器可以是一个独立的硬件接口转接设备，也可以是信息接口。综合布线系统工作区信息插座通常是标准的RJ45接口模块。如果终端设备不是RJ45接口时，则需要另配一个接口转接设备（适配器）才能实现通信。

工作区子系统常见的终端设备有计算机、电话机、传真机和电视机等。因此工作区对应的信息插座模块包括计算机网络插座、电话语音插座和CATV有线电视插座等，并配置相应的连接线缆，如RJ45-RJ45连接线缆、RJ17-RJ11电话线和有线电视电缆。

需要注意的是，信息插座模块尽管安装在工作区，但它属于配线子系统的组成部分。

工作区是需要设置终端设备的独立区域，通常一个独立的需要设置终端设备的区域划分为一个工作区，一个工作区的服务面积可按5～10m$^2$估算，或按不同的应用场合调整面积的大小。

### 2．配线子系统

配线子系统是旧的国家标准中的水平干线子系统，是由工作区的信息插座模块、信息插座模块至电信间配线设备（FD）的配线电缆和光缆、电信间的配线设备及设备缆线和跳线等组成，如图7-3所示。

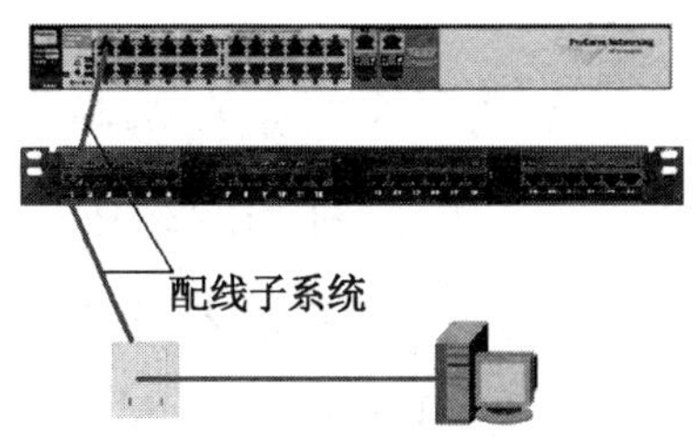

图7-3 配线子系统

配线设备是电缆或光缆进行端接和连接的装置。在配线设备上可进行互连或交接操作。交接采用接插软线或跳线连接配线设备和信息通信设备（数据交换机、语音交换机等），互连不用接插软线或跳线，而是使用连接器件把两个配线设备连接在一起。通常的配线设备就是配线架，规模大一点的还有配线箱和配线柜。电信间、建筑物设备间和建筑群设备的配线设备分别简称为FD、BD和CD。

在综合布线系统中，配线子系统要根据建筑物的结构合理地选择布线路由，还要根据所连接不同种类的终端设备选择相应的线缆。配线子系统常用的线缆是4对屏蔽或非屏蔽双绞线、同轴电缆或双绞线跳线。对于某些高速率通信应用，配线子系统也可以使用光缆构建一个光纤到桌面的传输系统。

配线子系统一般处在同一楼层，将主干子系统线路延伸到用户工作区，线缆均沿大楼的地面或吊顶中路由，最大的水平线缆长度一般为90m。如果需要更长的距离布线可采用光缆。

### 3. 干线子系统

干线子系统是旧的国家标准中的垂直干线子系统，是综合布线系统中连接各管理间、设备间的子系统，是楼层之间垂直干线电缆的通称，由设备间配线设备和跳线以及设备间至各楼层配线间的电缆组成，主要包括主交叉连接、中间交叉连接和楼间主干电缆（或光缆）以及将此干线连接到相关的支撑硬件，如图7-4所示。它可以提供设备间总（主）配线架与干线接线架之间的干线路由。

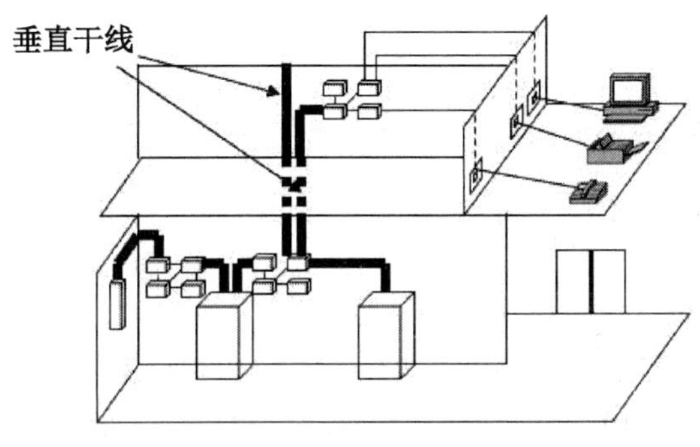

图7-4 干线子系统

干线子系统一般采用光纤或大对数双绞线，两端分别端接在设备间和楼层电信间的配线架上。干线电缆的规格和数量由每个楼层所连接的终端设备类型及数量决定。干线子系统一般采用垂直路由、干线线缆沿着垂直竖井布放。

#### 4．设备间

设备间子系统是在每幢大楼的适当地点设置进线设备，进行网络管理以及管理人员值班的场所，一般也称为网络中心或中心机房，如图 7-5 所示。其位置和大小通常根据系统分布、规模以及设备的数量来具体确定，一般由电缆、连接器和相关支撑硬件组成，通过缆线把各种公用系统设备互连起来。主要设备有计算机网络设备、服务器、防火墙、路由器、程控交换机及楼宇自控设备等，这些设备可以放在一起，也可以分别放置。

图 7-5　设备间

需要注意的是，在小型局域网布线工程中，为了节省经费，有时可不设置设备间子系统，但在大型网络系统中有时还不止一个设备间。

#### 5．进线间

进线间是建筑物外部通信和信息管线的入口部位，可作为入口设施和建筑群配线设备的安装场地。该子系统是新国家标准在系统设置内容中专门增加的，要求在建筑物前期系统设计中要有进线间，满足多家运营商业务需要，避免一家运营商自建进线间后独占该建筑物的各种业务。

#### 6．建筑群子系统

建筑群子系统综合布线系统中连接楼群之间的干线电缆或光缆、配线设备、跳线及各种支持设备组成的子系统，又称户外子系统或楼宇子系统。在建筑群子系统中，会遇到室外敷设电缆的问题，一般有三种情况：架空电缆、地下管道电缆、直埋电缆，或者这三种的任何组合。在一些极为特殊的场合，还可能采用无线通信技术，如微波、无线电、红外线等手段。

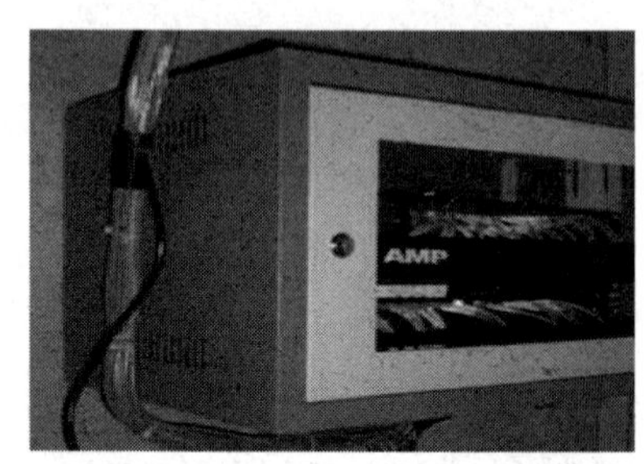


图 7-6　管理子系统

#### 7．管理间子系统

管理间子系统设置在每层配线设备的房间内，由交接间的配线设备、输入／输出（I/O）设备等组成，如图 7-6 所示。它

提供了与其他子系统连接的手段，即提供了干线接线间、中间接线间、主设备间中各个楼层配线架（箱）、总配线架（箱）上水平干线与垂直干线线缆之间通信线路连接通信、线路定位与移位的管理。交叉接使得有可能安排或重新安排路由，所以通信线路能够延续到连接建筑物内部的各信息插座，从而实现综合布线系统的管理。

通过管理子系统，用户可以在配线架上灵活地更改、增加、转换、扩展线路，而不需要专门工具，因此，使综合布线系统系统具备高度的开放性、扩展性和灵活性。

从功能及结构来看，综合布线系统的 7 个子系统密不可分，组成了一个完整的系统。如果将综合布线系统比喻为一棵树，则工作区子系统是树的叶子，配线子系统是树枝，干线子系统是树干，进线间、设备间子系统是树根，管理子系统是树枝与树干、树干与树根的连接处。工作区内的终端设备通过配线子系统、干线子系统构成的链路通道，最终连接到设备间内的应用管理设备。

## 7.2 综合布线系统的设计

网络综合布线系统工程设计是网络工程建设的蓝图和总体结构，网络方案的好坏将直接影响到网络工程的质量和性能价格比。在设计综合布线系统集成方案时，应从综合布线系统的设计原则出发，在总体的基础上进行综合布线系统工程 7 个子系统的详细设计。

### 7.2.1 工作区子系统的设计

#### 1. 工作区系统设计的基本要求及设计要点

工作区子系统设计的基本要求是：确定系统的规模性，即确定在该系统中应该需要多少信息插座，同时还要为将来扩充留出一定的富余量；信息插座必须具有开放性，即与应用无关；工作区子系统的信息插座必须符合相关指标的相关标准；工作区子系统布线长度有一定的要求以及要选用符合要求的适配器等。由此，工作区设计要考虑以下几点：

- 工作区内线槽要布得合理、美观。
- 信息座要设计在距离地面 30cm 以上。
- 信息座与计算机设备的距离保持在 5m 范围内。
- 购买的网卡类型接口要与线缆类型接口保持一致。
- 所有工作区所需的信息模块、信息座、面板的数量要准确。

### 2. 工作区子系统的设计步骤

工作区子系统设计一般按确定工作区大小、确定信息点的数量、确定插座数量、确定插座类型及确定相应设备数量5个步骤进行。

（1）确定工作区大小。

根据建筑平面图就可估算出每个楼层的工作区大小，再将每个楼层工作区相加就是整个大楼的工作区面积；但要根据具体情况灵活掌握。例如，用途不同，其进线密度也不同，同样是工作区，食堂的进点密度就比办公室的进点密度低，机房的进点密度更高。此外，还要考虑业主的要求。

（2）确定信息点的数量。

关于信息点的数量，主要涉及综合布线的涉及等级问题。若按基本型配置，每个工作区只有一个信息插座，即单点结构。若按增强型或者综合型配置，那么每个工作区就有两个或两个以上信息插座。在实际工程中，每个工作区信息点数量可以按用户的性质、网络构成和需求来确定。在网络布线系统工程实际应用和设计中，一般按照面积或者区域配置来确定信息点数量。表7-1所示为常见工作区信息点配置参考表。

**表7-1　常见工作区信息点配置参考表**

| 工作区类型 | 信息点安装位置 | 信息点安装数量 | |
|---|---|---|---|
| | | 数据点 | 语音点 |
| 独立办公室（1人/间） | 工作台附近的墙面或地面 | 1～2 | 1～2 |
| 小型会议室 | 主席台附近的墙面或地面 | 1～2 | 1 |
| 大型会议室 | 会议桌地面 | 按面积计算 | 1～2 |
| 宾馆标准间 | 写字台处墙面 | 1～2 | 1 |
| 多人集中办公区 | 工作台附近的墙面或地面 | 1/台 | 1/台 |
| 学生公寓 | 写字台处墙面 | 1/台 | 1 |
| 教室 | 讲台附近的墙面或地面 | 1～2 | 1 |

在实际的工程中，信息点的配置通常是根据实际情况进行配置，如果是在办公区域，在考虑信息点的配置时，通常根据办公人数进行信息点的配置或根据房屋装饰时设定的办公区域规划进行信息点的配置。表7-1仅是参考表，供用户设计方案时参考。

信息点的数量可以用信息点点数统计表来对工程的信息点进行汇总，信息点点数统计表可以使用Excel表格参照表7-2样式设计。

表 7-2　建筑物网络布线信息点统计表

| 房间/楼层 | 101 | | 102 | | 103 | | 104 | | 105 | | 106 | | 数据合计 | 语音合计 | 合计 |
|---|---|---|---|---|---|---|---|---|---|---|---|---|---|---|---|
| | 数据 | 语音 | 数据 | 语音 | 数据 | 语音 | 数据 | 语音 | 数据 | 语音 | 数据 | 语音 | | | |
| 五层 | 1 | 1 | 4 | 2 | 8 | 4 | 10 | 5 | 8 | 4 | 12 | 6 | 43 | 22 | 65 |
| 四层 | 1 | 1 | 4 | 2 | 8 | 4 | 10 | 5 | 8 | 4 | 12 | 6 | 43 | 22 | 65 |
| 三层 | 1 | 1 | 4 | 2 | 8 | 4 | 10 | 5 | 8 | 4 | 12 | 6 | 43 | 22 | 65 |
| 二层 | 1 | 1 | 4 | 2 | 8 | 4 | 10 | 5 | 8 | 4 | 12 | 6 | 43 | 22 | 65 |
| 一层 | 1 | 1 | 4 | 2 | 8 | 4 | 10 | 5 | 8 | 4 | 12 | 6 | 43 | 22 | 65 |
| 合计 | | | | | | | | | | | | | 215 | 110 | 325 |

（3）确定插座数量。

如果工作区配置单孔信息插座，则信息插座数量应与信息点的数量相当。如果工作区配置双孔信息插座，则信息插座数量应为信息点数量的一半。

信息模块的需求量一般为

$$M=N\times（1+3\%）$$

式中，$M$ 表示信息模块的总需求量，$N$ 表示信息点的总量，3%表示留有的富余量。

RJ-45 接头的需求量一般用下述公式计算

$$m=n\times4\times（1+15\%）$$

式中，$m$ 表示 RJ-45 接头的总需求量，$n$ 表示信息点的总量，15%表示留有的富余量。

信息插座的需求量一般按实际需要计算其需求量，依照统计需求量，信息插座可容纳 1 个点、2 个点、4 个点。

工作区使用的线槽通常采用 25×12.5 规格的较为美观，线槽的使用量计算一般按：

1 个信息点状态：1×10（m）

2 个信息点状态：2×8（m）

3～4 个信息点状态：（3～4）×6（m）

（4）确定插座类型。

用户可根据实际需要选用不同的安装方式以满足不同的需要。通常情况下，新建建筑物采用嵌入式信息插座，现有的建筑物则采用表面安装式的信息插座，还有固定式地板插座、活动式地板插座等；此外，还要考虑插座盒的机械特性等。

（5）确定相应设备数量。

相应设备因布线系统不同而异，主要包括墙盒（或者地盒）、面板、（半）盖板。一般来说，对于基本型配置由于每个进点都是单点结构（即一个插座），所以每个信息插座都配置一个墙盒或地盒、一个面板、一个半盖板；对于增强型或综合型配置，每两个信息插座共用一个墙盒或地盒、一个面板。

另外，工作区子系统设计的步骤还要综合考虑另外一个角度：首先，与用户进行充分的技术交流和了解建筑物用途；然后，认真阅读建筑物设计图纸；其次，进行初步规划和设计；最后，进行概算和预算。一般工作流程如下。

需求分析→技术交流→阅读建筑物图纸→初步设计方案→概算→方案确认→正式设计→预算，在实施布线系统时，可以用以上两个步骤结合处理。

## 7.2.2 配线子系统的设计

配线子系统在原来的国家标准中称为水平子系统，在GB50311-2007 国家标准中改称为配线子系统。配线子系统是由工作区信息插座到楼层管理间连接缆线、配线架、跳线等组成，实现工作区信息插座和管理间子系统的连接，包括工作区到楼层管理间之间的所有电缆、连接硬件（信息插座、端接配线传输介质的配线架、跳线架等）、跳线线缆及附件。一般采用星形结构，它与干线子系统的区别是：配线子系统总是一个楼层上，仅与信息插座、楼层管理间子系统连接。

在综合布线系统中，配线子系统通常由4对UTP（非屏蔽双绞线）组成，能支持大多数现代化通信设备，如果有磁场干扰或信息保密时可用屏蔽双绞线，而在高带宽应用时，宜采用屏蔽双绞线或者光缆。

在配线子系统的设计中，综合布线的设计必须具有全面介质设施方面的知识，能够向用户或用户的决策提供完善而经济的设计。配线子系统的设计要点如下。

（1）确定介质布线方法和线缆的走向。

（2）双绞线的长度一般不超过 90m。

（3）尽量避免配线线路长距离与供电线路平行走线，应保持一定的距离（非屏蔽线缆一般为 30cm，屏蔽线缆一般为 7cm）。

（4）缆线必须走线槽或在天花板吊顶内布线，尽量不走地面线槽。

（5）如在特定环境中布线要对传输介质进行保护，使用线槽或金属管道等。

（6）确定距离服务器接线间距离最近的 I/O 位置。

（7）确定距离服务器接线间距离最远的 I/O 位置。

### 1. 配线子系统的设计基本要求

（1）配线子系统的网络要求。

配线子系统的设计包括网络拓扑结构、设备配置、缆线选用和确定缆线最大长度等内容，它们虽然各自独立，但又密切相关，在设计中需综合考虑。

配线子系统的网络拓扑结构都为星形结构，它是以楼层配线架为主结点，各个通信引出端为分结点，二者之间采取独立的线路相互连接，形成以 FD 为中心向外辐射的星形线路网。这种网络拓扑结构的线路长度较短，有利于保证传输质量、降低工程造价和维护管理。

布线线缆长度等于楼层配线间或楼层配线间内互连设备电端口到工作区信息插座的缆线长度。根据我国通信行业标准规定，配线子系统的双绞线最大长度为 90m。

设计配线子系统时，根据建筑物的结构、布局和用途，确定配线布线方案、确定线路方向和路由，以使路由简短，施工最方便。

（2）配线子系统的技术要求。

EMI 是电子系统辐射的寄生电能，这种寄生电能可能在附近的电缆或系统上造成失真或干扰。有时也把 EMI 称为“电磁污染”。

这里的电子系统也包括电缆。电缆既是 EMI 的主要发生器，也是主要接收器。作为发生器，它辐射电磁噪声场。灵敏的收音机和电视机、计算机、通信系统和数据系统会通过它们的天线、互连线和电源接收这种电磁噪声。

电缆也能敏感地接收从邻近干扰源所发射的相同“噪声”。为了像大多数流行方法那样成功地抑制电缆中的 EMI 噪声，必须采用屏蔽法。

① 减少感应的电压和信号辐射。

② 保护在规定范围内的线路不受外界产生的EMI的干扰。

③ 遵循EIA/TIA569推荐的通信线与电力线的间距要求。在配线布线通道内，关于电信电缆与分支电源电缆要说明以下几点：

- 屏蔽的电源导体（电缆）与电信电缆并线时不需要分隔。
- 可以用电源管道障碍（金属或非金属）来分隔通信电缆与电源电缆。
- 对非屏蔽的电源电缆，最小的距离为10cm。
- 在工作站的信息口或间隔点，电信电缆与电源电缆的最小距离应为6cm。

（3）配线子系统的审美要求。

在配线布线部分，每一楼层的电缆从接线间接到工作区，以便让电缆隐藏在天花板或地板内。如果暴露在外的话，要保证电缆排列整齐。应力求使电缆在屋角内以及天花板内和护壁接合处走线。

### 2. 配线子系统的设计步骤

配线子系统设计步骤为：首先，进行需求分析，与用户进行充分的技术交流和了解建筑物用途；然后，认真阅读建筑物设计图纸，确定工作区子系统信息点位置和数量，完成点数表；其次，进行初步规划和设计，确定每个信息点的配线布线路径；最后进行确定布线材料规格和数量，列出材料规格和数量统计表。

（1）确定线路走向。

确定线路走向一般要由用户、设计人员、施工人员到现场根据建筑物的物理位置和施工难易程度来确立。

（2）确定信息插座的数量和类型。

信息插座的数量和类型、电缆的类型和长度一般考虑到产品质量和施工人员的误操作等因素，在订购时要留有一定的余地。信息插座数的计算公式为：

$$订货总数=总数+总数\times 3\%$$

（3）确定线缆的类型和长度。

确定布线走向后，需要考虑订购电缆的数量，订购电缆的数量要考虑到施工人员的错误操作等因素，订购时要留有一定的余地。一般情况下订购电缆可以参照以下的计算公式进行计算：

$$总长度=A+B/2\times N\times 1.2$$

式中，A 为最短信息点长度；

B 为最远信息点长度；

N 为楼内需要安装的信息点数；

1.2 表示余量参数。

$$用线箱数=总长度/305+1$$

水平电缆使用的线缆有以下 4 种：100Ω 非屏蔽双绞线（UTP）电缆、100Ω 屏蔽双绞线电缆、50Ω 同轴电缆、62.5/125μm 多模光纤电缆。我们国内在水平布线中最常用的是 100Ω 非屏蔽双绞线（UTP）电缆。在一些高性能的网络也常采用 62.5/125μm 多模光纤电缆。目前的实际网络布线工程中，水平线缆一般采用超 5 类或 6 类非屏蔽双绞线。

### 7.2.3　干线子系统的设计

干线子系统是综合布线系统中非常关键的组成部分，它由设备间子系统与管理间子系统的引入口之间的布线组成，采用大对数电缆或光缆。两端分别连接在设备间和楼层配线间的配线架上。它是建筑物内综合布线的主馈缆线，是楼层配线间与设备间之间垂直布放（或空间较大的单层建筑物的配线布线）缆线的统称。干线子系统的任务是通过建筑物内部的传输电缆，把各个服务接线间的信号传送到设备间，直到传送到最终接口，再通往外部网络。干线子系统的结构通常是一个星形结构。

干线子系统包括：

（1）供各条干线接线间之间的电缆走线用的竖向或横向通道。

（2）主设备间与计算机中心间的电缆。

### 1．干线子系统的设计步骤

干线子系统设计的步骤一般为：首先，进行需求分析，与用户进行充分的技术交流和了解建筑物用途；然后，要认真阅读建筑物设计图纸，确定管理间位置和信息点数量；其次，进行初步规划和设计，确定每条垂直系统布线路径；最后，进行确定布线材料规格和数量，出材料规格和数量统计表。一般工作流程如下。

需求分析→技术交流→阅读建筑物图纸→规划和设计→完成材料规格和数量统计表

（1）需求分析。

需求分析是综合布线系统设计的首项重要工作，干线子系统是综合布线系统工程中最重要的一个子系统，直接决定每个信息点的稳定性和传输速度。主要涉及布线路径、布线方式和材料的选择，对后续配线子系统的施工是非常重要的。

需求分析首先按照楼层高度进行分析，分析设备间到每个楼层的管理间的布线距离、布线路径，逐步明确和确认干线子系统的布线材料的选择。

（2）技术交流。

在进行需求分析后，要与用户进行技术交流，这是非常必要的。不仅要与技术负责人交流，也要与项目或者行政负责人进行交流，进一步充分和广泛地了解用户的需求，特别是未来的发展需求。在交流中重点了解每个房间或者工作区的用途、要求运行环境等因素。在交流过程中必须进行详细的书面记录，每次交流结束后要及时整理书面记录，这些书面记录是初步设计的依据。

（3）阅读建筑物图纸。

索取和认真阅读建筑物设计图纸是不能省略的程序，通过阅读建筑物图纸掌握建筑物的土建结构、强电路径、弱电路径，重点掌握在综合布线路径上的电器设备、电源插座、暗埋管线等。在阅读图纸时，进行记录或者标记，这有助于将网络竖井设计在合适的位置，避免强电或者电器设备对网络综合布线系统的影响。

### 2．干线子系统的规划和设计

干线子系统的线缆直接连接着几十或几百个信息点，因此一旦干线电缆发生故障，则影响巨大。为此，我们必须十分重视干线子系统的设计工作。

根据综合布线的标准及规范，应按下列设计要点进行干线子系统的设计工作。

（1）确定干线线缆类型及线对。

干线子系统线缆主要有铜缆和光缆两种类型，具体选择要根据布线环境的限制和用户对综合布线系统设计等级的考虑。计算机网络系统的主干线缆可以选用 4 对双绞线电缆或 25 对大对数电缆或光缆，电话语音系统的主干电缆可以选用 3 类大对数电缆。主干电缆的线对要

根据配线布线线缆对数以及应用系统类型来确定。

干线子系统所需要的电缆总对数和光纤总芯数，应满足工程的实际需求，并留有适当的备份容量。主干缆线宜设置电缆与光缆，并互相作为备份路由。

（2）干线子系统路径的选择。

干线子系统主干缆线应选择最短、最安全和最经济的路由。路由的选择要根据建筑物的结构以及建筑物内预留的电缆孔、电缆井等通道位置而决定。建筑物内有两大类型的通道：封闭型和开放型。宜选择带门的封闭型通道敷设干线线缆。开放型通道是指从建筑物的地下室到楼顶的一个开放空间，中间没有任何楼板隔开。封闭型通道是指一连串上下对齐的空间，每层楼都有一间，电缆竖井、电缆孔、管道电缆、电缆桥架等穿过这些房间的地板层。主干电缆宜采用点对点终接，也可采用分支递减终接。如果电话交换机和计算机主机设置在建筑物内不同的设备间，宜采用不同的主干缆线来分别满足语音和数据的需要。在同一层若干管理间（电信间）之间宜设置干线路由。

（3）确定干线电缆的容量。

在确定干线线缆类型后，便可以进一步确定每个层楼的干线容量。一般而言，在确定每层楼的干线类型和数量时，都要根据楼层水平子系统所有的各个语音、数据、图像等信息插座的数量来进行计算。具体计算的原则如下。

① 干线子系统所需要的电缆总对数和光纤总芯数，应满足工程的实际需求，并留有适当的备份容量。主干缆线宜设置电缆与光缆，并互相作为备份路由。

② 干线子系统主干缆线应选择较短的、安全的路由。主干电缆宜采用点对点终接，也可采用分支递减终接。

③ 如果电话交换机和计算机主机设置在建筑物内不同的设备间，宜采用不同的主干缆线来分别满足语音和数据的需要。

④ 在同一层若干电信间之间宜设置干线路由。

⑤ 主干电缆和光缆所需的容量要求及配置应符合以下规定：

语音业务。大对数主干电缆的对数应按每一个电话 8 位模块通用插座配置 1 对线，并在总需求线对的基础上至少预留约 10%的备用线对。

数据业务。应以交换机（SW）群（按 4 个 SW 组成 1 群），或以每个 SW 设备设置 1 个主干端口配置。每 1 群网络设备或每 4 个网络设备宜考虑 1 个备份端口。主干端口为电端口时，应按 4 对线容量；为光端口时，按 2 芯光纤容量配置。

当工作区至电信间的水平光缆延伸至设备间的光配线设备（BD / CD）时，主干光缆的容量应包括所延伸的水平光缆光纤的容量在内。

（4）干线子系统干线线缆的交接。

为了便于综合布线的路由管理，干线电缆、干线光缆布线的交接不应多于两次。从楼层配线架到建筑群配线架之间只应通过一个配线架，即建筑物配线架（在设备间内）。当综合布线只用一级干线布线进行配线时，放置干线配线架的二级交接间可以并入楼层配线间。

（5）干线子系统干线线缆的端接。

干线电缆可采用点对点端接，也可采用分支递减端接以及电缆直接连接。点对点端接是最简单、最直接的接合方法，如图 7-7 所示。干线子系统每根干线电缆直接延伸到指定的楼层配线管理间或二级交接间。分支递减端接是用一根足以支持若干个楼层配线管理间或若干个二级交接间的通信容量的大容量干线电缆，经过电缆接头交接箱分出若干根小电缆，再分别延伸到每个二级交接间或每个楼层配线管理间，最后端接到目的地的连接硬件上，如图 7-8 所示。

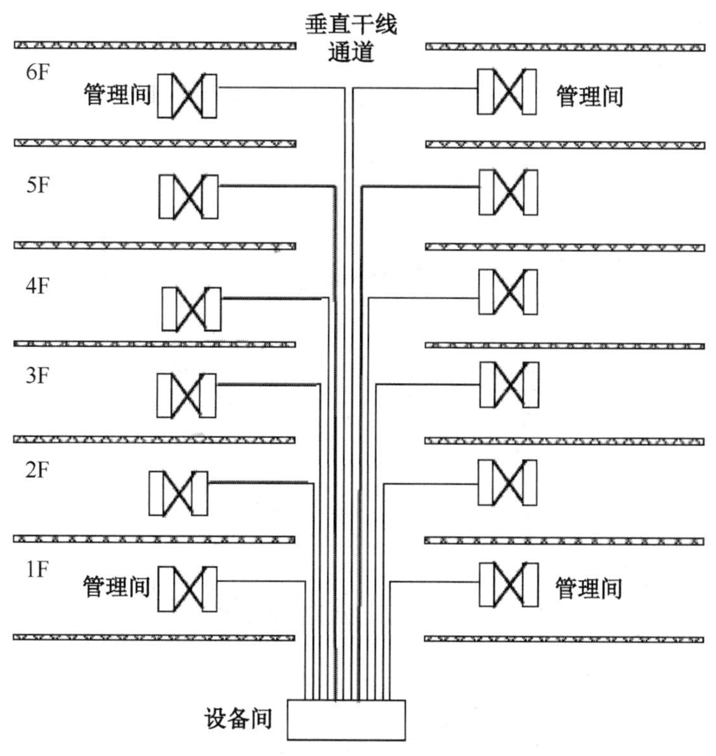


图 7-7　干线电缆点对点端接方式

（6）确定干线子系统通道规模。

干线子系统是建筑物内的主干电缆。在大型建筑物内，通常使用的干线子系统通道是由一连串穿过配线间地板且垂直对准的通道组成，穿过弱电间地板的线缆井和线缆孔，如图7-9 所示。

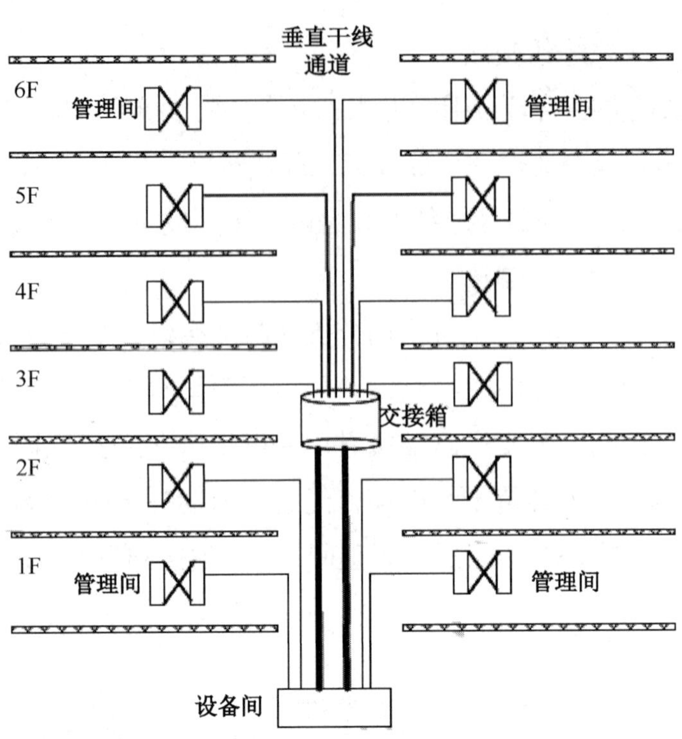


图 7-8　干线电缆分支接合方式

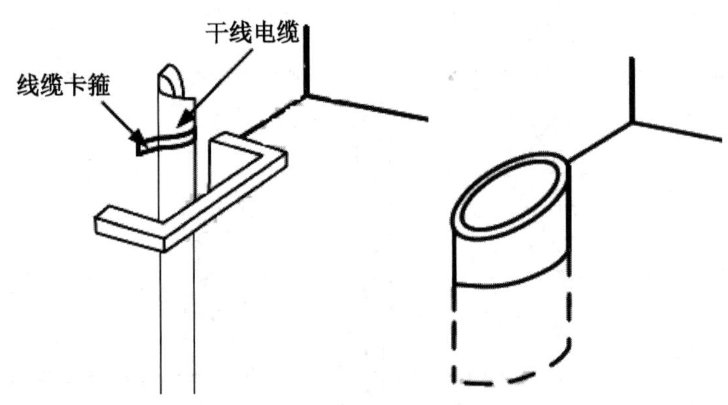


图 7-9　穿过弱电间地板的线缆井和线缆孔

确定干线子系统的通道规模主要就是确定干线通道和配线间的数目。确定的依据就是综合布线系统所要覆盖的可用楼层面积。如果给定楼层的所有信息插座都在配线间的 75m 范围之内，那么采用单干线接线系统。单干线接线系统就是采用一条垂直干线通道，每个楼层只设一个配线间。如果有部分信息插座超出配线间的 75m 范围之外，那就要采用双通道干线子系统，或者采用经分支电缆与设备间相连的二级交接间。

如果同一幢大楼的配线间上下不对齐，则可采用大小合适的线缆管道系统将其连通，如图 7-10 所示。

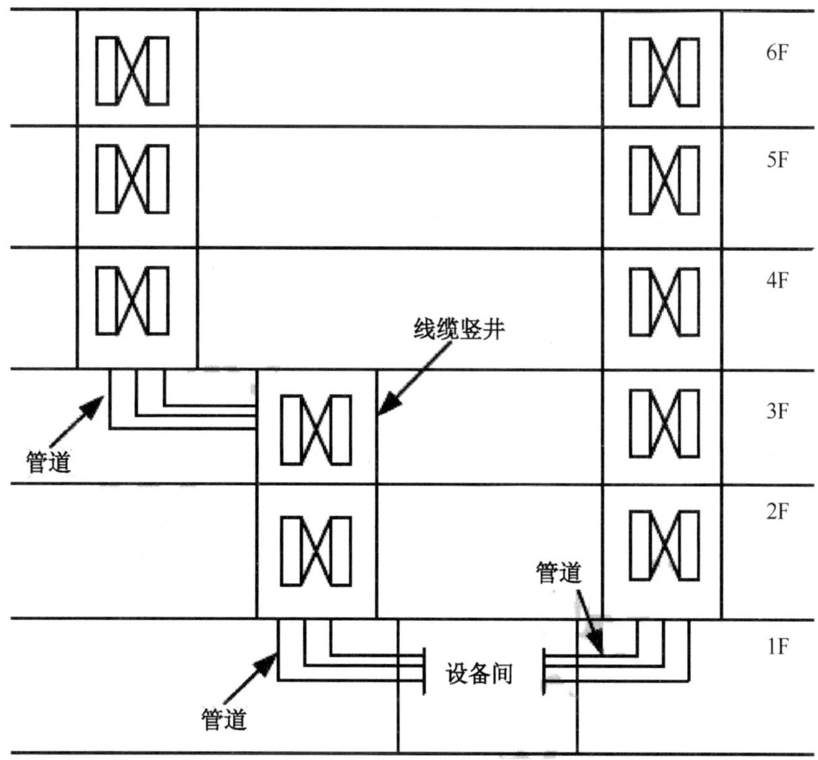


图 7-10　配线间上下不对齐时的线缆管道系统

在综合布线系统中，管理间子系统包括楼层配线间、二级交接间、建筑物设备间的线缆、配线架及相关接插跳线等。通过综合布线系统的管理间子系统，可以直接管理整个应用系统终端设备，从而实现综合布线的灵活性、开放性和扩展性。

## 7.2.4　管理间子系统的设计

管理间主要是楼层配线设备和楼层计算机网络设备（HUB 或 SW）的场所，可考虑在该场地设置缆线竖井、等电位接地体、电源插座、UPS 配电箱等设施。在场地面积满足的情况下，也可设置建筑物安防、消防、建筑设备监控系统、无线信号等系统的布缆线槽和功能模块的安装。如果综合布线系统与弱电系统设备合设于同一场地，从建筑的角度出发，一般也称为弱电间。

现在，许多大楼在综合布线时都考虑在每一楼层都设立一个管理间，用来管理该层的信息点，改变了以往几层共享一个管理间子系统的做法，这也是综合布线的发展趋势。

管理间子系统设置在楼层配线房间，是配线系统电缆端接的场所，也是主干系统电缆端接的场所。它由大楼主配线架、楼层分配线架、跳线、转换插座等组成。用户可以在管理间子系统中更改、增加、交接、扩展缆线，从而改变线缆路由。

管理间子系统中以配线架为主要设备，配线设备可直接安装在 19 寸机架或机柜上。

管理间房间面积的大小一般根据信息点多少安排和确定，如果信息点多，就应该考虑一

个单独的房间来放置，如果信息点很少，就采取在墙面安装机柜的方式。

### 1．管理间子系统的设计

（1）设计步骤。

管理间子系统一般根据楼层信息点的总数量和分布密度情况设计，首先按照各个工作区子系统需求，确定每个楼层工作区信息点总数量，然后确定配线子系统缆线长度，最后确定管理间的位置，完成管理间子系统设计。

（2）需求分析。

管理间的需求分析围绕单个楼层或者附近楼层的信息点数量和布线距离进行，各个楼层的管理间最好安装在同一个位置，也可以考虑功能不同的楼层安装在不同的位置。根据点数统计表分析每个楼层的信息点总数，然后估算每个信息点的缆线长度，特别注意信息点的缆线长度，列出最远和最近信息点缆线的长度，宜把管理间布置在信息点的中间位置，同时保证各个信息点双绞线的长度不要超过90m。

（3）技术交流。

在进行需求分析后，要与用户进行技术交流，不仅要与技术负责人交流，也要与项目或者行政负责人进行交流，进一步充分和广泛的了解用户的需求，特别是未来的扩展需求。在交流中重点了解规划的管理间子系统附近的电源插座、电力电缆、电器管理等情况。在交流过程中必须进行详细的书面记录，每次交流结束后要及时整理书面记录，这些书面记录是初步设计的依据。

（4）阅读建筑物图纸和管理间编号。

在管理间位置确定前，索取和认真阅读建筑物设计图纸是必要的，通过阅读建筑物图纸掌握建筑物的土建结构、强电路径、弱电路径，特别是主要电器管理和电源插座的安装位置，重点掌握管理间附近的电器管理、电源插座、暗埋管线等。在阅读图纸时，进行记录或者标记，这有助于将网络和电话等插座设计在合适的位置，避免强电或者电器管理对网络综合布线系统的影响。

管理间的命名和编号也是非常重要的一项工作，直接涉及每条缆线的命名，因此管理间命名首先必须准确表达清楚该管理间的位置或者用途，这个名称从项目设计开始到竣工验收及后续维护必须保持一致。如果出现项目投入使用后用户改变名称或者编号时，必须及时制作名称变更对应表，作为竣工资料保存。

管理间子系统使用色标来区分配线设备的性质，标明端接区域、物理位置、编号、容量、规格等，以便维护人员在现场一目了然地加以识别。综合布线使用三种标记：电缆标记、场标记和插入标记。电缆和光缆的两端应采用不易脱落和磨损的不干胶条标明相同的编号。

管理间子系统的标识编制，应按下列原则进行：

- 规模较大的综合布线系统应采用计算机进行标识管理，简单的综合布线系统应按图纸资料进行管理，并应做到记录准确、及时更新、便于查阅。
- 综合布线系统的每条电缆、光缆、配线设备、端接点、安装通道和安装空间均应给定唯一的标志。标志中可包括名称、颜色、编号、字符串或其他组合。
- 配线设备、线缆、信息插座等硬件均应设置不易脱落和磨损的标识，并应有详细的书面记录和图纸资料。
- 同一条缆线或者永久链的两端编号必须相同。
- 设备间、交接间的配线设备宜采用统一的色标区别各类用途的配线区。

### 2. 管理间子系统的设计项目

（1）管理间数量的确定。

每个楼层一般宜至少设置 1 个管理间。如果特殊情况下，每层信息点数量较少，且配线缆线长度不大于 90m，宜几个楼层合设一个管理间。管理间数量的设置可以参照以下原则：

如果该层信息点数量小于 400 个，配线缆线长度在 90m 范围以内，宜设置一个管理间，当超出这个范围时宜设两个或多个管理间。

在实际工程应中，为了方便管理和保证网络传输速度或者节约布线成本，如学生公寓，信息点密集，使用时间集中，楼道很长，可以按照 100～200 个信息点设置一个管理间，将管理间机柜明装在楼道。

（2）管理间面积。

“GB50311-2007”中规定管理间的使用面积应不小于 $5m^2$，也可根据工程中配线管理和网络管理的容量进行调整。一般新建楼房都有专门的垂直竖井，楼层的管理间基本都设计在建筑物竖井内，面积在 $3m^2$左右。在一般小型网络综合布线系统工程中管理间也可能只是一个网络机柜。

一般旧楼增加网络综合布线系统时，可以将管理间选择在楼道中间位置的办公室，也可以采取壁挂式机柜直接明装在楼道，作为楼层管理间。

管理间安装落地式机柜时，机柜前面的净空应不小于 800mm，后面的净空应不小于 600mm，方便施工和维修。安装壁挂式机柜时，一般在楼道安装，高度不小于 1.8m。

（3）管理间电源要求。

管理间应提供不少于两个 220V 带保护接地的单相电源插座。

管理间如果安装电信管理或其他信息网络管理时，管理供电应符合相应的设计要求。

（4）管理间门要求。

管理间应采用外开丙级防火门，门宽大于 0.7m。

（5）管理间环境要求。

管理间内温度应为 10～35℃，相对湿度宜为 20%～80%。一般应该考虑网络交换机等设备发热对管理间温度的影响，在夏季必须保持管理间温度不超过 35℃。

## 7.2.5 设备间子系统的设计

设备间子系统把设备间的电缆、连接器和相关支撑硬件等各种公用系统设备互连起来，是线路管理的集中点，是建筑物综合布线系统的线路汇聚中心，各房间内信息插座经水平线缆连接，再经干线线缆最终汇聚连接至设备间。设备间还安装了各应用系统相关的管理设备，为建筑物各信息点用户提供各类服务，并管理各类服务的运行状况。

设备间子系统通常至少应具有以下 3 个功能：提供网络管理的场所、提供设备进线的场所、提供管理人员值班的场所。设备间是综合布线系统的关键部分，它是外界引入和楼内布线的交汇点，确定设备间的位置极为重要。设计设备间时应注意下列要点。

（1）设备间内的所有进线终端设备宜采用色标区别各类用途的配线区。

（2）设备间位置及大小应根据设备的数量、规模和最佳网络中心等内容，综合考虑确定。设备间的理想位置应设于建筑物综合布线系统主干线路的中间，一般常放在一、二层，并尽量靠近通信线路引入房屋建筑的位置，以便与屋内外各种通信设备、网络接口及装置连接。通信线路的引入端和设备及网络接口的间距，一般不超过 15m。设备间内应有足够大的空间安装所有的设备，并有足够的施工和维护空间。

（3）设备间的布置应遵循“强弱电分排布放，系统设备各自集中和同类型机架集中”的原则。

### 1．设备间子系统的设计要求

设备间子系统的设计主要考虑设备间的位置以及设备间的环境要求。具体设计要求如下。

（1）设备间宜处于干线子系统的中间位置，并考虑主干缆线的传输距离与数量。

（2）设备间宜尽可能靠近建筑物线缆竖井位置，有利于主干缆线的引入。

（3）设备间的位置宜便于设备接地。

（4）设备间应尽量远离高低压变配电、电机、X 射线、无线电发射等有干扰源存在的场地。

（5）设备间室温度应为 10～35℃，相对湿度应为 20%～80%，并应有良好的通风。

（6）设备间内应有足够的设备安装空间，其使用面积不应小于 10m$^2$，该面积不包括程控用户交换机、计算机网络设备等设施所需的面积在内。

（7）设备间梁下净高应不小于 2.5m，采用外开双扇门，门宽应不小于 1.5m。

### 2．设备间子系统的设计

（1）设计步骤。

设计人员应与用户一起商量，根据用户要求及现场情况具体确定设备间位置的最终位置。只有确定了设备间位置后，才可以设计综合布线的其他子系统，因此用户需求分析时，确定设备间位置是一项重要的工作内容。

（2）需求分析。

设备间子系统是综合布线的精髓，设备间的需求分析围绕整个楼宇的信息点数量、设备的数量、规模、网络构成等进行，每幢建筑物内应至少设置 1 个设备间，如果电话交换机与计算机网络设备分别安装在不同的场地或根据安全需要，也可设置 2 个或 2 个以上设备间，以满足不同业务的设备安装需求。

（3）技术交流。

在进行需求分析后，要与用户进行技术交流，不仅要与技术负责人交流，也要与项目或者行政负责人进行交流，进一步充分和广泛的了解用户的需求，特别是未来的扩展需求。在交流中重点了解规划的设备间子系统附近的电源插座、电力电缆、电器管理等情况。在交流过程中必须进行详细的书面记录，每次交流结束后要及时整理书面记录，这些书面记录是初步设计的依据。

（4）阅读建筑物图纸。

在设备间位置确定前，索取和认真阅读建筑物设计图纸是必要的，通过阅读建筑物图纸掌握建筑物的土建结构、强电路径、弱电路径，特别是主要与外部配线连接接口的位置，重点掌握设备间附近的电器管理、电源插座、暗埋管线等。

### 3．设备间子系统的设计项目

设备间子系统的设计主要考虑设备间的位置及设备间的环境要求。具体设计项目如下。

（1）设备间的位置。

设备间的位置及大小应根据建筑物的结构、综合布线规模、管理方式及应用系统设备的数量等方面进行综合考虑，择优选取。一般而言，设备间应尽量建在建筑平面及其综合布线干线综合体的中间位置。在高层建筑内，设备间也可以设置在一层或二层。

确定设备间的位置可以参考以下设计规范：

- 应尽量建在综合布线干线子系统的中间位置，并尽可能靠近建筑物电缆引入区和网络接口，以方便干线线缆的进出。
- 应尽量避免设在建筑物的高层或地下室以及用水设备的下层。
- 应尽量远离强振动源和强噪声源。
- 应尽量避开强电磁场的干扰。

- 应尽量远离有害气体源以及易腐蚀、易燃、易爆物。
- 应便于接地装置的安装。

（2）设备间的面积。

设备间的使用面积要考虑所有设备的安装面积，还要考虑预留工作人员管理操作设备的地方。设备间的使用面积可按照下述两种方法之一确定。

方法一：已知 Sb 为综合布线有关的并安装在设备间内的设备所占面积；S 为设备间的使用总面积，那么

$$S=(5\sim7)\Sigma S_b$$

方法二：当设备尚未选型时，则设备间使用总面积 S 为

$$S=KA$$

其中，A 为设备间的所有设备台（架）的总数

K 为系数，取值（4.5～5.5）$m^2$/台（架）

设备间最小使用面积不得小于 $20m^2$。

（3）建筑结构。

设备间的建筑结构主要依据设备大小、设备搬运以及设备重量等因素而设计。设备间的高度一般为 2.5～3.2m。设备间门的大小至少为高2.1m，宽1.5m。

设备间的楼板承重设计一般分为两级：

$$A\ 级\geq 500kg/m^2$$

$$B\ 级\geq 300kg/m^2$$

（4）设备间的环境要求。

设备间的环境要求比较高，需要考虑的方面也比较多，设计者需要考虑：设备间的温湿度、洁净度、工作噪声、电磁干扰、安全技术、结构防火等多个方面。

① 温湿度。

综合布线有关设备的温湿度要求可分为 A、B、C 三级，设备间的温湿度也可参照三个级别进行设计，三个级别具体要求如表 7-3 所示。

表 7-3　设备间温湿度要求

| 项　　目 | A 级 | B 级 | C 级 |
|---|---|---|---|
| 温度（℃） | 夏季：22±4<br>冬季：18±4 | 12～30 | 8～35 |
| 相对湿度 | 40%～65% | 35%～70% | 20%～80% |

设备间的温湿度控制可以通过安装降温或加温、加湿或除湿功能的空调设备来实现控制。选择空调设备时，南方地区主要考虑降温和除湿功能；北方地区要全面具有降温、升温、除湿、加湿功能。空调的功率主要根据设备间的大小及设备多少而定。

② 洁净度。

设备间内的电子设备对尘埃要求较高，尘埃过高会影响设备的正常工作，降低设备的工作寿命。具体要求如表7-4所示。

**表7-4　设备间尘埃指标要求**

| 尘埃颗粒的最大直径（um） | 0.5 | 1 | 3 | 5 |
|---|---|---|---|---|
| 灰尘颗粒的最大浓度（粒子数／$m^3$） | $1.4\times10^7$ | $7\times10^5$ | $2.4\times10^5$ | $1.3\times10^5$ |

要降低设备间的尘埃度关键在于定期清扫灰尘，工作人员进入设备间应更换干净的鞋具。

③ 噪声。

为了保证工作人员的身体健康，设备间内的噪声应小于70dB。

④ 电磁场干扰。

根据综合布线系统的要求，设备间无线电干扰的频率应在0.15～1000MHz范围内，噪声不大于120dB，磁场干扰场强不大于800A/m。

此外，设备间的环境还对安全性、内部装饰等项目有明确的要求，在设计时可以根据用户的需要加以考虑。

## 7.2.6　进线间与建筑群子系统的设计

进线间是建筑物外部通信和信息管线的入口部位，可作为入口设施和建筑群配线设备的安装场地。进线间是根据“GB50311-2007”国家标准在系统设计内容中专门增加的，要求在建筑物前期系统设计中要有进线间，满足多家运营商业务需要，避免一家运营商自建进线间后独占该建筑物的宽带接入业务。进线间一般通过地埋管线进入建筑物内部，宜在土建阶段实施。

建筑群主干电缆和光缆、公用网和专用网电缆、光缆及天线馈线等室外缆线进入建筑物时，应在进线间成端转换成室内电缆、光缆，并在缆线的终端处可由多家电信业务经营者设置入口设施，入口设施中的配线设备应按引入的电、光缆容量配置。

电信业务经营者在进线间设置安装的入口配线设备应与BD或CD之间敷设相应的连接电缆、光缆，实现路由互通。缆线类型与容量应与配线设备相一致。

在进线间缆线入口处的管孔数量应满足建筑物之间、外部接入业务及多家电信业务经营者缆线接入的需求，并应留有2～4孔的余量。

1. 进线间子系统的设计

进线间主要作为室外电、光缆引入楼内的成端与分支及光缆的盘长空间位置。对于光缆至大楼、至用户、至桌面的应用及容量日益增多，进线间就显得尤为重要。

（1）进线间的位置。

一般一幢建筑物宜设置 1 个进线间，通常是提供给多家电信运营商和业务提供商共同使用，进线间通常设置于便于与外界连通的地方或靠近设备间的地方。外线宜从两个不同的路由引入进线间，有利于与外部管道沟通。

（2）进线间面积的确定。

进线间因涉及因素较多，难以统一提出具体所需面积，可根据建筑物实际情况，并参照通信行业和国家的现行标准要求进行设计。

进线间应满足缆线的敷设路由、成端位置及数量、光缆的盘长空间和缆线的弯曲半径、维护设备、配线设备安装所需要的场地空间和面积。

进线间的大小应按进线间的进局管道最终容量及入口设施的最终容量设计。同时应考虑满足多家电信业务经营者安装入口设施等设备的面积。

（3）线缆配置要求。

建筑群主干电缆和光缆、公用网和专用网电缆、光缆及天线馈线等室外缆线进入建筑物时，应在进线间成端转换成室内电缆、光缆，并在缆线的终端处可由多家电信业务经营者设置入口设施，入口设施中的配线设备应按引入的电、光缆容量配置。

电信业务经营者或其他业务服务商在进线间设置安装入口配线设备应与 BD（建筑物配线设备）或 CD（建筑群配线设备）之间敷设相应的连接电缆、光缆，实现路由互通。缆线类型与容量应与配线设备相一致。

（4）入口管孔数量。

进线间应设置管道入口，在进线间缆线入口处的管孔数量应留有充分的余量，以满足建筑物之间、建筑物弱电系统、外部接入业务及多家电信业务经营者和其他业务服务商缆线接入的需求，建议留有 2～4 孔的余量。进线间入口管道口所有布放缆线和空闲的管孔应采取防火材料封堵，做好防水处理。

（5）进线间的设计相关规定。

进线间宜靠近外墙和在地下设置，以便于缆线引入。进线间设计应符合下列规定：

- 进线间应防止渗水，宜设有抽排水装置。
- 进线间应与布线系统垂直竖井沟通。
- 进线间应采用相应防火级别的防火门，门向外开，宽度不小于 1000mm。
- 进线间应设置防有害气体的措施和通风的装置，排风量按每小时不小于 5 次容积计算。

- 进线间如安装配线设备和信息通信设施时，应符合设备安装设计的要求。
- 与进线间无关的管道不宜通过。

### 2．建筑群子系统

建筑群子系统也称为楼宇子系统，主要实现楼与楼之间的通信连接，一般采用光缆并配置相应设备，它支持楼宇之间通信所需的硬件，包括缆线、端接设备和电气保护装置。设计时应考虑布线系统周围的环境，确定楼间传输介质和路由，并使线路长度符合相关网络标准规定。

在建筑群子系统中室外缆线敷设方式，一般有架空、直埋、地下管道三种情况。具体情况应根据现场的环境来决定，表7-5所示是建筑群子系统缆线敷设方式比较表。

**表 7-5　建筑群子系统缆线敷设方式比较表**

| 方　式 | 优　点 | 缺　点 |
| --- | --- | --- |
| 管道 | 提供比较好的保护；敷设容易、扩充、更换方便；美观 | 初期投资高 |
| 直埋 | 有一定保护；初期投资低；美观 | 扩充、更换不方便 |
| 架空 | 成本低、施工快 | 安全可靠性低；不美观；除非有安装条件和路径，一般不采用 |

### 3．建筑群子系统的设计步骤

（1）确定敷设现场的特点。包括确定整个工地的大小、工地的地界、建筑物的数量等。

（2）确定电缆系统的一般参数。包括确认起点、端接点位置、所涉及的建筑物及每座建筑物的层数、每个端接点所需的双绞线的对数、有多个端接点的每座建筑物所需的双绞线总对数等。

（3）确定建筑物的电缆入口。建筑物入口管道的位置应便于连接公用设备。根据需要在墙上穿过一根或多根管道。对于现有的建筑物，要确定各个入口管道的位置；每座建筑物有多少入口管道可供使用；入口管道数目是否满足系统的需要。

如果入口管道不够用，则要确定在移走或重新布置某些电缆时是否能腾出某些入口管道；再不够用的情况下应另装多少入口管道。

如果建筑物尚未建起，则要根据选定的电缆路由完善电缆系统设计，并标出入口管道。建筑物入口管道的位置应便于连接公用设备、根据需要在墙上穿过一根或多根管道查阅当地的建筑法规，了解对承重墙穿孔有无特殊要求。所有易燃材料（如聚丙烯管道、聚乙烯管道）应端接在建筑物的外面。如果外线电缆延伸到建筑物内部的长度超过15m，就应使用合适的电缆入口器材，在入口管道中填入防水和气密性很好的密封胶。

（4）确定明显障碍物的位置。包括确定土壤类型、电缆的布线方法、地下公用设施的位置、查清拟定的电缆路由中沿线各个障碍物位置或地理条件、对管道的要求等。

（5）确定主电缆路由和备用电缆路由。包括确定可能的电缆结构、所有建筑物是否共用一根电缆，查清在电缆路由中哪些地方需要获准后才能通过、选定最佳路由方案等。

（6）选择所需电缆的类型和规格。包括确定电缆长度、画出最终的结构图、画出所选定路由的位置和挖沟详图，确定入口管道的规格、选择每种设计方案所需的专用电缆、保证电缆可进入口管道、应选择其规格和材料、规格、长度和类型等。

（7）确定每种选择方案所需的劳务成本。包括确定布线时间、计算总时间、计算每种设计方案的成本、总时间乘以当地的工时费以确定成本。

（8）确定每种选择方案的材料成本。包括确定电缆成本，所有支持结构的成本、所有支撑硬件的成本等。

（9）选择最经济、最实用的设计方案。把每种选择方案的劳务费成本加在一起，得到每种方案的总成本；比较各种方案的总成本，选择成本较低者；确定比较经济性最好的方案是否有重大缺点，以致抵消了经济上的优点。如果发生这种情况，应取消此方案，考虑经济性较好的设计方案。

## 本章小结

本章介绍了综合布线系统的相关概念，主要内容有综合布线系统的概念、综合布线系统的 7 个子系统、综合布线系统的特征等内容。重点要掌握综合布线系统的概念、7 个子系统的基本功能及在实际布线系统中分布情况以及 7 个子系统的设计的相关知识。特别要理解综合布线系统不是计算机网络布线的概念，计算机网络布线只是综合布线系统中的一部分，它涉及安防、监控、语音、数据、强电等多项内容。

## 本章练习

1. 简述综合布线系统的概念。
2. 综合布线系统的 7 个子系统是指什么？
3. 综合布线系统的主要特征是什么？
4. 我国制定的综合布线标准是什么？
5. 读图并回答问题。图 7-11 所示为楼宇布线示意图，此图包括了布线系统的若干子系统，请写出各标注位置属于哪个子系统？

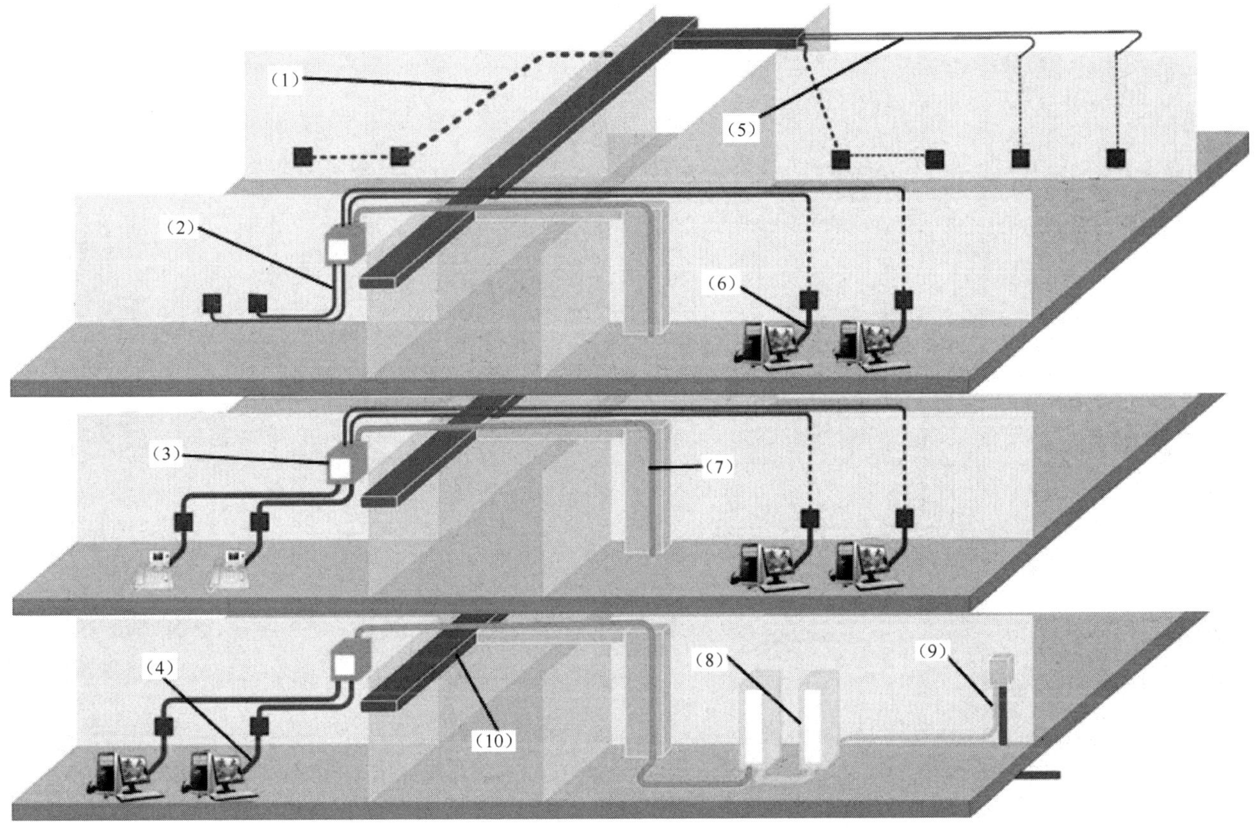


图 7-11　子系统示意图

6．谈一谈你对综合布线系统的认识。

7．家居装潢的布线是综合布线吗？为什么？

8．现在的网络布线中最常使用的电缆是什么？

9．工作区的划分原则是什么？

10．工作区子系统的设计要点是什么？

11．配线子系统的设计要点有哪些？

12．什么是干线子系统？

13．管理间子系统中的主要设备有哪些？

14．设备间子系统的设计要求是什么？

15．进线间子系统设计的主要内容是什么？

# 反侵权盗版声明

电子工业出版社依法对本作品享有专有出版权。任何未经权利人书面许可，复制、销售或通过信息网络传播本作品的行为；歪曲、篡改、剽窃本作品的行为，均违反《中华人民共和国著作权法》，其行为人应承担相应的民事责任和行政责任，构成犯罪的，将被依法追究刑事责任。

为了维护市场秩序，保护权利人的合法权益，我社将依法查处和打击侵权盗版的单位和个人。欢迎社会各界人士积极举报侵权盗版行为，本社将奖励举报有功人员，并保证举报人的信息不被泄露。

举报电话：（010）88254396；（010）88258888

传　　真：（010）88254397

E-mail：　dbqq@phei.com.cn

通信地址：北京市万寿路 173 信箱

　　　　　电子工业出版社总编办公室

邮　　编：100036